此书为对外经济贸易大学中央高校基本科研业务费专项资金资助项目“中华民族共同体视阈下边疆民族地区基层治理研究”（批准号20QD32）；北京市重点建设马克思主义学院（对外经济贸易大学马克思主义学院）工作经费资助项目阶段性成果。

牧区基层
整体性治理研究

崔晨涛◎著

光明日报出版社

图书在版编目（CIP）数据

牧区基层整体性治理研究 / 崔晨涛著 . -- 北京：光明日报出版社，2024. 6. -- ISBN 978-7-5194-8005-9

Ⅰ. S812.95

中国国家版本馆 CIP 数据核字第 202409X5N5 号

牧区基层整体性治理研究

MUQU JICENG ZHENGTI XING ZHILI YANJIU

著　　者：崔晨涛

责任编辑：刘兴华　　　　责任校对：宋　悦　温美静

封面设计：中联华文　　　　责任印制：曹　净

出版发行：光明日报出版社

地　　址：北京市西城区永安路 106 号，100050

电　　话：010-63169890（咨询），010-63131930（邮购）

传　　真：010-63131930

网　　址：http://book.gmw.cn

E - mail：gmrbcbs@gmw.cn

法律顾问：北京市兰台律师事务所龚柳方律师

印　　刷：三河市华东印刷有限公司

装　　订：三河市华东印刷有限公司

本书如有破损、缺页、装订错误，请与本社联系调换，电话：010-63131930

开　　本：170mm × 240mm

字　　数：231 千字　　　　印　　张：15

版　　次：2024 年 6 月第 1 版　　　　印　　次：2024 年 6 月第 1 次印刷

书　　号：ISBN 978-7-5194-8005-9

定　　价：95. 00 元

前言

2023年6月，习近平总书记在内蒙古考察时指出，推动全体人民共同富裕，最艰巨的任务在一些边疆民族地区。边疆民族地区是新发展阶段各民族共同富裕、共同实现现代化的关键地域，而在经济生产空间上边疆民族地区又广阔分布着牧区，如内蒙古、青海、西藏、新疆等西部省区是政治区位上边疆民族地区和经济生产空间上牧区的交叉地带。以牧区为代表的边疆民族地区现代化重点在基层，核心是以推进国家治理体系和治理能力现代化为目标提升乡村治理水平。在“党委领导和政府负责”框架内，基层党委和政府分别是推进牧区现代化的领导主体和责任主体。

整体性治理理论的目标是推动部门间公共服务能力、结构和职能走向整合，消除传统行政碎片化对公共服务和公共治理的不利影响，建设整体性政府。整体性治理理论的基本观点符合牧区治理体系和治理能力建设的需要，即坚持“党委领导和政府负责”体制下党政机构职能分开而公共服务能力整合的要求。通过整体性治理更好地强化党的领导和发挥政府职能，整合牧区基层党委政府治理能力，完善党政服务治理体系。民族地区现代化背景下实现牧区基层整体性治理的目标，符合推进牧区基层治理体系和治理能力建设的基本要求。从民族地区现代化的角度看，牧区治理的核心问题是推进基层党委政府治理现代化，即选择何种治理模式实现基层党委政府治理现代化。本研究将整体性治理理论引入牧区基层治理研究，构建整体性治理和牧区基层治理问题的结合点，基于民族地区现代化提出牧区基层整体性治理的命题。整体性治理理论的目标是推动部门间公共服务能力、结构和职能走向整合，消除传统行政碎片化对政府公共行政的不利影响，建设整体性政府。本研究认为受多中心治理理论影响单纯强调治理主体的多元化，不利于维护稳固“党委领导和政府负责”的行政治理范式，多中心治理理论重在探讨治理主体的分权问题，忽视了党政职能在我国国家治理体系和治理能力建设中的主体定位，这无疑增加了牧区基层治理碎片化的隐患，不利于维护和巩固党在牧区基层的领导地位，制约着“党委领导和政府负责”体制在牧区基层治理中主体作用的发挥。

党的领导在基层治理中发挥着核心政治引领作用，对于牧区基层治理而言，重点和难点在于提升党委领导下政府的整合协调能力，即提升政府公共事务治理水平。本研究以整体性治理的价值、内容、载体和技术四个维度的基本特征为主线，贯穿全文结构，构建牧区基层整体性治理分析框架。该分析框架强调政府治理回归以公众为中心的价值原则，重构以政社合作为内容的治理关系，横向整合跨界公共事务治理主体，以及运用网络和信息技术提升政府治理水平。研究中面向具体案例总结牧区基层碎片化治理的三种类型：权力结构碎片化、组织结构碎片化和公共服务供给碎片化，并结合整体性治理分析框架，分析比较其在牧区基层治理中的应用优势。研究中系统剖析了牧区基层碎片化治理的外在表现特征和内在形成根源，认为牧区基层整体性治理的生成运行应围绕回应解决碎片化治理产生的负面效应进行，并根据牧区基层整体性治理的生成机理，提出应遵循行政服务价值引导、公众利益表达反馈、多元主体协商治理、跨界公共治理整合、基层人才队伍培养五个运行机制。

目 录

CONTENTS

第一章

绪　论

第一节　选题背景、问题提出及研究意义

一、选题背景

党的十九届四中全会提出构建职责明确、依法行政的政府治理体系[①]，政府治理体系体现着我国国家制度和国家治理体系的显著优势，而政府治理体系又和政府治理能力紧密相关，政府治理体系构建需要从政府治理能力建设的角度来推进实现。另一个方面，政府治理能力代表着党的执政能力和领导水平，是治理型政府建设的重要标志。在我国“党委领导和政府负责”的行政体制中，政府治理能力关系到党的执政基础。改革开放以来，尤其是党的十八大以来，在党的领导下我国国家制度和国家治理体系在提高政府治理能力方面发挥了显著优势，并相继形成了具有中国特色的政府治理能力建设理论和经验，为推进我国国家治理体系和治理能力现代化提供了重要支撑。提高政府治理能力是当前我国推进国家治理体系和治理能力现代化的现实需要，从全球化的背景来看，政府治理能力建设也是当今世界各国应对复杂公共事务治理问题的重要改革行动。

---

① 中共中央关于坚持和完善中国特色社会主义制度 推进国家治理体系和治理能力现代化若干重大问题的决定［N］. 人民日报，2019-11-06（1）.

20世纪80年代以来，以传统科层制改革、大部制等为代表的政府公共行政范式革命在英美等主要西方国家蓬勃兴起，并逐渐影响到全世界各国政府机构改革的措施目标。在此期间，各种新型的公共治理理论和观点在实践应用中被相继提出，引发国内外政治学及公共管理学界对公共治理理论体系的讨论与争鸣。尤其是到了20世纪90年代，英国学者佩里·希克斯[①]（Perri Six）提出整体性政府（holistic government）的概念，随后诸多学者在此基础上进一步推动这一概念形成整体性治理（holistic governance）理论，并应用于指导西方国家政府机构改革的实践。整体性治理理论在西方国家政府机构改革的实际应用中逐渐显现出自身的优势和特点，吸引了越来越多的学者关注和研究。从理论产生的背景看，整体性治理理论发轫于20世纪90年代以来西方主要发达国家整体政府[②]建设实践，该理论针对西方国家政府在新公共管理改革和传统官僚制组织结构运行中所产生的碎片化（fragmentation）[③]问题进行回应，提出消除碎片化对公共部门行政的影响，建设跨部门合作的整体性政府。

20世纪90年代中期，以托尼·布莱尔（Tony Blair）为首相的英国工党政府率先在西方国家中提出建设协同政府的目标，旨在通过运用整体性治理理

① 当代英国著名行政学家，代表作有独著《整体政府》、合著《整体性治理：整体政府的战略》等，希克斯在对新公共管理理论产生的碎片化治理及协调整合问题的研究基础上，提出整体性政府的系统性理论。整体性治理理论的研究对象是政府自身，其核心观点是打造整体性政府。根据国内外学者对整体性治理理论的解释，可以将整体性治理的概念概括为：以公众需求为治理导向，以网络信息技术为治理手段，以政府（公共部门）内部、政府与外部（社会、市场等私人部门）的合作为治理结构，以协调、整合、责任为治理机制，以整合政府职责功能、取得公共利益、履行公共责任为治理目标，对治理层级、公私部门关系及信息系统等碎片化问题进行有机协调与整合，不断推进治理结构从分散走向集中、从部分走向整体、从破碎走向整合，为公众提供无缝隙且非分离的整体型服务的政府治理图式。

② 希克斯原著里的提法为整体政府，国内学者根据表达习惯称之为整体性政府。

③ “碎片化”（fragmentation）一词的原意是指原本完好的整体破裂分割为诸多零碎部分。在政治学和公共管理学的应用中，“碎片化”通常用于描述定义政府（公共部门）在权力结构、组织结构和公共服务等行政过程和结果中所表现出的破碎分裂状态。“碎片化”反映的是政府（公共部门）在公共行政活动中的行动失调，“碎片化”问题的存在降低了政府（公共部门）行政效率，不利于集体性政策目标的实现。“碎片化”问题和整体性治理构成一对互为反义的概念，“碎片化”问题催生整体性治理，是整体性治理的生成诱因，而整体性治理又是针对“碎片化”问题所提出的解决方案，二者在本质上构成因果关系。

论推进工党政府进行整体政府改革建设的进程。随后澳大利亚、新西兰、加拿大等英联邦国家以及部分 OECD 成员国家，在政府机构改革中进一步引入整体性治理的概念和理论，不断推进整体政府建设。在英联邦国家内，受英国整体政府建设举措和目标的影响，澳大利亚、新西兰两国政府在引入整体政府建设计划的同时，结合自身实际特点分别提出具有国别差异性的整体政府建设措施。其中，澳大利亚政府在整体政府建设方案中提出整合政府自身资源，面向政府内部、政府与外部分别建立合作伙伴关系和协同关系，尤其强调要明确政府与社会、市场之间合作边界的问题，积极引导和充分释放社会、市场等资源力量在公共服务、市场监管、生态保护等方面的有效性，通过发挥社会、市场的自主性促进政府公共治理能力建设，缓和政府与公众的紧张关系，拉近政府与公众的距离，打造提供无缝隙服务的整体政府。新西兰政府在综合借鉴其他相关国家整体政府建设经验和教训的基础上，修正了与本国实践基础不相匹配的原则和内容，提出整体政府建设要根据解决本国政府碎片化问题的需要，来加强公共部门之间的协调度，修复因引入市场竞争机制而造成的公共部门制度结构碎片化等问题。

从西方国家的整体政府建设目标和实践策略中可以看出，针对碎片化问题，各国的主要应对措施都无一例外地指向了政府（公共部门）、社会和市场（私人部门）的整合与协调，整合与协调是整体性治理理论建设整体性政府的核心机制。对于整体性政府建设而言，整合与协调的重要性在于通过对现有政府运作结构的调整建立合作伙伴关系，将政府内部分散化的机构职能和专业分工统一起来形成合力，确保政府与社会、市场等治理参与主体在协商应对复杂性跨界公共治理问题时能够达成沟通共识、利益共识、合作共识，减少各个治理参与主体建立公共事务治理合作框架的机制性障碍，消除碎片化治理模式对公共部门内部，以及公共部门与私人部门合作的不利影响。

自20世纪90年代以来，整体性治理理论的兴起对西方主要发达国家政府公共行政范式革命起到了催化作用。而西方发达国家政府在整体性治理实践过程中所形成的经验和经历的教训，对我国推进国家治理体系和治理能力现代化、建设治理型政府而言具有积极的借鉴意义。整体性治理理论作为公共管理学科的理论前沿，刷新了学界对传统科层等级制度下政府治理模式研究的认知。从公共行政范式革命的角度看，整体性治理理论可视为对传统官僚制理论、新公共管理理论这两大范式的一种修正和扬弃。整体性治理理论以满足公众需求为价值取向，其行动逻辑或价值目标是坚持以公众为中心的原则，倡导以低投入高产出的政府公共服务来满足多元化的社会公众需求。这种治理模式的价值定位明显区别于市场环境下以部门利益或私人利益为主导的政府公共服务倾向，所以从价值内涵来看，整体性治理始终以维护公众利益和社会平等、公益性为价值判断，代表了现代公共行政理论的进步性特点。

从治理方式、治理主体之间的关系和治理工具的应用等情况来看，整体性治理强调整合政府服务型供给者角色，追求公共性治理价值、合作型治理关系、综合性治理载体，以及网络化信息化治理工具在治理活动中的实践。这与传统科层官僚制结构中带有威权主义色彩的公共行政内涵，以及新公共管理模式中过度注重效率和分权的理念观点是截然不同的。整体性治理理论以传统科层官僚制作为自身理论升级改造的基础，以新公共管理理论为修正对象，提出整体性政府的建构设想。整体性治理理论的设计出发点是实现政府整体性运作，围绕重新整合政府行政服务能力的政府能力建设目标，使原本被过度市场化、分权化的政府行政效能重新集中，突破政府治理碎片化的困境。

我国台湾地区学者习惯将整体性治理表述为“全观型治理”，台湾地区学者彭锦鹏认为“全观型治理”作为新的治理范式，对政府改革能够起到深刻的促进作用，有望成为21世纪指导政府治理实践的重大理论①。但也有学者认为“全观型治理”目前尚缺乏成功的实践案例，其作为现代政府治理范式转向的可能性仍有待时间验证②。尤其是整体性治理需要借助高度发达的网络信息技术来完成政府网络信息资源的整合，而当前的政府电子政务发展水平仍然存在地区差异性，无法满足普遍性推广整体性治理所要求的技术水平。但作为一种新的现代治理范式，整体性治理无论是被接受认可还是遭受质疑，都已经越来越多地引发学界的浓厚兴趣和广泛关注。在未来的研究和应用中，

① 彭锦鹏．全观型治理理论与制度化策略［J］．政治科学论丛，2005（23）：61-100.

② 廖俊松．全观型治理：一个待检证的未来命题［J］．台湾民主季刊，2006（3）：201-206.

整体性治理也必将吸引更多的学科专业在实践中验证和发展这一新兴公共治理理论。

整体性治理理论所提出的消除碎片化的影响增强政府整合力的问题，对我国治理型政府建设而言具有深刻的启发意义。当前公共行政碎片化仍然是基层政府治理中存在的一个突出问题，对基层政府而言尤其缺乏对治理资源和治理主体的整合力、协调力，这些情况集中表现为基层政府治理能力薄弱，进而直接制约基层政府治理水平的提升。特别是在我国西部牧区，基层政府治理能力和治理水平落后的境况比较突出。从地域单元的治理特点来看，牧区基层治理同农区基层治理相比具有一定的社会和环境差异性。但作为国家治理整体布局的一个地域单元，牧区基层治理同样是推进国家治理体系和治理能力现代化的重要组成版块，和农区基层治理具有同等重要性。研究牧区基层治理问题有助于深化对国家基层治理问题的总体认识，从横向上对国家治理问题进行地域差异性的拓展研究。所以在研究牧区基层治理问题中，既要找到同农区基层治理问题的共性，归纳总结二者间存在的普遍性规律，又要发掘牧区基层治理问题的差异性特点，寻找牧区基层治理问题相比于农区基层治理问题所存在的特性。

从基层治理的政治价值和影响力来看，牧区基层治理问题是考验基层政府行政能力和水平的重要工作，牧区基层政府的治理能力和治理水平都可以从解决基层治理问题的方式和过程中得到体现，因此牧区基层治理成效关乎党在牧区基层社会执政基础的巩固、推进国家治理体系和治理能力现代化的贯彻落实。另外，作为有别于农区的特定社会生产活动空间，广大西部牧区又多为少数民族聚居地区、生态环境脆弱地区和边境地缘敏感地区，牧区所处地域的政治属性、文化属性、生态属性等特点交织。与农区基层治理问题相比，除行政环境和经济条件外，牧区基层治理问题还较为突出地涉及生态、文化、民族、宗教、国家安全等诸多因素，关系到国家总体安全和边疆地区繁荣稳定。这些情况构成牧区基层治理外部环境和内部条件的复杂结构，也必然造成牧区基层治理问题表现出有别于农区基层治理问题的典型特征。特别是我国牧区社会具有自身独特的文化土壤和文明积淀，牧区社会的文化根基是游牧文明，与之相对应的是以农耕文明为代表的农区社会文化基础。文化特征是牧区基层社会和农区基层社会相区别的本质特征之一，如果从文化内涵变革的角度对农区基层治理问题和牧区基层治理问题做出解释，那么农区基层治理问题可视为传统农耕文明向现代治理文化的一种过渡，而牧区基层治理问题则是传统游牧文明向现代治理文化的一种过渡。综合牧区基层治理问题的诸多特点，在治理实践中相比于农区基层治理，牧区基层治理需要更高的政治站位和更多的行政、人力、技术等资源投入。

习近平指出："我们在国家治理体系和治理能力方面还有许多亟待改进的地方，在提高国家治理能力上需要下更大气力。"[①] 牧区基层治理是推进国家治理体系和治理能力现代化背景下贯彻落实乡村振兴战略的重要一环，也是发挥我国国家制度和国家治理体系显著优势的基本作用对象之一。相比于学界长期以来对农区基层治理问题的研究关注，在对牧区基层治理问题的研究方面我们需要下大力气改进，投入更多的研究力量。尤其是要坚持在马克思主义指导和党的领导下，立足于中国特色社会主义制度的基本国情，结合牧区基层治理问题的现状及特性，积极阐释我国国家制度和国家治理体系在牧区基层治理问题研究中所能发挥的显著优势。同时还需要充分吸收借鉴国内外政治学和公共管理学界理论观点的有益成果，秉持"以我为主，为我所用"的原则对这些理论观点的应用进行本土化尝试和适用性探索，创新牧区基层治理问题的研究方法和研究路径。

二、问题提出

习近平在十九届中央政治局第八次集体学习时强调，要不断深入推进乡村治理能力和治理水平现代化，以满足广大农村基层群众日益增长的美好生活需要[②]。乡村基层治理现代化是新时代推进国家治理体系和治理能力现代化的一项重要基础性工作，乡村基层治理是国家治理的根基所在，乡村基层治

① 习近平．习近平谈治国理政：第1卷［M］．北京：外文出版社，2014：105.

② 把乡村振兴战略作为新时代"三农"工作总抓手 促进农业全面升级农村全面进步农民全面发展［N］．人民日报，2018-09-23（1）.

理现代化决定了国家治理体系和治理能力现代化的成败进程。对于国家治理现代化而言，必须打牢夯实乡村基层治理的根基。同时，党的十九届四中全会指出要推动社会治理和服务重心向基层下移，把更多资源下沉到基层，更好提供精准化、精细化服务[①]。如何推动牧区基层治理走向精准化、精细化，打通更多资源下沉到牧区基层的“最后一公里”，实现牧区基层治理现代化，首先要面对和解决的就是治理范式革新的问题。传统科层官僚制模式下孕育的压力型政府行政体制，以“政绩崇拜”为政府公共行政活动的导向。特别是在党的十八大之前，在基于“四个全面”为导向的科学政绩考核评价体系尚未构建完善之前，基层政府盲目性的政绩导向行为表现得较为突出，“政绩崇拜”之风对基层公共行政活动颇具影响。这种情况为部门利益、私人利益侵吞甚至取代公众利益行为的发生制造了机会和可能，“政绩崇拜”现象诱发促使行政利益取代公众需求成为主导政府决策的关键。在政绩导向下，政府作为公共服务供给者的角色被形形色色的行政权力、部门利益所覆盖取代，政府的公共行政价值出现偏离、公共行政角色发生错位，政府治理碎片化问题加重。

碎片化问题的存在使得政府社会治理的重心难以向基层下移，更多的资源、更好的服务也不可能准确及时地下沉到基层。长期以来地方政府唯 GDP 主导的政绩原则以及晋升锦标赛机制等，导致传统科层官僚制惯习一时难以从政府自身治理范式的调整中得到解除。而囿于传统科层官僚制、新公共管理理论自身的缺陷和局限，二者难以调和政府治理范式滞后同社会治理环境变迁的矛盾。针对碎片化问题，新的更具整合力协调力的政府治理范式需要得到应用和尝试，以便更好地解决传统科层官僚制和新公共管理理论难以应对的问题。整体性治理理论作为针对解决碎片化问题的新兴公共治理理论，其理论基础和问题意识来源于传统科层官僚制和新公共管理理论。整体性治理理论在借助官僚制组织结构展开运行机制的基础上，批判修复新公共管理理论在政府机构改革和公共行政应用中产生的弊端，整体性治理理论所要解

① 中共中央关于坚持和完善中国特色社会主义制度 推进国家治理体系和治理能力现代化若干重大问题的决定 [N]. 人民日报，2019-11-06 (1).

决的核心问题就是政府碎片化。而碎片化问题作为制约社会治理和服务重心向基层下移的主要障碍，深刻影响着牧区基层政府公共行政和公共服务的方方面面，对牧区基层治理实现精准化、精细化和现代化构成结构性影响。所以，从当前推进牧区基层治理实现精准化、精细化和现代化的目标任务出发，整体性治理能够作为一项可观的实践路径选择，用于构建牧区基层新型治理范式。

从整体性治理的概念定义以及早期应用实践的历史来看，整体性治理以传统科层官僚制组织结构为改进政府公共行政过程的基础，以修复新公共管理过度分权化所造成的碎片化问题为解决任务。它提出以公众为中心，以取得公共利益和公共责任等治理目标为价值取向；以政社合作为整体性改革取向，克服部门利益、私人利益等碎片化弊端；以政府（公共部门）内部、政府与外部（社会、市场等私人部门）的横向合作与协作为治理载体建立横向综合组织；以网络化数字化电子政务技术的推广应用为治理工具；等等核心观点。在整体性治理理论中，对“整体性”一词的理解是相对“碎片化”而言的，政府治理碎片化问题是制约治理型政府建设目标实现的主要难点，而整体性治理理论通过构建整体性政府，有效克服政府治理碎片化的弊病。就具体的整体性政府建设目标而言，一个维度是通过建立政府（公共部门）内部的合作加强政府整体性效能，为政府整体政策目标的实现提供内部协作基础。另一个维度是通过建立政府（公共部门）与外部（社会、市场等私人部门）的合作，吸纳社会力量、个体力量参与到政府决策制定和政策执行的过程中，增进政社之间的互惠互信，为面向公共事务治理形成多元主体协商合作机制搭建平台基础。

当前我国正在加快推进国家治理体系和治理能力现代化，在这一治理改革背景下，需要对提升政府治理能力或建设治理型政府的本质内涵进行重新认识。无论是提升政府治理能力，还是建设治理型政府，其核心问题都离不开政府自身建设。而从整体性治理理论的角度来理解政府自身建设，就是增强政府对自身治理资源以及社会治理资源的整合、协调能力，即重新整合政府权力、组织和服务，消除碎片化对政府公共行政和公共服务的能力耗散，以政府治理能力的整合增强为目标建设整体性政府。根据整体性治理理论的概念、定义及内容，提升政府治理能力，建设整体性政府，需要整合协调治理主体以及治理资源，规范建立政府（公共部门）内部合作、政府与外部（社会、市场等私人部门）合作。并通过建立面向政府（公共部门）内部、政府与外部（社会、市场等私人部门）的合作关系来反向加强政府的整合与协调能力。从整体性治理理论的解释中可以看出，将整体性治理理论应用于政府治理能力建设，既是对碎片化问题的直接应对，也是在一定程度上对党的十九届四中全会中提出的推动社会治理精准化、精细化的现实回应。

推动社会治理和服务重心向基层下移，首先需要解决政府公共行政碎片化的问题，即将分散化的治理资源整合起来形成整体性效果。虽然当前我国地方基层政府治理碎片化的问题在一定程度上得到了学界的关注，但学界对涉及牧区基层治理碎片化的问题讨论极少。总体来看，对该领域问题的研究并未得到学界的普遍重视和有效跟踪，虽然存在相关研究，但在研究方法和理论工具的应用方面仍然存在不匹配的问题，缺乏有针对性的理论工具和研究方法的介入。另外，在目前全面深化改革的背景下，中央进一步提出加快推进政府职能深刻转变的要求，政府职能转变问题成为学界研究的热点，各领域学者对此进行了长期广泛的跟踪研究，政府职能转变问题必然涉及政府公共行政范式和政府治理能力等问题，而对这些问题的研究又必然牵涉碎片化问题，离不开对整体性治理理论的借鉴和引入。但国内学界对整体性治理理论的研究仍然停留在理论解释方面，并未就整体性治理如何同我国政府职能转变问题联系结合起来进行深入研究和探讨。关于整体性治理的研究仍然处于“曲高和寡”的尴尬局面，理论研究较多，而实践应用较少，尤其是将整体性治理理论中符合我国基层治理目标的内容嵌入政府治理实践的研究尚匮乏。本研究据此提出牧区基层整体性治理的问题，旨在探讨牧区基层整体性政府建设的理论框架、运行基础、实现机制和制约因素等，并试图通过整体性治理理论模型的应用提出公共治理理论本土化实践的一般路径，以更好地服务我国基层政府治理能力建设。

三、研究意义

（一）理论意义

治理研究目前仍是我国政治学和公共管理学科研究的热点，这种学术研究中的热点现象与我国当前坚定不移推进全面深化改革的时代背景密切相关。国内治理研究集中关注中国特色社会主义制度建设领域，以探讨如何更好地发挥我国国家制度和国家治理体系的显著优势为主要研究内容和研究方向，以推进我国国家治理体系和治理能力现代化为研究总目标。从理论根基上讲，坚持马克思主义在意识形态领域指导地位的根本制度决定了我国治理研究的理论基础是马克思主义理论体系，研究对象是马克思主义视域下的中国国家治理问题。治理研究的内容涵盖了国家治理问题的方方面面，治理研究借助和采用的研究方法也不尽相同，尤其是随着国内外学术交流的深入，各种国外治理理论及观点不断被引进国内学界研究的视野。但这里需要特别强调的是，无论引用借鉴何种治理理论或方法，都必须坚持马克思主义的指导，坚持马克思主义方法论在社会科学研究领域的主体地位。从目前国内学界引进国外或自本土提出的治理理论及观点来看，各种治理范式层出不穷，如“多中心治理”“适应性治理”“柔性治理”等。这些治理理论及观点的引进或提出丰富了国内治理研究的内容，也为推动治理研究中国化、本土化提供了启发思考，需要我们在坚持马克思主义学科话语体系下进行深入检验和探讨，以便更加符合中国国家治理问题的国情基础和现实概况。

无论是借鉴或引用何种治理理论及观点，在中国式现代化的治理情境下探讨治理范式问题，都需要结合具体研究对象把握客观制度环境。对引进外来治理理论及观点研究牧区基层治理问题而言，尤其要充分注意和把握治理范式应用的对象特征，即结合牧区基层治理问题的结构特点选择适合的治理范式。特别是要坚持“以我为主，为我所用”的原则，选择与我国治理语境兼容性强、差异性小的治理理论或方法，并不断推动外来治理理论的中国化、本土化，提升外来治理理论在研究解决国内治理问题上的现实解释力和生命力。所以在甄别选择治理范式之前，需要讨论比较各种治理范式的适用范围、理论差异和产生背景，如“多中心治理”理论虽然提倡多元治理主体参与共治，将传统治理范式中的政府占主角、其他治理主体占配角的模式，转向以多元治理主体形成治理的多个中心，弱化政府在治理结构中的主体责任地位。然而“多中心治理”理论所探讨的问题是产生于西方代议制民主土壤中的政社分权问题，这与近代以来西方政治改革中所宣扬和推崇的公民社会自治、弱化政府职能、强化社会分权，以及自由放任市场调节、政府退居“守夜人”等西方政治思潮有关，而这些论调明显与中国治理情境极不相符。

在中国的政治体制和制度环境中，更加强调坚持“党的领导和政府负责”的原则性，提出在坚持和加强党的全面领导这一根本原则下发挥我国国家制度和国家治理体系的显著优势，形成“党委领导、政府负责、社会协同、公众参与、法治保障的社会管理体制”①，实现党的领导下的治理结构多元化，打造“共建共治共享的社会治理格局”②。显然，党的领导是推进国家治理体系和治理能力现代化的核心和关键，也是国内治理研究中必须牢牢把握的政治原则。党的领导是为了更好地实现国家治理体系和治理能力现代化，反过来讲，实现国家治理体系和治理能力现代化也是为了更好地提高党的执政能力、加强和巩固党的领导。所以，无论采取、借鉴何种治理理论或方法，都不能脱离党的领导这一核心原则，党的领导是确保治理研究走向中国化、本土化的关键。

从理论价值上来讲，选择符合中国治理情境的治理范式必须考虑到理论契合度，而整体性治理理论相比于其他治理理论，和中国治理情境能够实现诸多观点价值的契合。将整体性治理理论引入牧区基层治理问题研究，首先是出于提高党领导下牧区基层政府行政能力和治理能力的现实需要。从治理理念上来看，整体性治理理论所倡导的整体性政府理念以增强政府整合力为建设目标，其目的是改善政府治理。而在中国治理情境中，“党的领导和政府负责”在治理活动中的利益是统一的，二者具有本质一致性。即党的领导是为了提高和改善政府治理能力和治理水平，而政府治理能力和治理水平的提

① 坚定不移沿着中国特色社会主义道路前进 为全面建成小康社会而奋斗［N］. 人民日报，2012-11-09（2）.

② 习近平 . 决胜全面建成小康社会 夺取新时代中国特色社会主义伟大胜利［N］. 人民日报，2017-10-28（1）.

高也是为了加强和巩固党的领导。所以整体性治理理论的理论价值内涵更加符合中国治理情境中“党的领导和政府负责”的关系定位，也更加契合推进国家治理体系和治理能力现代化背景下提高党的执政能力和治理能力的基本要求。整体性治理论所提出的整体性政府的观点，在加强牧区基层党组织建设、提升牧区基层政权行政能力等方面具有明显的理论兼容性，更加符合“党的领导和政府负责”的原则。整体性治理理论在牧区基层治理问题中的应用，拓展了国内治理研究吸收借鉴外来治理理论有益成果的路径，为推动治理理论中国化、本土化实践做出了尝试，丰富了国内治理理论创新的内涵。

（二）实践意义

习近平强调国家治理体系建设应当以提高党的执政能力为重点，提高党的执政能力是推动国家治理体系有效运转的关键途径[①]。提高党的执政能力和提高政府治理能力具有目标一致性，党的执政能力提高的具体表现就是政府治理能力和治理水平的提升，整体性治理理论所强调的增强政府整合力与协调力，其目的是发挥政府协调各方进行治理资源集中配置的能力，即提升政府治理能力。整体性治理的应用可以通过提升政府治理能力，来增强政府行政的基础，提高党的执政能力和执政水平。整体性治理强调发挥政府在治理结构中的整合协调作用，整体性治理一反其他治理范式将政府在治理结构中“去中心化”的论调，重新定义政府在治理结构中的地位和价值，着重增强政府整合力以提升其治理能力。而以提升政府治理能力为目标的治理范式更能反映民意、集中民意、协调民意，发挥“元治理”的规则约束作用[②]，这也符合党领导下的政府负责制对治理能力建设的要求。

整体性治理以政府（公共部门）内部、政府与外部（社会、市场等私人部门）的整体性运作为出发点，强调协调、整合、责任的治理机制，突出对政府自身治理功能的改革，强化对政府治理能力的增强和治理中心地位的维护，这与我国政治体制和制度环境对政府在治理结构中功能定位的基本精神

① 完善和发展中国特色社会主义制度 推进国家治理体系和治理能力现代化［N］. 人民日报，2014-02-18（1）.

② 曾盛聪 . 迈向“国家—社会”相互融吸的整体性治理：良政善治的中国逻辑［J］. 教学与研究，2019（1）：86-93.

相一致，即我国政治体制中所强调的“党委领导和政府负责”，突出在党的领导下发挥政府在具体治理政策执行中的作用。本研究在对各种治理理论及观点进行大量文献回顾的基础上，将关注点锁定在整体性治理这一新型治理范式，笔者认为整体性治理理论能够与当前我国国家治理体系和治理能力现代化的理论构建建立衔接联系，尤其是整体性治理理论中有关增进政府治理能力的有益成分可以为我所用，进而达到提高党的牧区基层组织的执政能力、加强和巩固党在牧区基层的执政基础的治理目标。

另外，通过对整体性治理的概念研究和相关研究文献进行梳理，笔者认为整体性治理所针对解决的问题比较切中目前我国牧区基层政府治理碎片化的状况，能够对牧区基层政府治理实践提供有益借鉴。所以，以整体性治理为理论框架结合具体案例分析牧区基层政府治理碎片化问题，并建立牧区基层整体性治理理论模型，能够全面反映当前牧区基层治理结构中政府的基本特征和改进方向。所以，将整体性治理理论框架引入牧区基层治理问题中，有助于从实践层面推进治理理论的中国化、本土化构建，为新型治理范式嵌入中国治理情境做出探索尝试，也为推进我国国家治理体系和治理能力现代化进程中吸收借鉴外来治理经验的有益成分提供参考。

除此之外，不同于以往研究中将对基层政府的研究范围局限于农区，本研究选取牧区基层政府作为研究对象。从地域研究的热门度来看，对于牧区基层治理的研究热度明显要低于农区基层治理，关于牧区地域的基层治理研究一直为学界所忽视。牧区是我国农牧业生产活动的重要空间，我国不仅是世界上重要的农业大国，也是世界上重要的牧业大国。本研究认为乡村治理问题或农村基层治理问题可根据我国主要生产活动地理空间的划分分为牧区基层治理问题和农区基层治理问题，不同地域环境下的基层治理活动表现出不同的特征，如因生产活动地理空间的划分，不同地域的基层治理活动在生产关系、生产环境等方面表现出一定的差异性。从牧区基层治理问题和农区基层治理问题在国家治理研究体系中的价值和重要性来看，二者具有同等重要性，都是实现我国乡村振兴战略和国家治理现代化需要回应解决的重要问题。但近些年来聚焦于农耕地区乡村治理的研究热度一直居高不下，相关的研究可谓汗牛充栋。而对于牧区乡村治理或牧区基层治理的研究则寥寥无几，尤其是针对牧区基层政府的相关研究成果十分匮乏，这与牧区在我国乡村振兴战略中的重要地位极不相符。

本研究将广泛意义上的乡村治理问题或农村基层治理问题的研究范围，锁定在牧区这一游离于传统乡村治理研究视野的特殊地域，并试图借助整体性治理理论框架分析牧区基层整体性治理的基本特征和理论内涵，开辟对牧区基层治理问题的研究新路，引起学界对牧区基层治理问题这一“冷门领域”的关注。本研究打破了用“大众化治理话语”套用牧区基层治理问题，以及用农区基层治理问题套用牧区基层治理问题的“一刀切”思维惯性，结合案例研究突出面向解决牧区基层治理问题的实践性色彩，为解决牧区基层政府治理碎片化问题提出了应对性思考，在实践上有助于针对性建立符合牧区基层治理结构和特点的研究路径。

第二节　国内外研究综述

一、国内研究现状

（一）国内有关整体性治理研究（2008年—2018年）的CNKI指数分析

笔者在中国知网（CNKI）输入关键词“整体性治理”进行高级检索，得到有关整体性治理研究的指数分析结果，并由此得到近10年（2008年—2018年）来整体性治理中文相关文献量（学术关注度）、用户下载量（学术传播度）、文献被引量（用户关注度）的分析图示。从图1.1整体性治理学术关注度的分析结果看，2008年—2018年有关整体性治理的研究一直占据学术研究的热点位置，且呈明显上升趋势。2008年国内关于整体性治理的研究尚处于萌芽阶段，从检索结果来看，仅有1篇中文相关文献收录于CNKI，而到2010年时，整体性治理中文相关文献已达32篇，环比增长率达700.00%。从2010年开始，整体性治理研究逐渐进入国内学者研究的视野，随后关于整体性治理研究的中文相关文献呈井喷趋势，并于2018年达到学术关注度的峰值，

2018年整体性治理中文相关文献量共计111篇，环比增长率为25.00%。

从图1.2整体性治理学术传播度的分析结果看，2008年—2018年整体性治理中文相关文献被引量呈整体性上升趋势，且2011年至2018年间整体性治理中文相关文献被引量环比增长率呈平稳趋势，2018年整体性治理学术传播度达峰值，中文相关文献被引量达382次，环比增长率为36.00%。从图1.3整体性治理用户关注度中可以看出，2008年—2011年间整体性治理中文相关文献用户下载量持续增加，2011年用户下载量达2040次，环比增长率为13.00%。从2008年—2018年10年间有关整体性治理研究的学术关注度、学术传播度，和2008年—2011年间有关整体性治理的用户关注度来看，国内学界对整体性治理的研究明显呈现出较强的热点趋势。而整体性治理理论作为国外公共管理领域的研究新宠，其理论成熟于2000年前后，国外学界对其研究的历史并不算长。所以对比国内对其的研究热度可以看出，国内在整体性治理理论的研究方面已经实现了从引进吸收到创新发展的阶段转变，这也标志着我国学界对整体性治理这一新兴公共管理理论认识的变化。当前对整体性治理的研究仍然是国内学界关注的热点，如何推动整体性治理研究的本土化，使之更加符合中国治理情境、满足国内公共管理范式革新的需要，是当前我们立足相关研究文献进行问题结合的着眼点。

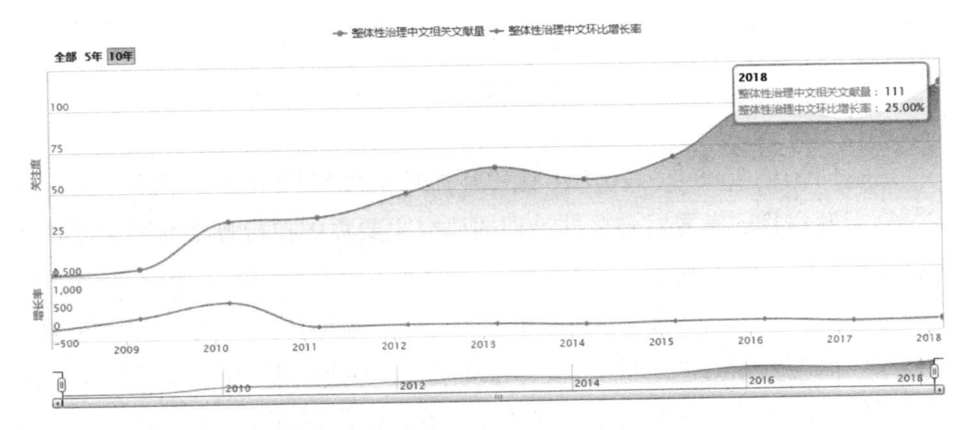

图1.1 整体性治理学术关注度（2008年—2018年）

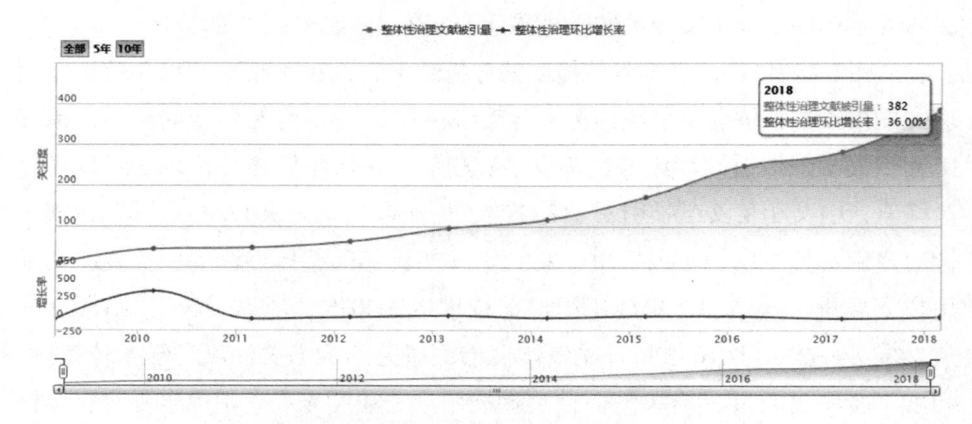

图1.2 整体性治理学术传播度（2008年—2018年）

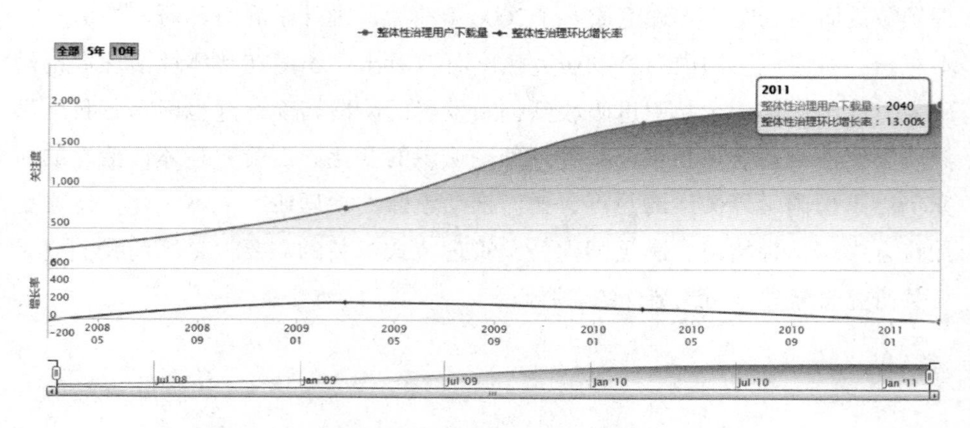

图1.3 整体性治理用户关注度（2008年—2011年）

通过对国内2008年—2018年有关整体性治理研究学科分布特点进行分析，笔者发现我国学界对整体性治理的研究主要集中在行政学及国家行政管理、环境科学与资源利用、中国政治与国际政治等学科领域（如图1.4整体性治理研究在各个学科中的分布情况所示）。其中以行政学及国家行政管理学科对整体性治理研究的贡献量最大。从总体学科分布情况来看，各学科对整体性治理研究的相关词主要集中在碎片化、整合、公共服务、地方政府、整体性（如图1.5各学科中整体性治理研究相关词及出现频次所示）。

从整体性治理研究的相关词在具体学科中的体现情况来看，在行政学及国家行政管理学科中整体性治理研究出现的相关高频词是碎片化、公共服务、整合、合作治理、新公共管理（如图1.6行政学及国家行政管理学科中整体性治理研究相关词及出现频次所示）；中国政治与国际政治学科对整体性治理研究关注的相关高频词是碎片化、网络治理、地方政府、整体治理、科层治理（如图1.7 中国政治与国际政治学科中整体性治理研究相关词及出现频次所示）；政治学学科对整体性治理研究所关注的相关词主要集中在整合、新公共管理、公共管理、协调、碎片化（如图1.8 政治学学科中整体性治理研究相关词及出现频次所示）；政党及群众组织学科对整体性治理研究的关注词汇主要是农村公共服务、乡村治理、碎片化、乡村振兴战略、治理机制（如图1.9 政党及群众组织学科中整体性治理研究相关词及出现频次所示）。

通过对行政学及国家行政管理、中国政治与国际政治、政治学、政党及群众组织学科中对整体性治理研究所关注的相关高频词的观察可以发现，以上各学科中均高频出现碎片化一词，可见整体性治理研究与碎片化现象或问题是密不可分的。而从整体性治理的概念解释上来看，整体性治理的提出就是为了解决政府治理碎片化问题。所以碎片化一词可以视为我们理解整体性治理的一个关键词汇，以及开展整体性治理研究的一个重要突破口。另外，笔者还梳理了2008年—2018年近10年来对整体性治理研究发文量较多的学术机构，排在前三位的分别是广西大学、复旦大学、华中师范大学（如图1.10 整体性治理研究发文量学术机构排名所示）。

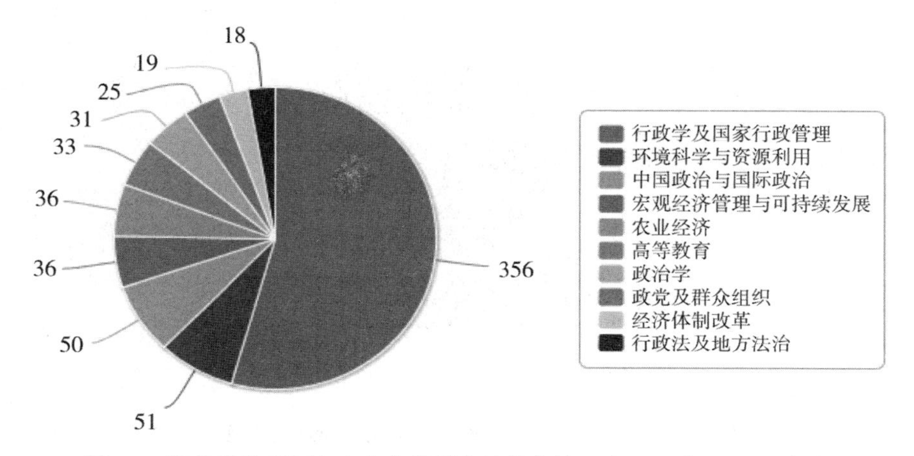

图1.4 整体性治理研究在各个学科中的分布情况（2008年—2018年）

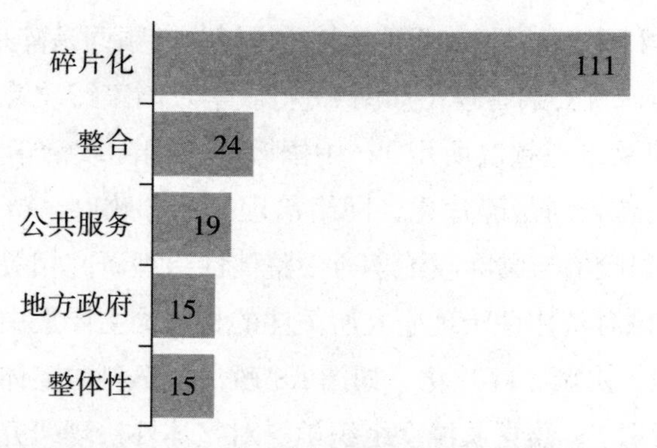

图1.5　各学科中整体性治理研究相关词及出现频次（2008年—2018年）

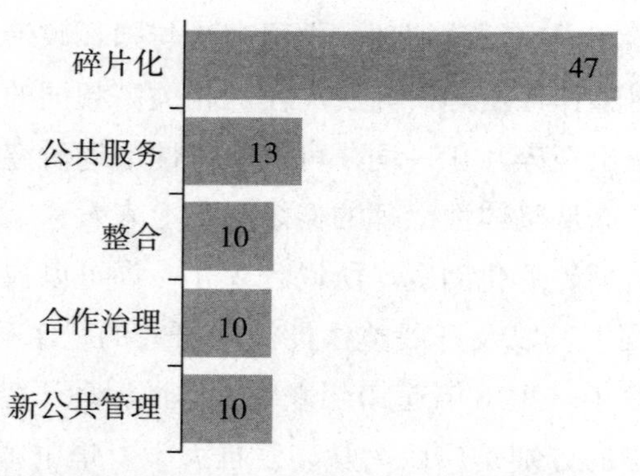

图1.6　行政学及国家行政管理学科中整体性治理研究相关词及出现频次（2008年—2018年）

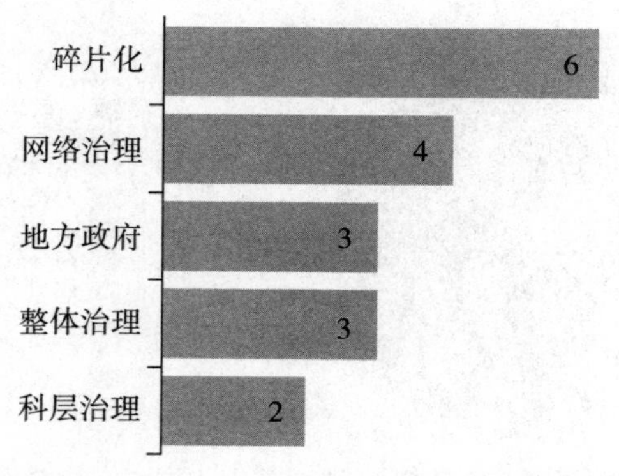

图1.7　中国政治与国际政治学科中整体性治理研究相关词及出现频次（2008年—2018年）

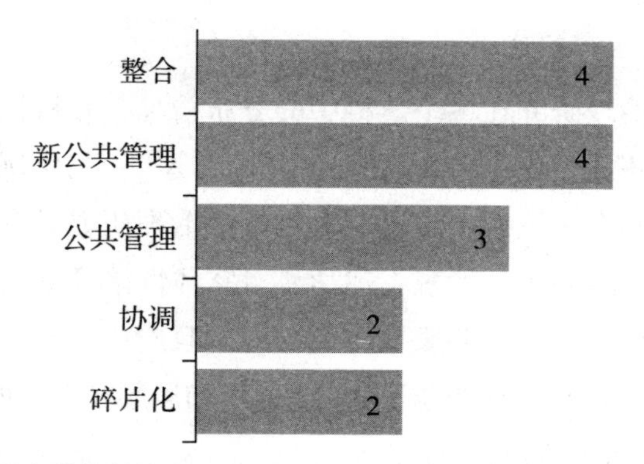

图1.8 政治学学科中整体性治理研究相关词及出现频次（2008年—2018年）

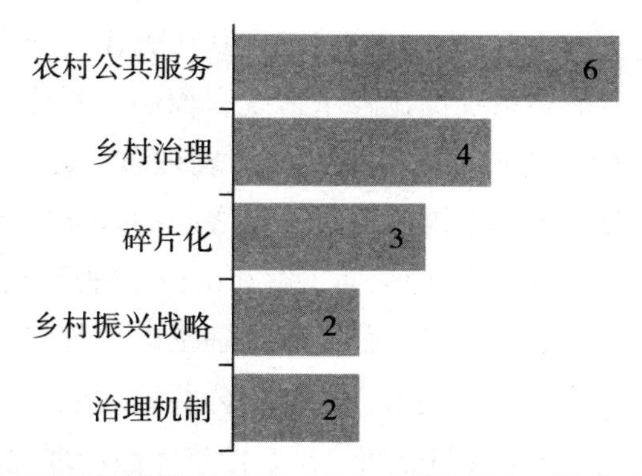

图1.9 政党及群众组织学科中整体性治理研究相关词及出现频次（2008年—2018年）

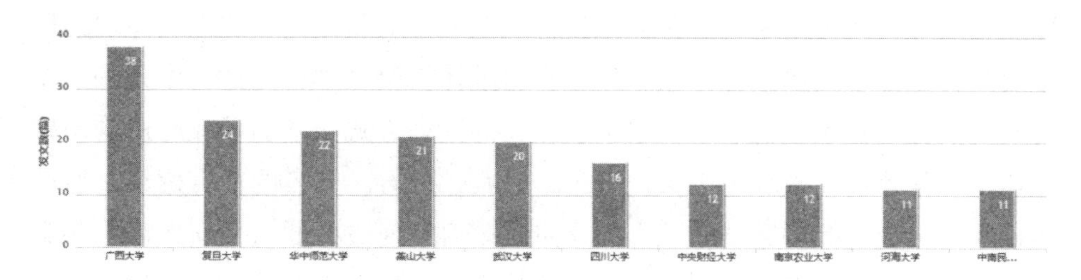

图1.10 整体性治理研究发文量学术机构排名（2008年—2018年）

（二）整体性治理研究

结合整体性治理研究在各个学科中的分布情况，并根据本研究所涉及的学科关联度，这里主要选取行政学及国家行政管理、中国政治与国际政治、政治学、政党及群众组织四个学科，对整体性治理研究具有代表性的高频率被引用文献进行梳理归纳，发现上述学科对整体性治理的研究主要集中在比较研究、概念研究、基层公共服务研究、地方政府研究四个领域，也就是说国内相关学科关于整体性治理的研究主要体现和运用在上述四个领域。

1. 关于整体性治理的比较研究

关于治理模式的比较一直是治理研究领域的常新话题。尤其是作为新兴治理范式的整体性治理，与其他治理范式比较究竟有何异同，得到学界同仁的持续关注和研究。国内台湾学者彭锦鹏在其代表作《全观型治理理论与制度化策略》一文中，最早系统性比较了传统官僚制、新公共管理、整体性治理三种典型的公共行政范式，作者主要从管理理念、运作原则、组织形态、权力运作、运作资源等十多个维度，对三者之间的差异进行了全面的梳理和比较（如表1.1所示）[①]，这为我们全面了解和认识三种经典公共行政范式提供了参考。整体性治理理论作为对新公共管理理论的一种修正和扬弃，其与新公共管理理论有着密不可分的关系，从与新公共管理理论的比较中认识和理解整体性治理理论，能够使我们更加容易掌握整体性治理理论的核心精髓。

作为国内较早介绍整体性治理的大陆学者，竺乾威梳理了整体性治理理论产生的背景及其主要思想，作者通过梳理发现整体性治理发轫于新公共管理理论解释力式微的时期。整体性治理理论既是对新公共管理理论弊端的反思批判，也是对其的修正升级。作者在对整体性治理理论的评价中谈到，新公共管理理论强调重视绩效、结果、分权的治理方式而增加了政府机构的碎片化，而整体性治理理论则关注公平、过程、整合。二者的行为逻辑虽然截然相反，终极目标却完全一致，都是研究政府如何更好地为公众提供公共服务。除此之外，作者还特别强调整体性治理目标的实现对信息技术的应用具有依赖性。通过建立发达的电子政务网络跨越政府内部、政府与外部的层级

① 彭锦鹏 . 全观型治理理论与制度化策略［J］. 政治科学论丛，2005（23）：61–100.

鸿沟，实现整体性治理的技术路径，才能更加方便地为公众提供整合性公共服务，而这也是电子化政府所必备的条件[①]。

作为同由治理理论发展出来的新范式，整体性治理和网络治理有何本质上的异同之处？刘波等通过对整体性治理和网络治理这两种治理范式进行比较研究，认为这两种治理范式在运行机制和目标效果方面具有许多共同点，且彼此之间保持着亲密的联系，但在思想源流、关注对象和研究层次等方面，二者却又保持着彼此显著的差异[②]。如整体性治理研究关注的重点在政府碎片化治理的问题上，而网络治理则更侧重于关注政府与市场、社会等主体如何形成互动关系网络的问题。所以，从问题本源上来看，整体性治理和网络治理具有明显区别。作者较清晰地为我们解释了整体性治理、网络治理这两个相似度较高的治理范式之间的异同。

朱玉知对整体性治理和分散性治理这两个新兴公共治理范式进行了概念解读，作者认为从本质上看，整体性治理就是解决“部门合并”的问题，而分散性治理就是解决“部门拆分”的问题，二者均以实现公共利益最大化为目标，但在具体的实施路径上却截然相反，整体性治理所主张的部门合并即以精简部门强化政府整合为实施路径，而分散性治理则主张以多样化、专业化的小部门来应对政府治理困境的问题[③]。作者采用经典的组织理论四分法比较分析了分散性治理和整体性治理在分工、合作、分权和规模上的差异，认为这两种治理范式都有其适用的局限性和具体条件，脱离了具体的适用环境很难简单地以优劣高低来进行评价，只有根据外部环境的发展变化实现两种模式的配合使用，才能发挥二者的积极性以达到最理想的治理效果。作者对整体性治理和分散性治理这对密切配合的治理范式的分析比较也给了我们研究治理范式的新启迪，即无论是何种治理范式都有其自身的优缺点，很难以简单的非此即彼的标准来判断其使用效果的好坏，这也是学术研究中经常碰到的涉及价值判断的问题，值得引起深入思考。

① 竺乾威．从新公共管理到整体性治理［J］．中国行政管理，2008（10）：52-58.

② 刘波，王力立，姚引良．整体性治理与网络治理的比较研究［J］．经济社会体制比较，2011（5）：134-140.

③ 朱玉知．整体性治理与分散性治理：公共治理的两种范式［J］．行政论坛，2011，18（3）：5-8.

“层级发包”的压力型体制对我国地方政府行政产生了深刻影响，而压力型体制的影响也必然带来地方政府“压力型治理”的结果。曾凡军从背景内涵、理论基础、价值取向、治理策略、政府运作、问责机制等几个方面，比较了整体性治理和“压力型治理”这两种治理范式的特点，分析指出整体性治理在地方政府治理效果上要总体优于“压力型治理”，并提出整体性治理本土化等观点，认为整体性治理有取代“压力型治理”的趋势，且存在未来成为中国政府治理图式的需要及可能[①]。作者将整体性治理和“压力型治理”进行比较研究，并且论证了整体性治理在政府治理应用中的优势，较为实际地为整体性治理引入政府治理范式变革提供了尝试和说明，具有积极的启发意义和创新性。

表1.1　彭锦鹏关于公共行政三种典型范式的比较[②]

	传统官僚制	新公共管理	整体性治理
时期	1980年代前	1980—2000年	2000年后
管理理念	公共部门形态管理	私人部门形态管理	公私合伙 / 中央地方结合
运作原则	功能性分工	政府功能部分整合	政府整合型运作
组织形态	层级节制	直接专业管理	网络式服务
核心关怀	依法行政	运作标准与绩效指标	解决人民生活问题
成果检验	注重输入	产出控制	注重结果
权力运作	集中权力	单位分权	扩大授权
财务运作	公务预算	竞争	整合型预算
文官规范	法律规范	纪律与节约	公务伦理与价值
运作资源	大量运用人力	大量利用信息科技	网络治理
服务项目	政府提供各种服务	强化中央政府掌舵能力	政策整合解决人民生活问题
时代特征	政府运作的逐步摸索改进	政府引入竞争机制	政府制度与人民需求的高度整合

① 曾凡军．整体性治理：一种压力型治理的超越与替代图式［J］．江汉论坛，2013（2）：21-25.
② 资料来源：彭锦鹏．全观型治理理论与制度化策略［J］．政治科学论丛，2005（23）：75.

2. 关于整体性治理的概念研究

概念是理解理论的助手，关于整体性治理的概念研究文献多出现于2010年前后，通过概念研究国内学者为整体性治理的早期引入和介绍做了大量的准备工作，这为后续研究的拓展和应用奠定了基础。胡象明等主要从对治理结构、治理机制的研究入手为我们呈现了整体性治理这一公共管理新范式的理论内涵。作者借助网络组织、科层组织和市场组织的比较，以及公共行政三种典型范式的比较，认为整体性治理的治理结构更侧重于从网络逻辑展开对公共治理问题的研究①。整体性治理相比于传统官僚制和新公共管理更加注重从解决问题的角度出发来规范政府活动，作者认为整体性治理的实现需要依赖协调机制、整合机制、信任机制，这为我们系统性理解整体性治理理论做出了详细注解。

引入整体性治理理论既需要我们弄清楚其理论适用范围，也需要我们为该理论的本土化应用培养基础。胡佳应用整体性治理理论对政府改革策略进行了分析解读，提出整体性治理与中国政府改革的适用性关系，认为整体性治理以责任与公共利益为导向的理念、以构建扁平化无缝隙政府为目标的组织结构、以实现服务型公共服务供给者角色的运行机制符合我国政府改革的方向②。该研究借助政府改革的背景和需求来系统描述整体性治理运行状况，方便我们深入而具体地理解整体性治理的适用性。

翁士洪具体介绍了整体性治理在英国政府治理中的应用和表现，详细阐述了整体性治理的概念和基本特征，同时也提出了整体性治理的应用价值、理论缺陷等问题③，结合国际案例对整体性治理理论内涵和应用价值的研究有助于合理展望整体性治理的发展前景。对整体性治理概念的梳理研究帮助我们在应用这个理论时妥善处理其适用性，把握整体性治理与实际问题的内在关系，确保理论研究转向实践应用，将理论价值落到实处，提高整体性治理

① 胡象明，唐波勇．整体性治理：公共管理的新范式［J］．华中师范大学学报（人文社会科学版），2010，49（1）：11–15.

② 胡佳．迈向整体性治理：政府改革的整体性策略及在中国的适用性［J］．南京社会科学，2010（5）：46–51.

③ 翁士洪．整体性治理模式的兴起：整体性治理在英国政府治理中的理论与实践［J］．上海行政学院学报，2010，11（2）：51–58.

理论的现实解释力和生命力。

3. 关于公共服务整体性治理的研究

公共服务供给与政府职能发挥联系紧密，也是整体性治理长期关注的重要领域。如何为社会提供有效的公共服务，或者说如何改进目前的公共服务供给模式，是推进政府职能转变的关键。胡佳认为整体性治理作为一种全新的治理模式，或许将成为我国地方政府公共服务改革的一个新动向[①]。作者认为整体性治理能够在理念思路、组织形式、供给方式等方面为我国地方公共服务改革提供一定的启示和借鉴。但作为一项全新的治理理论，整体性治理在应用于地方公共服务改革实践中仍然具有利弊双面性，这也是我们在改进和完善整体性治理在地方公共服务改革中的应用路径时需要注意的地方。在地方公共服务改革中，面向农村的公共服务供给一直是改革的重点和难点，整体性治理在农村公共服务供给问题研究中的应用能够发挥正向作用。

在整体性治理应用于农村公共服务供给问题的研究中，张新文等以整体性治理为分析框架，梳理了当前我国农村公共服务碎片化供给所存在的四种类型，即制度隔离型、财政资源匮乏型、府际竞争型以及支农资金使用与管理的碎片化[②]，并提出应对农村公共服务供给碎片化问题要从整体性治理框架内的信任、协调、整合三大机制出发，构建农村公共服务有效供给机制。在这里作者高度认可整体性治理在解决农村公共服务供给碎片化方面所发挥的整合作用，整体性治理的应用能够有效确保农村公共服务供给运行机制的改进提升。

整体性治理为我国农村公共服务供给新型机制的建立提供了思路。农村公共服务供给模式改革既需要机制创新也需要技术创新，以农村信息化建设为技术创新导向健全农村信息服务体系，是推进农村公共服务供给建设的一个重要方面。方付建等选取农村公共服务信息化的具体实践案例，通过整体性治理分析工具对案例地点公共服务信息化建设过程中存在的问题进行了总结。作者提出基于整体性治理三大机制加大对农村公共服务体系的整合力度、

① 胡佳．整体性治理：地方公共服务改革的新趋向［J］．国家行政学院学报，2009（3）：106-109.

② 张新文，詹国辉．整体性治理框架下农村公共服务的有效供给［J］．西北农林科技大学学报（社会科学版），2016，16（3）：40-50.

协调农村公共服务部门、建立农村公共服务协商工作机制、建立农村公共服务政社信任机制，以及建立以农村实际需求为导向的公共服务供给体系[①]。作者结合具体案例的分析使我们能够更加清晰地了解和掌握目前农村公共服务供给出现的问题，为探索有效的解决路径提供了依据。

方堃等聚焦农村公共服务体系碎片化、区隔化、分散化的问题，运用整体性治理理论所倡导的技术维度引申出“数字乡村”的概念，提出以数字乡村重构农村公共服务体系[②]。在作者的观点看来，建立数字乡村公共服务体系本身就是对整体性治理思路的一种运用。作者在整体性治理框架下提出数字乡村公共服务体系，旨在通过整体性治理理论中跨界公共事务治理整合的思想，以数字化手段在乡村公共服务体系建设中的应用来实现乡村公共服务体系的跨界整合。

4. 关于地方政府整体性治理的研究

整体性治理在地方政府研究中形成了比较丰富的代表性观点，而这其中又以地方政府跨界治理合作等相关问题的研究最为突出。崔晶以“京津冀城市圈”为例，考察了地方政府在跨界公共事务治理中的协作问题。作者对改革开放以来我国城市之间跨界公共事务协作演进的历史进行了简要梳理，总结出京津冀地方政府在跨界公共事务合作方面的初步经验，并进一步指出当前我国地方政府在跨界公共事务合作方面存在的具体问题。作者在整体性政府理论的基础上提出从行政管理体系整合、跨区域合作组织建设、协作治理网络打造等方面构建京津冀都市圈跨界公共事务整体性治理模式，以应对地方政府在跨界公共事务治理中出现的碎片化问题[③]。这是整体性治理理论介入地方政府跨界公共事务治理研究的较早代表性文章，也是整体性治理理论应用到地方政府公共行政合作的具体分析案例。

张必春等认为我国基层社会碎片化问题已成为事实，而应对基层社会碎

① 方付建，苏祖勤．基于整体性治理的农村公共服务信息化研究：以巴东县为例［J］．情报杂志，2017，36（4）：130–135.

② 方堃，李帆，金铭．基于整体性治理的数字乡村公共服务体系研究［J］．电子政务，2019（11）：72–81.

③ 崔晶．区域地方政府跨界公共事务整体性治理模式研究：以京津冀都市圈为例［J］．政治学研究，2012（2）：91–97.

片化问题必须发挥整体性治理理论的优势，借助整体性治理在跨层级、跨领域、跨界限公共事务治理上的整合协调机制，推动地方政府在基层社会治理创新实践中的跨界合作[①]。作者分析了整体性治理在跨界合作中的运行机理，结合案例地点在行政整合、政社合作、技术治理上的整体性治理实践，提出整体性治理实质上就是跨界合作的观点。整体性治理在内部跨越政府（公共部门）各部门之间的界限，倡导新的部门合作机制，理顺部门之间的权责关系，建设整体性政府；在外部跨越政府与外部（社会、市场等私人部门）的界限，充分发挥政府在基层社会治理中的引导、支持和保障等作用，推动形成新的政社合作伙伴关系。在这里，作者对整体性政府跨界合作的解读分析为我们重新认识整体性治理理论提供了新视角，也有助于我们从组织模式再造上重新认识整体性治理所发挥的整合优势。

任敏提出以“四直为民”机制为路径的农村基层整体性治理实践，作者结合具体案例分析总结了当前农村基层治理中存在的政权悬浮化、内卷化，以及公共服务供给碎片化、运动式治理等问题[②]，并通过分析整体性治理的整合机制、协调机制、信任机制，考察总结了案例地区基层整体性治理实践的做法和经验。作者运用整体性治理的三大机制全面描述了基层整体性治理的运行逻辑，这为整体性治理理论嵌入分析具体的基层治理实践做出了有益探索，能够帮助我们在基层治理研究中引入整体性治理的分析框架和研究路径。

（三）牧区基层治理研究

与农村基层治理问题或乡村治理问题井喷式的研究热度相比，有关牧区基层治理问题的研究则一直处于相对冷门低迷的状态。有关牧区基层治理问题的研究多通过其他学科领域的研究来实现，并且研究内容较为分散，缺乏集中针对性。如草地科学、生态经济、社会保障等学科，都曾从各自学科领域的研究视角对牧区基层治理问题进行研究，并提出针对相关领域问题的路

① 张必春，许宝君．整体性治理：基层社会治理的方向和路径：兼析湖北省武汉市武昌区基层治理［J］．河南大学学报（社会科学版），2018，58（6）：62-68.

② 任敏．“四直为民”机制：基层整体性治理的新探索［C］// 凤冈县委，贵州省科学社会主义暨政治学学会．以人民为中心：凤冈县“四直为民”实践探索与理论研究．北京：人民日报出版社，2017：148-161.

径方案。而直接从政治学或公共行政学的角度介入牧区基层治理问题的研究则相对较少，且缺乏与之相关的高质量高水平研究成果。这种情况就造成政治学或公共行政学领域对牧区基层治理问题的研究丧失主动权和话语权。

牧区基层治理和农区基层治理同属乡村治理研究范畴的问题，只不过是二者所设定的研究对象或研究地域存在生产活动空间的不同，但都应该得到研究者的广泛关注。任何对研究对象的遗漏行为，都会造成研究内容和研究结果失去科学性、普遍性。所以无论是在乡村治理问题的研究框架内，还是在农村基层治理问题的研究逻辑中，都不能简单地将农区基层治理问题的学术话语直接套用移植到对牧区基层治理问题的研究中，人为造成二者的混同或等同，更不能只谈农区基层治理问题，避而不谈牧区基层治理问题。在中国治理情境下，乡村治理应该是包括农区乡村（农区基层）、牧区乡村（牧区基层）两个生产活动空间内的治理活动。但这两个空间内的治理活动又存在着一定的区别和联系，既不能完全等同也不能绝对割裂。对牧区基层治理问题的研究应以农区基层治理问题为研究基础，同时又要掌握牧区基层治理问题的自身特点和规律。

1. 基于生态环境治理角度的研究

有关生态环境治理的研究一直是牧区基层治理研究的热点，而生态环境治理又与牧区可持续发展等息息相关。国内学者对牧区生态环境治理问题进行了大量而翔实的研究论证。从现有文献来看，国内学者对牧区生态环境治理的研究视角可跨越生态学、牧业科学、草业科学、环境科学、公共政策科学、农业畜牧经济等多个学科领域。这些学科领域对牧区生态环境治理问题的关注热度，充分说明了生态环境治理问题在牧区社会中的突出地位。生态环境治理和牧区可持续发展息息相关，而可持续发展问题又是牧区基层治理所依赖的根本保障。

刘银喜、任梅基于公共政策学的研究视角，运用政策过程理论从公共政策制定、公共政策执行、公共政策评估、公共政策监督、公共政策变动五个方面实证分析了内蒙古牧区可持续发展中的公共政策问题[①]。这里作者基于政

① 刘银喜，任梅. 公共政策视角下内蒙古牧区可持续发展路径选择：基于政策过程的实证分析［J］. 内蒙古社会科学（汉文版），2013，34（6）：163-167.

策过程的实证分析为牧区可持续发展问题的政策过程研究提供了规范。

马林在分析当前我国草原生态环境恶化状况的基础上，提出同划定耕地保护红线具有同等重要性的问题："划定草原生态保护红线"[①]。作者认为划定草原生态保护红线是保护草原生态环境、解决牧区生态可持续发展的政策前提，并从生态安全、民族团结、边疆稳定、畜牧业产业安全、牧区可持续发展等方面，逐一论证了划定草原生态保护红线的内涵，以及划定草原生态保护红线对于牧区生态环境治理的重大现实意义。

周杰、高芬从评价"草畜平衡"发展态势的研究目标出发，通过实证分析内蒙古牧区草原生态环境与畜牧业经济耦合协调关系，提出建立"草原生态环境—畜牧业经济系统综合评价模型""草原生态环境—畜牧业经济系统耦合度模型""草原生态环境—畜牧业经济系统耦合协调度模型"三组模型[②]。该研究通过模型模拟揭示了草原生态系统与畜牧业经济耦合协调发展的作用机理，得出二者之间存在的耦合关系，并就二者耦合协调发展水平进行了等级测算，这为我们探索在畜牧业经济系统和草原生态环境系统之间建立良性互动关系，更好地维护草原生态环境提供了新的认识。

刘娟等通过分析传统的连续放牧对草地生态系统功能性持续的弊端和缺点，提出了划区轮牧系统以确保草地可持续利用，并从优势、局限及延展三个方面就划区轮牧与草地可持续利用的关系进行论证，作者分析了划区轮牧对牧区生态恢复和草地可持续性利用的现实影响，认为应当从综合协调草地资源管理模式、平衡生态经济社会系统以及兼顾生态效益和经济效益等方面优化改进轮牧系统，保障牧区生态经济可持续发展[③]。

秦海波等运用社会—生态系统（SES）模型研究草原可持续治理问题，作者将SES作为诊断草原治理问题影响因素的工具。根据奥斯特罗姆（Ostrom）在公共池塘资源（common-pool resources）治理研究中对SES框架八个一级

① 马林．草原生态保护红线划定的基本思路与政策建议［J］．草地学报，2014，22（2）：229-233.

② 周杰，高芬．草原生态环境与畜牧业经济耦合协调关系分析：以内蒙古自治区为例［J］．生态经济，2019，35（5）：170-176.

③ 刘娟，刘倩，柳旭，等．划区轮牧与草地可持续性利用的研究进展［J］．草地学报，2017，25（1）：17-25.

变量组的拆分，作者模拟得出与草原治理相关的比较分析变量表，通过变量表直观反映草原可持续治理机制中不同微观变量间、外部社会系统和生态系统之间的交叠互动关系[①]。作者基于SES框架比较分析了内蒙古阿巴嘎旗、乌审旗和四川省红原县三地在相关生态系统、社会—经济—政治背景、草地资源系统、草原生态治理系统及草原治理行动者方面的差异，在这里，作者对SES分析框架的引入和应用为有效识别影响草原可持续治理机制的关键变量奠定了基础。

方精云等结合我国草业发展现状，从发展现代草牧业的角度考察牧区可持续发展问题。作者针对我国牧区发展畜牧业对草业资源的需求，提出通过人工种植草地提升草地生产力和生态功能，以确保我国畜牧业发展增量对草业发展增长的需求[②]。并从"生态草牧业试验区""以小保大的草牧业发展模式"等概念出发提出促进草业资源可持续利用、草原牧区可持续发展的实践路径。草业科学是研究牧区生态治理和可持续发展等问题的配套科学，草业兴则牧业兴，研究草业发展问题，是研究牧区生态治理问题的一个重要切入点和突破口。

周立华、侯彩霞综合考察了北方农牧交错区草原生态状况、草原禁牧政策的实施成效，以及农户对禁牧政策的认可度。作者认为虽然禁牧政策的实施初衷是解决牧区生态环境危机问题，但在政策的实际施行过程中，一些地方政府对禁牧政策的实施和对禁牧区的管理都缺乏规范性，由此造成草场界限、草原所有权和使用权的不明晰等问题，使得禁牧政策不仅不能发挥修复草原生态的保护性作用，反而沦为禁锢农户生计和发展的政策障碍，进而影响到农户对该项政策的支持度，对牧区草原利用和生态可持续发展产生负面作用[③]。作者对草原利用和禁牧政策关键问题的研究是推进牧区生态环境治理

① 秦海波，汝醒君，李颖明．基于社会—生态系统框架的中国草原可持续治理机制研究［J］．甘肃行政学院学报，2018（3）：104-117.

② 方精云，白永飞，李凌浩，等．我国草原牧区可持续发展的科学基础与实践［J］．科学通报，2016，61（2）：155-164，133.

③ 周立华，侯彩霞．北方农牧交错区草原利用与禁牧政策的关键问题研究［J］．干旱区地理，2019，42（2）：354-362.

政策研究的积极尝试，为研究制定牧区草原生态环境保护政策和牧民生计可持续发展政策奠定了相关基础。

2. 基于草原生态补偿角度的研究

随着我国国土生态文明建设的深入推进，关于牧区草原生态补偿问题的研究逐渐成为近些年来学界关注的热点。草原是牧区生产生活的主要活动场所，草原生态保护和利用的问题关系到草畜平衡、农牧民生计、牧区生态文明建设水平等一系列关联性问题，对草原生态补偿机制的研究是研究牧区可持续发展问题的基础性问题，也是研究解决牧区基层社会治理问题的重要方面。国内学者有关牧区草原生态补偿机制的研究多从利益相关者关系、制度化机制建设等理论视角介入。

李玉新等通过运用多元有序 Logistic 回归分析考察了四子王旗牧民对草原生态补偿政策的评价及影响[①]。胡振通等选取内蒙古三个旗县的禁牧区和“草畜平衡区”的牧户样本数据，分别从生态绩效、收入影响、政策满意度三个方面就草原生态补偿政策实施情况进行评估，得出结论：草原生态补偿机制的实施效果要体现在牧民政策满意度和生态效果两个方面，而关键是要看生态效果，生态效果是设立草原生态补偿机制的初衷[②]。丁文强等采集了涵盖内蒙古地区五大草原形态的牧民调查数据，运用二元 Logit 回归模型分析了草原生态补偿政策对这些地区牧户减畜意愿的影响，作者认为，较高的草原补偿奖励资金、较低的家庭总收入和较低草原生产力的草原类型对牧民减畜意愿的形成具有正向激励效果[③]。

张会萍等在对新一轮草原生态补偿奖励的政策效果评估中，采用激励相容理论分析了草原生态补偿机制与农户增收的激励相容关系，认为确保草原生态补偿政策的实施效果，关键在于实现草原生态补偿机制与农户收入增长

① 李玉新，魏同洋，靳乐山. 牧民对草原生态补偿政策评价及其影响因素研究：以内蒙古四子王旗为例［J］. 资源科学，2014，36（11）：2442-2450.

② 胡振通，柳荻，靳乐山. 草原生态补偿：生态绩效、收入影响和政策满意度［J］. 中国人口·资源与环境，2016，26（1）：165-176.

③ 丁文强，侯向阳，刘慧慧，等. 草原补奖政策对牧民减畜意愿的影响：以内蒙古自治区为例［J］. 草地学报，2019，27（2）：336-343.

之间的激励相容①。冯晓龙等基于社会资本调节效应，从牧户的超载过度放牧行为切入草原生态补偿政策研究，作者就牧户超载过牧行为、草原生态补偿政策，以及社会资本（社会信任、社会网络）之间的影响机制提出假设，运用线性回归模型和分组回归模型检验假设，得出结论：草原生态补偿奖励资金对牧户超载过度放牧行为具有正向调节作用，而社会资本（社会信任、社会网络）对牧户超载过度放牧行为具有负向调节作用②。

另外，康晓红等基于研究中所发现的草原生态补偿机制的制度因素，对牧民生计资本、转化结构与过程、生计策略、生计结果的持续性影响，提出构建牧民可持续生计分析框架③。刘晓莉从法律制度构建的角度反思了我国草原生态补偿法律制度在实践操作中的弊端，提出完善草原法以充实明确事关草原生态补偿法律条文的具体内容④。于雪婷、刘晓莉从法制化建设层面提出了草原生态补偿法制化在牧区生态文明建设中的重要性，认为法制化建设是确保草原生态补偿机制良性运行和牧区生态文明建设有章可循的必要保障⑤。

3. 基于牧民生计可持续角度的研究

牧民生计可持续是牧区可持续发展的一个重要衡量指标，也是牧区基层治理研究中所涉及的一个基本社会民生问题。根据国外学者对可持续生计的解释定义，可持续生计是指农户为改善长远的生活状况所拥有和获得的谋生能力、资产和所从事的活动，是一种以人为中心的、缓解贫困的方法途径⑥。

---

① 张会萍，肖人瑞，罗媛月．草原生态补奖对农户收入的影响：对新一轮草原生态补奖的政策效果评估［J］．财政研究，2018（12）：72-83.

② 冯晓龙，刘明月，仇焕广．草原生态补奖政策能抑制牧户超载过牧行为吗？基于社会资本调节效应的分析［J］．中国人口·资源与环境，2019，29（7）：157-165.

③ 康晓虹，陶娅，盖志毅．草原生态系统服务价值补偿对牧民可持续生计影响的研究述评［J］．中国农业大学学报，2018，23（5）：200-207.

④ 刘晓莉．我国草原生态补偿法律制度反思［J］．东北师大学报（哲学社会科学版），2016（4）：85-92.

⑤ 于雪婷，刘晓莉．草原生态补偿法制化是牧区生态文明建设的必要保障［J］．社会科学家，2017（5）：98-102.

⑥ SCOONES I. Livelihoods Perspectives and Rural Development［J］.The Journal of Peasant Studies，2009，36（1）：171-196.

该定义将可持续生计与农户的长远发展相联系，也就是说可持续生计问题直接影响到农村社会的可持续发展，属于农村社会治理中需要解决的基本问题。对于牧区社会而言，牧民生计可持续直接关系到牧区可持续发展问题，也深刻影响到牧区基层治理。解决牧区可持续发展问题和牧区基层治理问题，最根本的着眼点还是要回归到对人的生产生活问题的解决上来，而牧民生计可持续正是涉及牧区生产生活问题的最核心最基本的问题，解决牧区生产生活问题首先要确保实现牧民生计可持续。

在对牧民生计可持续问题的研究中，各种新的模型方法得到充分运用。斯琴朝克图等采取对农户生计资产建立量化指标体系的方式，研究了内蒙古半农半牧区中不同类型和等级农户的生计资产与生计方式的依附关系，研究发现不同类型农户的生计资产分布不均衡，且生计资产均值存在明显差异，而同一类型农户内部资产等级越高者资产均值越高，农户资产禀赋和组合的差异最终导致他们采取不同的生计方式①。孙特生、胡晓慧采取系统抽样法、分层抽样法对新疆准噶尔北部干旱区草地农牧户进行问卷调查，得到调研单元农牧户生计的基本状况，在利用可持续生计分析框架（SLA）的基础上建立农牧户生计资本量化指标体系，并使用系统耦合协调度模型对农牧户生计资本进行测算及分析，提出基于农牧民生计资本的干旱区草地适应性管理②。

乌云花等运用熵值法评估牧民的五大生计资本，并利用 Logit 模型研究了牧民的五大生计资本（社会资本、物质资本、人力资本、自然资本、金融资本）对牧民生计策略选择的影响和关系③。谢先雄等基于抽样调查数据采用熵值法评估了内蒙古372 户牧民的生计资本状况，选择二元 Logistic 模型检验了牧民生计资本对其减畜意愿的影响，得出结论：牧民生计主要靠人力资本、金融资本、社会资本、物质资本、自然资本（按权重排序），其中社会资本

① 斯琴朝克图，房艳刚，王晗，等．内蒙古半农半牧区农户生计资产与生计方式研究：以科右中旗双榆树嘎查为例［J］．地理科学，2017，37（7）：1095-1103.

② 孙特生，胡晓慧．基于农牧民生计资本的干旱区草地适应性管理：以准噶尔北部的富蕴县为例［J］．自然资源学报，2018，33（5）：761-774.

③ 乌云花，苏日娜，许黎莉，等．牧民生计资本与生计策略关系研究：以内蒙古锡林浩特市和西乌珠穆沁旗为例［J］．农业技术经济，2017（7）：71-77.

（社会网络和参与集体活动情况）、物质资本（牲畜数量）、人力资本（劳动力数量）、金融资本（家庭现金收入）均能显著促进牧民减畜意愿，而自然资本（草场面积和草地质量）则能显著抑制牧民减畜意愿[①]。

牧民牲畜养殖控制关乎草原畜牧业可持续发展的前景，孙前路等从生计资本和兼业化的角度考察了牧民养殖行为的选择和决策，并利用Slogit回归方法分析了生计资本（包括人均草地面积、住房结构、家庭总收入、村干部及合作社经历）、兼业化程度、信仰支出对牧民养殖规模控制的影响关系[②]。这一研究结果为规范牧民养殖行为、控制牧民养殖规模、提高牧民生计水平、促进草原畜牧业可持续发展等相关政策的制定提供了理论支撑。

励汀郁、谭淑豪通过构建"脆弱性—恢复力"分析框架考察了牧区草地经营制度变迁背景下牧户生计脆弱性的变化。作者认为在制度变迁背景下，草地生态状况和牧户生计资本及生计策略都会受到影响，具体来讲就是由草地生态状况变化引起的自然资源减少、不同资源间搭配失衡、草地承载力恢复力下降等因素直接加剧了牧户生计脆弱性，而在制度变迁下，牧户生计资本（如金融资本）不足可引发生计脆弱性，物质资本增加则提高牧户生计恢复力，根据这一解释在制度变迁背景下从牧户自身生活发展的长远利益看，牧户选择一定的替代性生计策略（如草场租赁、流转等）则会提高自身生计恢复力，而选择不可持续的生计策略（如采取过度放牧等手段）则会加剧自身生计脆弱性[③]。

4. 基于社会发展角度的研究

对牧区基层治理问题的研究最终要指向牧区社会发展，从社会发展的角度研究牧区基层治理问题能够获得更多的治理面向。陈祖海、谢浩在四子王旗的实地走访调查中，从贫困的波动性不稳定性、转型贫困问题、大户掩盖下的贫困问题，以及贫困人口的年轻化与家族化四个方面描述总结了干旱牧

① 谢先雄，赵敏娟，蔡瑜．生计资本对牧民减畜意愿的影响分析：基于内蒙古372户牧民的微观实证［J］．干旱区资源与环境，2019，33（6）：55-62.

② 孙前路，乔娟，李秉龙．生态可持续发展背景下牧民养殖行为选择研究：基于生计资本与兼业化的视角［J］．经济问题，2018（11）：84-91.

③ 励汀郁，谭淑豪．制度变迁背景下牧户的生计脆弱性：基于"脆弱性—恢复力"分析框架［J］．中国农村观察，2018（3）：19-34.

区贫困异质性的特征[①]。李先东、李录堂运用多分类Logit模型分析了保障感知、社会信任对牧民生态保护参与意愿和参与方式的影响，研究结果发现牧民社会保障感知、社会信任对牧民生态保护参与意愿具有显著正向影响，在生态保护方式决策上保障感知、社会信任对牧民选择减少牲畜和流转草场的影响显著，且对牧民选择的影响具有较高概率[②]。

张瑶等运用结构方程模型分析了牧户生态认知和家庭生计资本对牧户草原保护意愿的影响，研究结果表明：生态认知和家庭生计资本均对牧户草原保护意愿产生显著的正向影响，且生态认知对牧户草原保护意愿的影响显著高于家庭生计资本对牧户草原保护意愿的影响；家庭生计资本对牧户草原保护意愿影响的直接路径（家庭生计资本→草原保护意愿）系数远大于间接路径（家庭生计资本→生态认知→草原保护意愿）系数[③]。

乌静考察了牧区生态移民政策社会适应困境问题，作者基于移民社会适应的多样性和次序性，从政策排斥的视角构建了牧区生态移民政策排斥维度和牧区生态移民社会适应需要的分析框架，研究结果指出，牧区生态移民政策的排斥性是造成牧民移民后经济收入少、政治参与度低、社会融入难、文化差距大的重要原因，而消除牧区生态移民政策带来的排斥性，就需要本着满足牧区生态移民的社会适应需要来制定和实施生态移民政策[④]。

张丽君梳理了一个时期以来中国牧区生态移民实践的历史进程和经验成效，认为虽然我国的牧区生态移民实践已经步入规范化、制度化的轨道，并取得了较为明显的生态、经济和社会效益，但我国牧区生态移民工程的政策逻辑是自上而下“危机—应对”式的政府主导，广大社会群体尤其是移民群体在这一活动中明显处于被动参与的状态，而真正意义上的牧区生态移民应

---

① 陈祖海，谢浩 . 干旱牧区贫困异质性分析：基于内蒙古自治区四子王旗的调查［J］. 中南民族大学学报（人文社会科学版），2015，35（1）：108–113.

② 李先东，李录堂 . 社会保障、社会信任与牧民草场生态保护［J］. 西北农林科技大学学报（社会科学版），2019，19（3）：132–141.

③ 张瑶，徐涛，赵敏娟 . 生态认知、生计资本与牧民草原保护意愿：基于结构方程模型的实证分析［J］. 干旱区资源与环境，2019，33（4）：35–42.

④ 乌静 . 政策排斥视角下的牧区生态移民社会适应困境分析［J］. 生态经济，2017，33（3）：175–178，183.

该调动广大移民群体的积极性和能动性，在政策路径上为移民群体的主动参与做好引导和保障，最终实现牧区生态移民可持续发展推动牧区人与自然和谐发展的目标[①]。

二、国外研究现状

（一）整体性治理研究

“holistic governance”一词在国内学界被普遍翻译成“整体性治理”，在这里，“holistic”一词为形容词，意为“整体的”或“全盘的”。而我国台湾学者则习惯使用“全观型”一词来代替“整体性”一词，用于表达“holistic”一词的中文释义。所以，在我国台湾学界“holistic governance”被翻译为“全观型治理”，对应的“holistic government”则被翻译为“全观型政府”。在欧美等西方学术界，多习惯使用“整体性政府”一词作为解释“整体性治理”概念的另外一种表达，但各国对“整体性政府”一词的英文词汇表达方式也不尽相同，具有明显的国别差异性，如有 joined-up government（英国）、collaboration government（美国）、horizontal government（加拿大）等各种略有差异性的英文词汇表达方式。这里笔者综合国内外学界对整体性治理中英文词义表述的差异，分别以 holistic governance（或 holistic government）、joined-up government、collaboration government、horizontal government 作为关键词在 CNKI Scholar、Web of Science（SSCI）等数据库进行检索，得到各类与整体性治理相关的外文文献。

根据对这些外文文献的整理和解读可以发现，整体性治理理论在国外学界的研究中多结合具体的案例进行，实践色彩较为浓厚，这也反映出国外学界对整体性治理的研究更倾向于解决相关实际问题。尤其是在国外学界的研究中可以发现，整体性治理与政府治理模式变革等公共部门改革领域的问题联系较为紧密，这种现象与整体性治理理论产生的时代背景和制度环境有很大关系。在西方国家尤其是在欧美等国家典型的资本主义体系下，地方自治、

① 张丽君．中国牧区生态移民可持续发展实践及对策研究［J］．民族研究，2013（1）：22-34，123-124.

权力分立与制衡等政治行政体制更能灵活适应整体性治理所倡导的政府改革目标，这也是整体性治理之所以自在英国兴起以来普遍得到欧美等西方国家政府机构改革关注的原因所在。

所以，在对国外有关整体性治理文献的解读和研究中，必须要全面考虑意识形态、政治制度、经济制度和社会制度等因素对整体性治理理论适用性的影响，绝不能脱离具体的政治经济制度、意识形态、政策法律、社会发展水平、历史文化传统等来理解和考察整体性治理的实践应用。对于整体性治理理论及其应用，必须坚持“以我为主，为我所用”的原则，坚持马克思主义的立场、观点和方法，采取审视批判的态度来学习借鉴，要时刻注意该理论产生、应用的具体制度环境和政治基础。同时在审视批判的基础上，我们还要结合自身的政治体制、经济体制、文化体制、行政体制等特点对整体性治理理论的有益成分加以选择和利用，并进行本土化应用和实践，使之能够更好地符合、适应我们所研究问题的实际状况，增进其理论价值和应用价值，为发挥我国国家制度和国家治理体系在政府治理能力建设中的显著优势提供服务和帮助。

1. 关于地方整体性政府实践的研究

国外学者 Hal G. Rainey 在希克斯等所提出的整体性政府概念的基础上，为我们描述了整体性政府在全面执政中的策略，Hal G. Rainey 详细分析了整体性政府的运作[①]，这有助于我们充分理解整体性政府的运作结构。关于整体性治理的应用，John Mawson 等以英格兰地方政府为研究对象，研究了英格兰地方政府整体性治理重构中的问题，全面反思了地方政府应该如何应对整体性政府建设的要求[②]。

Tadas Limba 针对改善政府组织内部流程，结合整体性政府和电子政府的实践目标，提出开发设计整体电子政务服务整合模型，以确保地方政府电子政务服务的有效整合[③]。Tadas Limba 认为保证电子政务服务在地方政府的有效

① RAINEY H G. Governing in the Round: Strategies for Holistic Government [J]. International Public Management Journal, 2000, 3 (1): 145-148.

② MAWSON J, HALL S. Joining It Up Locally? Area Regeneration and Holistic Government in England [J]. Regional Studies, 2000, 34 (1): 67-74.

③ LIMBA T. Peculiarities of Designing Holistic Electronic Government Services Integration Model [J]. Social Technologies, 2011, 1 (2): 344-362.

集成，首先需要对整体电子政府服务进行整合尝试，即建立一个完整的电子政务服务集成模型。关于整体电子政府服务整合模式如何在地方政府层面获得实践应用，作者又通过引入立陶宛各市电子政务服务模型应用及改进的案例来加以说明。作者认为地方政府在提供电子政府服务的同时，应注意回应并适应社会公众需求的发展变化，确保政府所提供的电子化政府服务能够做到及时、有效、准确，从而提高地方政府电子政务服务的公共价值。

Jacob Torfing 等评估了丹麦两个地方政府在提高自身的集体和整体政治领导能力方面的功能和影响，作者采访了这两个地方政府的领导者、行政人员，并对涉及两个政府政治领导能力的有关出台文件进行了比较研究，研究发现制度设计在有效促进地方政府集体和整体的政治领导能力中起着关键作用①。作者在分析中指出，通常地方政府的这种政治领导能力主要体现在对政策创新的设计上，而传统的政府机构改革只是旨在提高地方政府领导者个人的权力而非政府的整体政治领导力。对此，作者提出有效促进地方政府集体和整体的政治领导能力，需要为地方议员和行政人员提供跨越党派和部门界限去共同创造集体和整体的政策解决方案的机会，地方政治领导改革的成功实施必须要得到地方议员和行政人员的支持。作者这里所提出的跨界参与政府决策的观点，同整体性治理所倡导的跨界合作等理念十分相似，这正是在整体性治理框架的基础上对地方政府提高自身的集体和整体政治领导能力的研究尝试，为我们分析解决政府行政职能、行政权力和行政部门的分割所造成的碎片化问题提供了参考。

Philip Marcel Karré 等认为整体性政府的组织结构能够实现横向联合治理，即在政府内部实现各部门行动的协调统一，作者认为整体性政府所期望实现的联合治理就是进行政府部门间横向的协调，以克服由于部门主义和新公共管理而导致的纵向政府结构的分散化，从而更好地解决政府与整个社会互动的问题，推动政府与社会合作伙伴关系的建立②。作者还批判性地讨论了荷兰

① TORFING J, SØRENSEN E, BENTZEN T O. stitutional Design for Collective and Holistic Political Leadership [J]. International Journal of Public Leadership, 2019, 15 (1): 58-76.

② KARRÉ P M, STEEN M V, TWIS M V. Joined-Up Government in The Netherlands: Experiences with Program Ministries [J]. International Journal of Public Administration, 2013, 36 (1): 63-73.

在建设整体性政府方面的做法和经验，Philip Marcel Karré 等对整体性政府内涵本质的解读方便我们清晰地理解其组织结构和运行过程，为有效建立符合研究对象特征的整体性政府模型提供了参考依据。

Trein 等系统地比较研究了整体性政府对公共政策的整合与协调，作者选取“政策整合”和“整体性政府”两个概念作为分析研究的侧重点，围绕这两个概念，作者从经验、理论以及研究设计的角度讨论了与之相关研究文献之间的观点异同①。在这里，作者肯定了整体性政府在整合协调公共政策上所发挥的积极作用，主张运用整体性政府来解决政府公共政策碎片化的问题，以提高政府公共政策制定和实施的有效性，确保公共政策能够准确及时地回应和满足公众利益诉求。

Colin Knox 围绕“权力共享”和“分散公共服务”讨论了英国北爱尔兰地区的整体性政府建设实践。作者认为与英国“直接统治”下的地方整体性政府建设相比，北爱尔兰地区在整体性政府建设实践中能够更多地发挥自主性，从行政地位特点看，北爱尔兰地区作为联合王国的特殊行政区域具有明显的治理复杂性，北爱尔兰地方政府在推进公共部门的改革中特别关注宪法和安全事务，这也使得该地区能够在政治稳定、权力共享的前提下实现了构建高度分散的公共服务结构②。作者的分析解读向我们展现了北爱尔兰地区整体性政府建设实践在英国国内整体性政府建设实践中的特殊意义和重要影响，在特殊的中央政府与地方政府行政关系下，北爱尔兰地方政府能够在整体性政府建设实践中发挥更多的自主性和灵活性。

2. 关于公共事务整体性治理的研究

国外学者对于整体性治理理论在公共事务治理中的应用研究比较多，佩里·希克斯研究了英国工党执政时期的住房政策，认为政府在处理住房政策中的分歧、趋势和倾向时，应从整体性政府的角度出发做好风险感知和防范，

① TREIN，MEYER，MAGGETTI. The Integration and Coordination of Public Policies：A Systematic Comparative Review［J］. Journal of Comparative Policy Analysis：Research and Practice，2019，21（4）：332-349.

② KNOX C. Sharing Power and Fragmenting Public Services：Complex Government in Northern Ireland［J］. Public Money & Management，2015，35（1）：23-30.

并在预期方案设计上提高政府行政风险管理的能力[①]。L J Kotze 将整体性治理引入可持续发展研究中，从整体性治理角度对南非环境治理状况和问题进行解读，认为整体性治理能够为南非地方政府在改善环境治理不可持续等问题上做出贡献[②]。Mark Exworthy 等讨论了英国工党政府时期实施整体性政府战略推进卫生服务平等化的问题。作者在对问题回顾中提到，整体性政府建设在英国工党政府执政初期被视为实现缩小不同社会群体之间卫生服务差距的关键机制而加以推行，作者认为整体性治理强调政府的整合功能，实际中解决不同地域卫生服务差距的问题不能仅仅依靠一个部门，而是更多地需要整个政府或是政府与社会机构之间实现一定程度的跨部门、跨机构的联合行动[③]。在对相关实践案例的讨论中，作者重点比较了威尔士和苏格兰两地地方政府在推进福利现代化解决卫生服务不平等方面的不同做法，在对案例的分析中作者总结出推进整体性政府在卫生服务平等化建设方面的问题和障碍。

Michael Howes 等将整体性治理引入政府灾害风险管理领域的研究认为，整体性政府建设的目标是实现政府治理走向网络化，通过网络化治理改善政府机构间的沟通与协作，形成政策合力以应对灾害风险管理中的政策乏力。作者对2009年至2011年间在澳大利亚发生的三起与气候有关的极端事件进行比较分析，研究表明改善政府机构之间的沟通与合作能够起到提高政府应对灾害风险管理水平的作用，为建立符合整体性政府和网络化治理理念的政府机构沟通协作机制，作者提出设计共同灾害风险管理政策、采用多层次的灾害风险管理计划、整合政府机构立法、建立应对灾害风险管理的整体性政府网络组织，以及建立政府机构合作资金等关键的改革举措[④]。

Nicola Moran 等考察了英格兰在老年人和残疾人群体个人预算试点项目

---

① PERRI 6. Housing Policy in the Risk Archipelago: Toward Anticipatory and Holistic Government [J]. Housing Studies, 1998, 13 (3): 347–375.

② KOTZE L J. Improving Unsustainable Environmental Governance in South Africa: The Case for Holistic Governance [J]. Potchefstroom Electronic Law Journal, 2006, 9 (1): 1–44.

③ EXWORTHY M, HUNTER D J. The Challenge of Joined-Up Government in Tackling Health Inequalities [J]. International Journal of Public Administration, 2011, 34 (4): 201–212.

④ HOWES M, TANGNEY P, REIS K, et al. Towards Networked Governance: Improving Interagency Communication and Collaboration for Disaster Risk Management and Climate Change Adaptation in Australia [J]. Journal of Environmental Planning and Management, 2015, 58 (5): 757–776.

资金流整合方面的整体性政府实践，作者认为立法壁垒和对破坏市场稳定的担忧，以及预期需求增长对预算的影响等因素，是造成中央政府和地方政府未能妥善整合面向老年人和残疾人群体的个人预算试点项目资金流的可能原因[①]。而整体性政府旨在通过建立信任机制、整合机制、协作机制实现建立层级政府之间、政府与社会之间的合作机制，发挥整体性政府强大的整合功能，这是解决上述问题的重要途径，作者结合案例分析对英格兰整体性政府实践所出现的问题进行了细致的总结。

Brudney 等用"舒适区"一词来形象地描述、说明地方政府部门目前合作模式所处的状态，作者认为目前这种状态是一种缺乏合作动力和尝试欲望的表现，不利于整体性政府建设[②]。而作为超出"舒适区"范围的地方政府等公共部门与私人部门的合作则属于整体性政府所倡导的政府（公共部门）与外部（社会、市场等私人部门）合作的内容，作者提出在公共服务跨部门合作中地方政府等公共部门应当积极主动地关注并寻求与私人部门的合作。作者还通过使用嵌入式案例提出了一个模型，模拟解释地方政府部门何时可能会跨越"舒适区"寻求与私人部门的合作，并通过该模型测算政府组织与非政府组织等建立潜在合作伙伴关系的发生概率。

（二）乡村基层治理研究

1. 基于农村社会发展的研究

Áine Macken-Walsh 等就如何促进中欧和东欧农村发展治理考察了立陶宛脱离苏联体制后的农村伙伴计划（Rural Partnership Programme，RPP）。作者通过对立陶宛乌克梅尔盖（Ukmerge）地区的案例研究，总结了立陶宛在脱离苏联体制后农村发展治理的特征，并对其发展模式进行了讨论。作者认为在类似立陶宛这样处于政治社会体制转型的后社会主义国家中，转型过渡期、

① MORAN N，GLENDINNING C，STEVENS M，et al. Joining Up Government by Integrating Funding Streams? The Experiences of the Individual Budget Pilot Projects for Older and Disabled People in England [J]. International Journal of Public Administration，2011，34（4）：232-243.

② BRUDNEY，PRENTICE，HARRIS. Beyond the Comfort Zone? County Government Collaboration with Private-Sector Organizations to Deliver Services [J]. International Journal of Public Administration，2018，41（16）：1374-1384.

社会主义制度发展历史以及地区发展的局部变化等都是影响 RPP 运行的重要因素[①]。

Michael Böcher 以 LEADER + 的实施为例探讨了德国的区域治理与农村发展，作者对区域治理概念进行了界定，并就该概念与德国农村地区可持续发展政策的影响关系提出了疑问，认为区域治理能够为农村地区发展做出贡献，但其实施需要获得政府间的协调认可。作者考察了德国六个地区实施欧盟 LEADER + 的实践案例，认为只有在上级政府进行某种形式的等级协调后，才能确保区域治理在农村发展中积极推进[②]。

Mark Shucksmith 结合公共权力研究中对治理话语的概念解释和理论应用，提出权力分散能否瓦解农村发展的问题。作者认为随着国家治理的概念在国际学术话语中的广泛应用，人们对治理活动中政府、社会等各级角色的认识也在发生变化，尤其是将治理话语同公共权力的规范使用等联系起来造成人们对治理概念理解的偏差。而在合理解释概念及其应用范围的基础上，将治理话语引入农村发展问题的研究，并就政府等公共部门和私人部门如何在分散的权力环境中进行多种规模的互动进行考察，是理解权力分散瓦解农村发展问题的关键[③]。

Ildikó Asztalos Morell 探讨了公私合营在匈牙利以特殊族群为主的边缘化农村社区贫困治理中的作用，作者以匈牙利罗姆人农村社区的贫困治理问题为考察对象，认为选择性移民导致这些农村社区的社会两极分化和种族分裂加剧，遵循欧盟公私合作伙伴关系进行地方边缘化族群贫困治理，提供给边缘化族群参与公共事务和工作的机会才是解决特殊族群农村社区贫困问题的

① MACKEN-WALSH Á, CURTIN C. Governance and Rural Development: The Case of the Rural Partnership Programme (RPP) in Post - Socialist Lithuania [J] . Sociologia Ruralis, 2013, 53 (2): 246-264.

② BÖCHER M. Regional Governance and Rural Development in Germany: The Implementation of LEADER+ [J] . Sociologia Ruralis, 2008, 48 (4): 372-388.

③ SHUCKSMITH M. Disintegrated Rural Development? Neo - endogenous Rural Development, Planning and Place - Shaping in Diffused Power Contexts [J] . Sociologia Ruralis, 2010, 50 (1): 1-14.

出路①。

2. 基于生态可持续发展的研究

Christian Hirsch 以瑞士农村地区的合作网络和可持续发展为考察对象提出加强区域网络治理的凝聚力，作者认为网络治理对促进瑞士农村地区可持续发展做出了贡献，而只有当一个地区不同部门之间的网络结构达到一定程度的凝聚力时，才能对该地区农村可持续发展起到加强作用。但是为了长期维持积极的区域发展，网络结构还需要通过吸收观点和利益各异的参与者来确保分散化和灵活性。作者通过瑞士区域公园项目的案例得出结论：采取合作和面向网络治理的方法能够增强政府各部门之间的垂直凝聚力，从而增强对农村可持续发展的治理②。

Reem F. Hajjar 等以墨西哥和巴西的基层林业社区为案例，考察了在这两个国家中如何协调政府对森林资源的控制权和基层林业社区对森林日常管理决策权的问题，以及森林管理权力下放到基层林业社区后是否能够真正促进森林生态资源的有效保护和基层林业社区小农户生计的改善。结合对这些问题的考察，作者认为在协调政府和社区对林业治理权力的过程中，要掌握保证政府林业治理权力下放到基层林业社区的最佳水平，在掌握这个最佳水平和评估森林管理权力下放的后果之前，有必要严格审查森林管理决策权下放的程度③。

Andrew J. Dougill 等使用动态系统建模预测气候变化对旱地牧区生态系统脆弱性的影响。研究结果为，因气候变化或土地退化而造成的旱地牧区生态系统脆弱性，对农村农业生态系统运行的影响至关重要，研究通过使用动态系统建模方法来分析旱地牧区生态系统的复原力、农村社区的抗旱能力、政策干预等措施应对干旱危机的能力，作者通过对这一系列外部压力的分析来

① MORELL IÁ. The Role of Public Private Partnership in the Governance of Racialised Poverty in a Marginalised Rural Municipality in Hungary［J］. Sociologia Ruralis，2019，59（3）：494-516.

② HIRSCH C. Strengthening Regional Cohesion：Collaborative Networks and Sustainable Development in Swiss Rural Areas［J］. Ecology and Society，2010，15（4）：16.

③ HAJJAR R F，KOZAK R A，INNES J L. Is Decentralization Leading to “Real” Decision-Making Power for Forest-dependent Communities? Case Studies from Mexico and Brazil［J］. Ecology and Society，2012，17（1）：12.

预测气候变化如何影响干旱牧区生态系统脆弱性[①]。

3. 基于农村治理政策的研究

Katrina Kosec 等提出在信息获取量呈指数增长的背景下，如何利用信息改善农村地区治理和公共服务供给的问题。研究认为信息是政府和公民决策的重要组成部分，而信息的可用性和可靠性能够使社会治理的多个方面受益，农村地区承载着世界上大多数的贫困人口，但由于地理限制，农村地区对信息的接收、理解和采取行动的能力相对较低，这也就造成了对农村地区进行公共服务供给的困难，作者认为仅有信息不足以改善农村治理和公共服务供给，信息作为连接政府和公民的必要手段必须与其接收者相关，接收者必须有权力和动机对信息采取行动，以保证信息能够在农村地区治理和公共服务供给中产生效果[②]。

土地作为世界各地农村人口进行小规模耕作的重要自然资源，通常受到习惯和传统共同财产制度的约束。Jampel Dell' Angelo 等研究了近年来大规模土地征用所造成的全球土地危机，认为当代全球“土地抢购”可能是以牺牲全球共同财产制度为代价[③]。作者根据全球“土地抢购”中所带有的强制性定义了“公共掠夺”的概念，指出在传统共同财产制度上所形成的土地资源治理机构仅能对内生力量（如农户对土地的使用）具有强大的约束作用，但尚不清楚这些安排对全球化扩张的跨国土地投资行为有何约束力，在共同财产制度的约束下，农户可能无法与来自外部的土地抢购参与者相竞争。

欧盟的农村政策是新自由主义治理模式的例证，这种模式对芬兰农村政策产生了明显的影响，对以社会民主主义占主导地位的北欧传统福利国家模式提出了挑战。Marko Nousiainen 等以芬兰农村政策为例，提出了芬兰农村社区中的新自由主义现象，作者介绍了芬兰农村社区对农民非政治形式的集体

---

① DOUGILL A J, FRASER E D G, REEDS M. Anticipating Vulnerability to Climate Change in Dryland Pastoral Systems: Using Dynamic Systems Models for the Kalahari [J]. Ecology and Society, 2010, 15(2): 14.

② KOSEC K, WANTCHEKON L. Can Information Improve Rural Governance and Service Delivery? [J]. World Development, 2018 (125).

③ DELL'ANGELO J, D'ODORICO P, RULLI M C, et al. The Tragedy of the Grabbed Commons: Coercion and Dispossession in the Global Land Rush [J]. World Development, 2017 (92): 1-12.

动员，以及农村社区组织和农村居民之间所形成的伙伴关系，而这种伙伴关系使得农村社区能够对农村居民承担更多的责任①。

Bruce M. Taylor 实证考察了澳大利亚农村环境治理中的社会协调，分析了伙伴关系和其他合作行动模式是如何影响农村环境治理中的社会协调的②。Steve Connelly 等研究了合作伙伴关系和其他合作方法作为新的模式在英国乡村治理中的应用及挑战，作者提出了这种新乡村治理模式的合法性问题，认为在特定情况下由行为者赋予其合法性，并通过话语过程不断构建，在此过程中，合法性也起着相互的、高度政治性的作用。但最强有力的合法化原则仍然建立在代议制民主的基础上。而合作伙伴关系等新乡村治理模式要想得到利益相关者圈子的接受，使其治理规范成为农村治理的公认原则，则需要做更多的工作使其在利益相关者中得到话语方式建构，使其确立为可接受的治理规范③。

Simon Pemberton 等结合英国连续几轮的地方政府重组，围绕国家权力、农村地方政府、地方政治三者之间的关系及策略互动，着重讨论了农村地方政府性质结构的变化④。作者认为以往有关地方政治变革的研究更多地集中在地方治理和地方伙伴关系上而对地方政府本身的研究较少，作者试图通过农村政治的视角对农村地方政府结构和制度的变化进行重新解读，尤其是重点关注农村地方政府是如何影响农村政治群体与国家权力进行策略互动的。

三、研究述评

从目前国内外关于整体性治理的前沿研究成果来看，国内学者在对整体性治理理论的概念解读方面尚未达成统一共识，围绕整体性治理的概念、内涵、适用范围，以及具体应用等仍然存在诸多分歧和争议。如在最基本的词

① NOUSIAINEN M，PYLKKÄNEN P. Responsible Local Communities：A Neoliberal Regime of Solidarity in Finnish Rural Policy［J］. Geoforum，2013，48：73–82.

② TAYLOR B M. Between Argument and Coercion：Social Coordination in Rural Environmental Governance［J］. Journal of Rural Studies，2010，26（4）：383–393.

③ CONNELLY S，RICHARDSON T，MILES T. Situated Legitimacy：Deliberative Arenas and the New Rural Governance［J］. Journal of Rural Studies，2005，22（3）：267–277.

④ PEMBERTON S，GOODWIN M. Rethinking the Changing Structures of Rural Local Government：State Power，Rural Politics and Local Political Strategies?［J］. Journal of Rural Studies，2009，26（3）：272–283.

汇定义共识方面，国内大陆学者和国内台湾学者在对整体性治理的概念认识上仍存在“整体性治理”和“全观型治理”的表述差异。国内对整体性治理的研究多从治理话语体系介入，但作为舶来品的学术理论及观点，整体性治理在西方学术界多作为整体性政府来研究，西方学界对整体性治理的研究更倾向于从政府的角度介入，意在推动政府机构职能革新，这种理论视角比较符合西方功能主义认识论下对政府行政能力改造升级的期待。

而在国内的研究中对整体性政府一词使用较为罕见，学者们更多是从国家治理话语体系建构的视角引用整体性治理理论，借助国家治理话语解释整体性治理的内涵，并采用“旁敲侧击”的形式实现对整体性治理理论的介绍和应用，描摹对整体性政府建设的期许，这也从一定程度上反映出国内外学界关于整体性治理理论的关注差异。从具体的研究内容上来看，国内学者对整体性治理的研究多从与其他治理模式的内涵、概念、研究对象等方面的比较中着手，而对整体性治理在各领域公共治理问题中应用的研究仍处于初始阶段。反观国外学者对整体性政府的研究，研究领域较为宽广但研究内容却较为集中，着重讨论整体性政府实践的模式及策略。总体来看，国外学者对整体性治理在具体领域应用方面的研究较之国内更为成熟具体，这也与国内外学术研究所面对的治理情境差异有关。整体性治理理论产生于西方新公共管理的背景下，自身带有较为浓重的西方话语色彩，整体性治理理论的应用实践与具体的政治制度、经济制度、社会制度、政府结构和行政体制等密切相关，而中西方在政治制度等方面的显著差异，很大程度上造成国内外学界对整体性治理的研究保持不同侧重倾向。

整体性治理的研究对象是政府自身，强调以政府内部、政府与外部的整体性运作为出发点，增强政府整合力。在分析框架上，国内学者比较多地从政府和社会建立合作协同关系的角度出发，突出“政府—社会”二元的跨界合作研究，而对政府（公共部门）内部整合、政府与外部（社会、市场等私人部门）的跨界合作等两个层面整合的研究较为不足。这反映出国内学界对整体性治理理论的认识存在一定幅度的偏差，对整体性治理理论内涵的把握不够全面和准确。国内学界对治理研究的认识较多地受“多中心治理”理论的影响，在先入为主的惯性思维影响下，大部分治理研究的话语口径和理论口径仍然沿袭“多中心治理”的风格和逻辑，而没能把握整体性治理的核心精髓。对政府（公共部门）内部整合、政府与外部（社会、市场等私人部门）合作的研究才是整体性治理理论所要关注的重点，这也正是本研究在前人研究基础上所要修正和弥补的地方。此外，在对整体性治理理论的具体应用上，国内学者主要将其运用于公共服务供给、地方政府跨界合作等领域，鲜有学者将其运用于农区基层治理或牧区基层治理等基层政府治理问题的研究中，这些缺憾本研究试图补充和完善。

在对基层治理问题的研究中，国内外学者在研究视角、关注对象和具体研究内容等方面的差异性更加突出。国内学者对基层治理问题的研究更多地聚焦于中国的“三农问题”，比较符合中国传统乡村治理话语的研究情境。而国外学者对基层治理问题的研究较为分散，不能很好地突出主题。另外，国外学者对农村治理问题的研究多结合西方社会农村组织结构进行，这与中国农村治理问题所具有的结构特点等并不完全相符或适应。对于国外农村治理研究的借鉴和参考我们要尽可能地采取审慎态度，研究基层治理问题最主要的还是要结合本国国情和治理情境，脱离了具体本土化实践的研究不可能准确地把握研究对象的本质特征，这正是中西方在乡村治理研究领域最明显的差异和分歧。

本研究认为对待国外学者的研究观点我们必须保持理性客观的态度，在尊重彼此研究成果的基础上取长补短、相互学习、包容互鉴，在采纳引用外来研究成果或理论的时候必须结合本土实际加以甄别选择。对于中国基层治理问题本土学者的研究往往更能体现和接近实际情况，而国外研究则更多的是提供一种研究视角或研究范式，以帮助我们思考分析本土研究所面对的问题和研究对象。所以，对牧区基层治理问题的研究我们应该回归本土逻辑，从中国基层治理的实践经验和问题教训出发总结牧区基层治理问题的基本特征和基本规律。

第三节　研究的理论基础

一、整体性治理理论

作为本研究的理论基础，整体性治理的概念最早出现于20世纪90年代，后经佩里·希克斯等学者在此基础上对其进行系统深化并提出整体性政府（holistic government/joined-up government）的概念和理论，所以说整体性治理是围绕整体性政府建设这一政府行政职能改革命题展开的。整体性治理理论的产生和兴起同20世纪80年代以来，新公共管理理论在西方发达国家政府改革中所遭遇的挫折和产生的弊端分不开，可以说整体性治理理论的产生和兴起以新公共管理理论在西方发达国家政府改革中的挫败为背景。

从学理逻辑出发，整体性治理建立在新公共管理的逻辑基础上[①]，整体性治理理论沿着批判反思新公共管理理论的逻辑对其理论弊端进行修正。但作为替代传统官僚制的公共行政范式，新公共管理理论在早期的应用实践中成功引导英美等西方国家的政府摆脱古典官僚制所带来的行政组织僵化、行政效率低下、行政官僚腐败等弊病，为西方发达国家政府功能再造立下了汗马功劳。如当时英国的撒切尔政府、美国的里根政府都曾大肆推行新公共管理改革，提出不断收缩政府职能、减少政府对市场的管制、变政府的积极干预为消极干预等措施，同时还提出引入市场竞争机制、推行绩效管理、注重政府行政的结果导向等改革措施，这些改革措施在西方发达国家政府机构改革中收到了一定的积极成效。新公共管理改革所强调的转变政府职能、开拓公共组织结构、引入竞争机制、革新公共组织文化等措施有效促进了政府行政效能的提高，对西方发达国家推动传统官僚制行政革命起到了促进作用。

---

① 拉塞尔·M. 林登 . 无缝隙政府：公共部门再造指南［M］. 汪大海，等译 . 北京：中国人民大学出版社，2002：168.

政府管理的运作模式在新公共管理改革的推动下，由传统层级节制缺乏弹性的官僚制公共行政转向弹性变化市场导向的公共管理[①]。这在一定程度上实现了西方发达国家政府功能再造和完善。然而随着新公共管理改革的持续推进，一些弊端也开始显现出来。新公共管理倡导在政府部门中引入市场化竞争机制、强调过度分权、加强绩效管理、收缩政府行政权力、扩大社会赋权等，却忽视了政府部门之间的合作与协调、政府的社会主体地位等，造成了政府碎片化的制度结构、对抗型的社会组织形态、虚弱的政府管控能力等现象。政府的传统官僚制组织建立在专业化职能分工的基础上，官僚制作为政府传统的公共行政范式，其核心内涵在于注重政府内部的专业化分工。而新公共管理过度强调分权所造成的碎片化制度结构，使得政府等公共部门缺乏对职能、权责进行强有力整合的能力，进而演变出政府等公共部门职责功能的碎片化问题[②]。新公共管理碎片化制度结构的形成[③]，严重制约着政府行政效率，对政府整体政策目标的实现造成诸多不利影响和干扰。

新公共管理改革带来的一系列问题不断引起各有关国家的反思，新的修正新公共管理改革方向的措施亟待提出。英国布莱尔政府针对撒切尔保守党政府时期推行新公共管理改革所造成的政府部门分裂状况，提出实现政府改革由竞争走向合作，整合协调部门利益，推动跨界跨域合作，重新校正新公共管理改革所造成的政府服务功能方向的偏离。希克斯等学者深刻反思新公共管理改革带来的问题弊端，针对西方政府新公共管理改革进程中所形成的过度分权、组织僵化、部门本位主义、整体效率低下、公众服务意识不强、服务效能不高等碎片化问题，提出整体性政府的概念和理论，旨在通过不同政府层级之间、不同政府职能部门之间，以及政府等公共部门与社会、市场等私人部门之间的跨界合作，整合各自独立的资源，实现公共利益最优化。

---

① 欧文·E. 休斯. 公共管理导论［M］. 张成福，王学栋，译. 北京：中国人民大学出版社，2007：21.

② 林长波，李长晏. 跨域治理［M］. 台北：五南图书出版公司，2005：64.

③ HORTON S，FARNHAM D. Public Administration in Britain［M］. Great Britain：Macmillan Press LTD，1999：251.

在希克斯看来，整体性治理反对的是碎片化[1]，碎片化的表现包括政府行政部门分权化、行政层级区隔化、行政功能分解化，这些政府行政碎片化的表现造成政府服务的断层，而整体性治理的目标正是消除政府行政碎片化，弥合政府服务的断层，提高政府服务的公众满意度。

在秉持“取其精华，弃其糟粕，以我为主，为我所用”的引用借鉴原则的基础上，本研究依据发挥我国国家制度和国家治理体系显著优势的要求，结合新公共管理理论在当代西方国家政府公共行政范式变革中的弊端，以及希克斯等学者关于整体性治理和整体性政府的概念解释，归纳总结出整体性治理理论适应中国治理情境、满足中国治理所需的四个方面的核心内容及进步意义：

（一）以公众为中心的治理价值观

整体性治理强调政府应当围绕公众需要发挥社会管理和公共服务职能，把履行公共责任置于行政职能的首位，为公众提供无缝隙的公共服务。而新公共管理理论则坚持“管理本位主义”，将提高管理效率视为政府公共行政改革的根本目标，热衷于将市场等私人部门的管理机制、管理原则、管理工具和管理方法引入政府机构行政改革中，宣扬为管理而管理的政府行政理念，忽视政府自身所应具有的公共服务动机和责任。从基本的治理价值观上看，新公共管理政府所奉行的“管理本位主义”价值理念与政府所应代表着公平、正义、民主等基本民意认同基础的职能本质不相符。所以，新公共管理理论的价值缺陷也正是整体性治理提出以公众为中心治理价值观的根本原因所在。从理论内涵上看，整体性治理以公众为中心的治理价值观，与我国国家制度和国家治理体系所强调的在国家治理体系和治理能力建设中坚持人民主体地位的本质目标能够实现衔接兼容。

（二）以克服碎片化为基本行动取向

整体性治理理论以整体主义为理论基础，正如希克斯所言，整体主义的

① PERRI 6, LEAT D, SELTZER K, et al. Towards Holistic Governance: The New Reform Agenda [M]. New York: Palgrave, 2002: 2.

对立面是碎片化，整体性治理针对的是碎片化治理带来的一系列问题[①]。在这里，整体性和碎片化可谓是一物降一物，整体性是整体性治理所强调的核心，整体性治理针对解决的是新公共管理改革所造成的碎片化治理乱象。虽然新公共管理扁平分散的组织结构形式相比于传统官僚制封闭僵化的组织结构形式是一种进步，但分散的组织结构往往会带来权力分散、多头行政、偏离集体利益方向等问题。同时，新公共管理在政府部门之间引入市场竞争机制和市场管理规则，直接造成政府内部组织协调失衡、制度结构碎片化等的困境，这些碎片化问题是整体性治理所要克服的基本问题。对于我国基层政府而言，碎片化问题的存在消解了基层政府的治理能力，不利于提升面向基层地区的公共行政服务。而基层政府是党在基层的执政基础，基层政府的治理能力体现着党在基层的执政能力。所以，消除碎片化问题对我国基层政府的影响，能够起到提高党的基层治理能力、巩固党在基层的执政基础的作用。从这个角度看，碎片化问题不仅是改善基层政府治理能力所要面对解决的问题，也是坚持和完善党的领导、加强党的执政能力建设所需要应对的问题。根据这一解释，整体性治理所针对解决的碎片化问题，反映到我国基层治理问题中，其最终的目标指向是通过提高基层政府的治理能力和治理水平来加强党的执政能力建设、巩固党在基层的执政基础。

（三）以横向综合组织结构为载体修正过度分权弊端

新公共管理倡导“分权化政府”，但过度分权弱化了政府在治理结构中的地位，助长了“社会治理去政府化”“政府治理边缘化”“社会自我地位膨胀”等问题，不利于维护政府与社会在治理活动中的秩序关系。同时，分权化也造成政府组织间信息失真和沟通不畅，衍生出部门利益取代整体利益、部门本位主义等问题，降低了政府服务公众的整合能力。整体性治理不推崇过度分权，不主张在治理结构中将中心地位让位于社会，使之成长为能够和自己相对抗的个体，进而走向与政府的分离、分裂、对峙。相反，整体性治理修正了新公共管理过度分权产生的多头等级结构弊端，强化了政府在治理结构

---

① PERRI 6，LEAT D，SELTZER K，et al. Towards Holistic Governance：The New Reform Agenda [M]. New York：Palgrave，2002：37.

中的中心地位，提倡加强政府整合协调治理资源的能力，实现政府对社会的吸纳融合效应。整体性治理主张在传统官僚制等级结构的基础上建立横向综合组织结构，以实现上级政府对下级政府政策过程的控制，加强政府对跨界公共事务治理的整合协调能力。横向综合组织结构是对政府原有官僚制组织结构形态的一种重塑，它以政府内部、政府与外部（社会、市场等私人部门）的横向合作为机制，重塑政府内部，以及政府与社会、市场等的关系。

横向综合组织结构是面向跨界公共事务治理形成的多元主体协商合作机制，而党的十九大报告提出坚持和加强党的全面领导，打造多元化治理主体共建共治共享的社会治理格局①。横向综合组织结构在多元化治理主体合作机制的构建中能够起到促进作用，所以在打造多元化治理主体共建共治共享的社会治理格局中，横向综合组织结构可以发挥载体作用。但需要注意的是，党的十九大报告在提出打造多元化治理主体共建共治共享的社会治理格局时，特别重申和强调了党的领导的决定性。也就是说，在尝试运用整体性治理所提出的横向综合组织结构来建立多元主体协商合作机制的过程中，最关键的就是要突出和强调党的领导在多元主体治理架构中的核心位置。无论是建立政府内部还是政府与外部（社会、市场等私人部门）的横向综合组织结构，都要确保坚持和加强党的全面领导，党的领导是多元主体协商合作的关键和核心。

（四）以网络信息技术为平台推动数字政府建设

20世纪90年代以来网络信息技术的普遍推广应用，为整体性治理建立跨组织合作的治理结构，构建政府与市场、社会等协调合作的治理网络提供了技术支持和可能。作为一种全新的治理方式和治理工具，网络信息技术是整体性治理技术维度的实践路径和内容要求，网络信息技术在整体性政府建设中的应用，打破了整个公共部门中分散、破碎、部门主义、各自为政的碎片化困境，重新整合政府服务功能，推动政府行政业务流程走向透明化、集约化，提高了政府整体运作效能和政府决策水平，使政府扮演一种整体性服务

① 习近平．决胜全面建成小康社会 夺取新时代中国特色社会主义伟大胜利［N］．人民日报，2017-10-28（1）．

供给者的角色。当今数字时代的治理核心内涵在于强调政府服务的重新整合、决策方式的整体协同，以及电子行政运转的数字化。希克斯在论述整体性治理的功能要素时也特别指出整体性治理重视整合、协作与整体运作，这正是整体性治理能够做到回应数字时代网络化治理需求的优势所在。党的十九届四中全会，中央提出“推进数字政府建设”[①]的新决策新部署，数字政府建设需要依托成熟完善的网络信息技术手段，对于当前我国数字政府建设而言，整体性治理所提出的技术维度的实践路径契合了新时代推进政府建设信息化、数字化的现实需要，能够为我国数字政府建设提供必要的技术支持。所以，整体性治理在技术维度和“推进数字政府建设”的要求能够达成平衡。

整体性治理在行政理念上回归治理的公共性本质，以公众需求为行动导向；在组织结构上强调协调、整合与责任感，为应对行政条块分割和信息孤岛等碎片化问题提出组织载体重塑；在公共服务供给方式上主张多元主体参与，以解决跨界公共事务治理的治理主体流动性问题；在行政技术革新上注重网络化治理方式和治理工具的应用。综合整体性治理的内容及核心要素可以将整体性治理概括为：以公众需求为治理导向，以网络信息技术为治理手段，以政府（公共部门）内部、政府与外部（社会、市场等私人部门）的合作为治理结构，以协调、整合、责任为治理机制，以整合政府职责功能、取得公共利益、履行公共责任为治理目标，对治理层级、公私部门关系及信息系统等碎片化问题进行有机协调与整合，不断推进治理结构从分散走向集中、从部分走向整体、从破碎走向整合，为公众提供无缝隙且非分离的整体型服务的政府治理图式[②]。

整体性治理理论是本研究的主要理论分析工具，本研究理论分析框架的建立围绕整体性治理理论四个方面的核心内容及进步意义展开，可以说整体性治理理论四个方面的核心内容构成了本研究理论分析框架的基本轮廓。整体性治理理论四个方面的核心内容贯穿全文，并通过其核心观点与后续的科

① 中共中央关于坚持和完善中国特色社会主义制度 推进国家治理体系和治理能力现代化若干重大问题的决定［N］. 人民日报，2019-11-06（1）.

② PERRI 6，LEAT D，SELTZER K，et al. Towards Holistic Governance：The New Reform Agenda［M］. New York：Palgrave，2002：48.

层官僚制理论、网络化治理理论，以及新时代党的基层治理思想建立衔接联系，从而实现本研究理论基础的整合。通过整体性治理理论四个方面的核心内容建立起本研究的结构主线，科层官僚制理论、网络化治理理论围绕解释整体性治理理论核心内容中的理论观点进行理论陈述，而新时代党的基层治理思想围绕整体性治理理论的应用对象即牧区基层治理问题建立理论引导和规范，确保整体性治理理论在牧区基层治理问题中的应用适应中国治理情境，达到“以我为主，为我所用”的目的。

二、科层官僚制理论

整体性治理既是对新公共管理范式的批判与修正，也是对传统官僚制范式的扬弃与升华。新公共管理打破传统官僚制的理论局限实现治理范式的飞跃，而整体性治理是以传统官僚制为基础进行改进创新，如果说新公共管理是对传统官僚制的否定之再造，那么整体性治理可视为对传统官僚制的否定之否定。新公共管理在碎片化组织结构基础上发展起来，对传统官僚制组织结构持嗤之以鼻的态度，而整体性治理理论强调官僚制组织结构基础，认为权力仍是政府行动的基础，所以官僚制自然而然仍是政府治理所不能脱离的根本组织结构。对传统官僚制的探讨是我们理解整体性治理的逻辑基础。

有“组织理论之父”之称的德国著名社会学家马克斯·韦伯（Max Weber）于20世纪初提出科层官僚制（bureaucracy）理论（又译作层级官僚制理论），在韦伯看来，官僚制的概念与合法性一词密切相关。从政治学的角度解释，政权的合法性完全取决于其统治地位是否得到被统治者的普遍认同。无论是中西方古代的传统王朝政治还是近现代的西方民主政治，都特别关注和强调政权统治的合法性问题。韦伯认为任何权力都有通过诉诸其正当性之原则的、最强烈的自我辩护的必要[①]，对于统治政权而言，其自我辩护的必要就是证明其自身合法性，以唤起被统治者对其合法性的信仰，维持统治的存续。而关于政权合法性的来源基础，韦伯认为有传统型（封建君主制）、个人魅力型（革命性政权）、法理型（现代官僚制）三种不同类型，现代官僚制正

① 马克斯·韦伯．支配社会学［M］．康乐，简惠美，译．桂林：广西师范大学出版社，2014：1-18.

是法理型政权实行合法统治的行政组织形态。

韦伯将理想中的官僚制组织概括出从事合理专业化分工、服从层级节制的权力体系，遵从法理规则的运作机制，坚持规范化非人格化的组织形态，等等主要特征，官僚制中合理专业化分工的特征是根据西方工业革命以来劳动分工提升社会生产效率的意义引申出来的。韦伯认为将社会分工体系引入官僚制中能够消除等级社会的人身特权对政府行政效率的影响，将官僚制中组织成员的职位属性和个人属性相分离，以组织成员的专业能力作为实现职务晋升的评判标准，而权力和责任只归属于职位本身，并不再是对组织成员个人效忠态度的一种奖赏。官僚制合理专业化分工将权力和责任以法律制度的形式固定在组织之中，不使之随着领导者意志的变化而转移，既提高了官僚制组织的行政效率，也重新使组织成员关系走向理性化、规范化。

官僚制层级节制的权力体系使行政组织成员摆脱了封建君主制下对统治者的人身依附关系，实现了行政组织成员的人格自由，自此行政组织成员的政治身份由封君家臣转向职业官僚群体。在韦伯的官僚制组织结构中，所谓的层级节制、等级制是按照行政组织成员个人专业技术和知识水平的差异进行职权高低划分的。行政组织成员的等级和权力源于官僚制本身，而不是源于其社会阶层地位。官僚制组织对法理化规则的遵从体现在以法治取代人治，即组织成员无论其职级高低，都应依据法定的程序规则行事，服从组织共同的规则秩序。在这里，非人格化是官僚制组织的运行常态，非人格化强调组织成员坚持规则意识、理性化对待权力，严格杜绝组织成员因个人意志、情感等人格因素的影响，对法定规则程序的运行进行人为支配和干扰。非人格化是官僚制组织形态最鲜明的一个特征。

官僚制组织就是按照纵向的等级层次和横向的功能结构建立的，其纵向结构体现了职级权力金字塔的模式，而横向的功能结构则是社会分工的结果。在马克斯·韦伯看来，官僚制“给国家之现代化提供了决定性的尺度”①，官僚制是西方资本主义生产社会化发展的阶段性产物，对国家制度的发展而言体

① WEBER M . Gesammelte Politische Schriften [M] .2nd edn.T ü bingen：J.C.B.Mohr (Paul Siebeck), 1958.

现出进步意义。官僚制组织形态满足了西方资本主义生产关系下政府职能重新进行分工组合的现实需要，也服从了西方现代社会中政府实施合法性、正当性统治的意志。诚然官僚制作为近代西方资本主义工业化进程中富有生命力的组织形态，其对法理权威、非人格化的层级节制体系、制度化规则化组织形态的遵循，显示出极具理性和效率的管理体制优势，满足了近现代西方资本主义工业化大生产处理复杂化管理活动的需要，标志着西方资本主义生产社会化在组织形态上的巨大进步。但随着生产力发展和社会制度变革，在信息丰富、知识密集、变化迅速的时代，官僚制体系却难以有效运转①。官僚制组织的弊端和缺陷也随着其所面对的问题结构特征的发展变化而逐渐暴露出来。

美国学者查尔斯·佩罗（Charles Perrow）在对官僚制组织进行分析时指出，当官僚制组织所处环境发生变化时，官僚制组织的效率问题就会体现出来②。效率问题是官僚制组织在现代社会快速发展变化的环境中所表现出的一个明显问题，除效率问题外，在提倡管理效率和程序正义兼重的现代行政体系中，官僚制组织内含成分中现代性不足的问题也越发显现无遗。尤其是官僚制组织过分强调层级节制体制，助长了组织成员的等级服从意识，造成官僚制组织形态中民主成分不足、程序正义失陷等价值问题。罗伯特·K. 默顿（Robert K. Merton）认为尤其是对直接面向公众的基层政府组织而言，官僚制组织结构在处理基层政府与公众的关系时显得过于僵化缺乏灵活性③。而对专业分工、组织利益、规章制度、非人格化的强调，使得官僚制组织自身的灵活性不断被削弱，难以应对社会个性化多样化的发展需求。尤其是伴随着新公共管理运动的兴起，官僚制组织的负面效应越发突出，新公共管理近乎是针对官僚制组织负面效应而产生的解决方案，二者在内在形成根源上可谓是相生相克的一对。官僚制是我们

① 戴维·奥斯本，特德·盖布勒.改革政府：企业精神如何改革着公营部门［M］.上海市政协编译组，东方编译所，译.上海：上海译文出版社，1996：62.

② 查尔斯·佩罗.组织分析［M］.马国柱，戎林海，耿伯华，译.上海：上海人民出版社，1989：81.

③ 罗伯特·K. 默顿.官僚制结构和人格［M］//彭和平，竹立家，等.国外公共行政理论精选.北京：中共中央党校出版社，1997：102.

认识新公共管理理论的一面镜子，也是我们解读整体性治理理论的一把钥匙。整体性治理以官僚制组织为基础，不否认官僚制的积极意义，同时也为官僚制在应对现代治理结构变革时提供了新的思考。

官僚制所依靠的是科层组织，新公共管理所强调的是市场组织，而整体性治理则突出对网络组织的应用。通过比较科层组织、市场组织和网络组织三种组织形态在目的、冲突解决、边界、信用等方面的特点（如表1.2所示），可以更深入地认识三者的属性和关联。这对于分析和理解官僚制、新公共管理和整体性治理三种公共行政范式的内在关系及理论差异具有辅助作用。从三种组织形态的比较中可以看出，网络组织的目的更多的是以合作者的利益为优先考量，这种组织形态目的符合整体性治理所强调的以公众为中心的价值原则。

科层官僚制理论是本研究中理解和解释牧区基层政府碎片化治理现象的理论载体，本研究所建立的牧区基层整体性治理理论框架是以科层官僚制为组织结构载体，研究牧区基层政府碎片化行为产生的根源必然需要对牧区基层政府的组织结构形态进行分析和梳理，从而掌握碎片化行为产生的内在机理和运行机制。而科层官僚制理论正是认识和理解牧区基层政府组织结构形态的理论基础，特别是整体性治理理论所提出的载体维度，即构建横向综合组织结构，是建立在官僚制组织结构基础上的一种组织形态结构。官僚制组织结构的缺陷和特点，正是本研究提出牧区基层碎片化治理问题和构建牧区基层整体性治理图式的一个问题意识。所以，研究牧区基层整体性治理离不开对科层官僚制的认识和解读。在本研究后续章节中，对牧区基层整体性治理的载体维度、牧区基层碎片化治理的外在表现特征和内在形成根源，以及牧区基层整体性治理的阻滞因素等的分析解读都建立在对科层官僚制的理解基础上。可以说，科层官僚制理论是本研究分析牧区基层碎片化治理问题的产生根源和构建牧区基层整体性治理图式的理论解释工具。

表 1.2 李维安关于网络组织、科层组织和市场组织的比较[①]

	科层组织	市场组织	网络组织
目的	优先满足中央利益	提供交易场所	合作者的利益优先
冲突解决	权威、行政命令	市场规范、法律	关系性合约、协商、谈判
边界	刚性的、静态联结	离散的、一次性联结	柔性的、动态联结
信用	低	低	中等偏高
运作基础	权威、权力	价格机制	信任、认同
决策轨迹	自上而下、远距离	即时、完全自主	共同参与或协商、接近行动地点
激励	低，预先确定过程和产出	高度强调销售额或市场	较高，业绩导向；利益来自多重交易

三、网络化治理理论

网络化治理（government by network）作为治理理论的前沿，在国内外学界尚未达成统一的理论认识，有关网络化治理的研究动态和发展趋势仍然方兴未艾之中。美国学者詹姆斯·N. 罗西瑙（James N. Rosenau）在其主编的著作中这样解释网络化治理："它是一种由共同目标支持的活动，活动的主体未必是政府，也无须完全依靠国家的强制力来实现。"[②] 罗西瑙认为网络化治理是一种并非突出强调政府属性的治理模式。关于网络化治理理论的解释和定义引发国际公共管理学界的广泛关注和思考，美国学者斯蒂芬·戈德史密斯（Stephen Goldsmith）和威廉·D. 埃格斯（William D. Eggers）对于网络化治理进行了系统性的理论建构和应用探索，提出了许多具有启发性的观点论断。

在斯蒂芬·戈德史密斯和威廉·D. 埃格斯看来，网络化治理的内容涵盖了治理活动中所涉及的各项信息资源和关系网络，如"政府和机构之间的合同、公私伙伴关系和特许协议等形式，都应该算作步入网络化治理的核心内

① 资料来源：李维安 . 网络组织：组织发展的新趋势［M］. 北京：经济科学出版社，2003：45–46.

② 詹姆斯·N. 罗西瑙 . 没有政府的治理：世界政治中的秩序与变革［M］. 张胜军，刘小林，等译 . 南昌：江西人民出版社，2006：45.

容”[①]，这也就是说网络化治理是一种能够应对更加复杂治理合作关系的网络系统。网络化治理的运作借助官僚制层级结构实现权力的通达，借助网络化格式实现治理行动的推进，网络化治理模式实现了两条线的交互交叉，即公共部门纵向（层级之间）的行政权力线和横向（组织之间）的治理行动线的紧密配合。

网络化治理产生于等级官僚制政府管理模式落幕的时代，虽反对官僚制，但网络化治理模式仍然建立在官僚制组织结构的“废墟”之上，并借助官僚制的等级系统实现自身功能。在网络化治理中，“网络的大部分节点依然在等级系统内发挥作用”[②]，所以网络化治理和官僚制组织结构有着不可分割的特殊关系。同时网络化治理所借助的技术手段和工具又是整体性治理所倡导的，整体性治理内容中所依赖的网络信息技术手段的运用是以官僚制组织为基础的，可以说网络化治理、科层官僚制、整体性治理三者之间有着千丝万缕的联系。国内学者周志忍认为整体性治理包括了“网络化治理”等相关概念[③]，所以在一定意义上说，网络化治理即是一种整体性治理，而整体性治理则包括了网络化治理。

网络化治理作为新兴的治理模式，其功能发挥需要依赖高度发达的网络化治理系统，而网络化治理系统发育的不充分也正是制约网络化治理发展和实现的一个主要障碍。从当前政府的制度管理运行模式看，官僚制组织仍然是其行使各项职能的主要载体。无论是政府的组织制度、管理制度还是人事制度等，都是按照官僚制组织结构的政府模式设计的，而不是按照网络化治理的政府模式设计的[④]。网络化治理的实现对政府的网络化建设能力提出了更高要求，政府网络化建设的目标是实现网络化治理，而政府网络化建设能力的体现就是网络化治理能力。在戈德史密斯等看来，当政府更多依赖合作网

---

① 斯蒂芬·戈德史密斯，威廉·D. 埃格斯 . 网络化治理：公共部门的新形态［M］. 孙迎春，译 . 北京：北京大学出版社，2008：9.

② 简·E. 芳汀 . 构建虚拟政府：信息技术与制度创新［M］. 邵国松，译 . 北京：中国人民大学出版社，2010：54.

③ 周志忍 . 整体政府与跨部门协同:《公共管理经典与前沿译丛》首发系列序［J］. 中国行政管理，2008（9）：127-128.

④ 斯蒂芬·戈德史密斯，威廉·D. 埃格斯 . 网络化治理：公共部门的新形态［M］. 孙迎春，译 . 北京：北京大学出版社，2008：19-20.

络而不是政府雇员从事并完成公共事务时，政府对合作网络的管理能力将直接左右着政府从事并完成公共事务的结果①。政府对合作网络的管理能力需要从政府网络化建设的角度来解决，政府网络化建设能力即网络化治理能力的提升，需要依靠成熟的电子化政府。而整体性治理对技术的强调也体现在对建设高度发达的电子化政府的青睐，所以从技术维度来看，网络化治理和整体性治理所要达到的效果都是提升政府的网络化建设水平，二者具有异曲同工的目标。

如果说官僚制模式对权力等级、规则制度高度看重，那么网络化治理对技术的要求则更为看重，政府网络化治理模式就是“利用技术和网络解决问题，将自己的机构看成是完成任务的手段而不是任务本身的终结”②，这是网络化治理模式与官僚制模式的最明显区别，从这一点也不难看出网络化治理模式相比于官僚制模式更具现代治理的特点，尤其是网络化治理对网络信息技术手段的依赖性更强。网络化治理高度依赖网络信息资源，所以根据这一特点可以将网络化治理定义为：在基本的治理框架下，通过政府、非政府组织、公民的合作来共享资源和信息，共同达成治理目标的过程。网络化治理不仅是一种全新的理论工具，更是对传统官僚制政府管理模式的一种改革和创新。

网络化治理对网络信息技术应用的依赖和推崇，意味着执行治理活动的主体需要具备获取和处理海量信息的能力。然而在客观事实上，无论政府、非政府组织抑或其他部门都没有足够的能力去单独完成这项工作，所以对网络化治理而言其治理主体不仅要多元，更要享有充分的权力和地位以保障各自治理参与的独立性和主动性。在网络化治理中，治理主体首先要确立共同的目标，建立合作、协商的伙伴关系。而伙伴关系的建立需要借助治理主体之间的信任机制、互动机制、整合机制、适应机制。其中，信任机制是网络化治理得以形成的基础，治理主体之间的相互信任有助于减少集体行动的分歧和障碍；互动机制则要求打通网络治理结构中的各个结点，消减治理主体之间的信息隔离和不对称，实现治理主体自身所支配资源的交流与共享，提

① 斯蒂芬·戈德史密斯，威廉·D. 埃格斯. 网络化治理：公共部门的新形态［M］. 孙迎春，译. 北京：北京大学出版社，2008：21.

② 斯蒂芬·戈德史密斯，威廉·D. 埃格斯. 网络化治理：公共部门的新形态［M］. 孙迎春，译. 北京：北京大学出版社，2008：145.

高信息流通性、透明度，确保集体行动的有序进行与绩效产出；整合机制建立在信任和互动的基础上，确保整个治理活动围绕治理目标进行资源配置、组合，达成集体行动方向和力度的统一；适应机制健全了网络化治理应对复杂环境变化的能力，为治理目标的实现规避了不可预测的风险损害。

对本研究而言，网络化治理理论是认识整体性治理的一个侧面，尤其是网络化治理所强调的改进治理方式的技术路线便于我们加深对整体性治理技术维度的认识和理解，在本研究后续章节中凡涉及整体性治理技术维度或技术路径的内容都可以发现有关网络化治理理论的影子和基础，网络化治理理论和整体性治理技术维度的内容在内涵上具有兼容兼具的特点。也可以说，网络化治理理论为整体性治理技术维度的内容提供了理论支撑。同时，网络化治理产生于官僚制模式效果乏力的背景下，这和整体性治理的产生背景具有一定的相似性。作为一种治理理念和治理范式，网络化治理是当代公共治理范式变革的代表，网络化治理也催生着新的治理范式的产生和发展，从本质上讲，整体性治理本身就是一种网络化治理模式。因此，网络化治理理论是我们全面掌握整体性治理特征的理论基础，也是本研究搭建整体性治理理论框架需要依托的理论之一。

四、新时代党的基层治理思想

党的十八大以来，以习近平同志为核心的党中央深入研究改革开放进入深水区所面临的问题和挑战，提出了一系列具有重大战略意义的论断和观点，为指导新时代国家治理体系和治理能力现代化提供了思想基础。在农村基层治理领域，党中央提出必须坚持人民主体地位，发挥社会主义政治制度的优越性，调动亿万农民依法管理农村基层事务的积极性、主动性和创造性。随着新时代党的农村基层治理实践的深入推进，一系列有关农村基层治理的思想认识不断成型成熟。党的十八大报告指出要创新基层党组织建设工作，夯实筑牢党在基层执政的组织基础[①]。广大农村基层是党联系群众、贴近群众、

① 坚定不移沿着中国特色社会主义道路前进 为全面建成小康社会而奋斗［N］. 人民日报，2012-11-09（2）.

服务群众的重要地区，党在农村的基层组织发挥着团结带领基层群众贯彻落实党的路线方针政策的战斗堡垒作用。农村基层党组织建设的好坏直接关系着基层群众的根本利益和党的执政根基，所以说农村基层治理工作的重点就是加强基层党组织建设，通过落实党建工作责任制夯实筑牢党在农村基层的执政基础，真正发挥农村基层党组织凝聚人心、服务群众的作用。

农村基层治理是一项长期性系统性的国家工程，而作为这项国家工程的设计者和实施者，党的领导必须在其中发挥重要的引擎作用，通过加强农村基层党组织建设，建设具有凝聚力战斗力的基层党组织才能确保党的农村基层治理工作得到全面落实和深入贯彻。农村基层党组织是农村基层治理的带头人和领导者，加强农村基层党组织建设，提升农村基层治理效度，才能从根本上改变农村基层治理散漫乱的状态。农村基层治理工作要创新，农村基层党组织建设也要创新，只有创新农村基层党组织建设工作，才能从根本上推动农村基层治理工作的创新。没有行动者的创新就没有行动过程的创新。所以，党的十八大报告中所提出的创新基层党组织建设工作，就是针对解决当前农村基层治理工作中出现的模式僵化、方式粗糙、工作单一等问题提出的一种根本性要求。无论农村基层治理如何发展、如何创新，归根结底都要坚持推动基层党组织建设的创新，以党建促发展、以基层党建创新助力基层治理创新是十八大以来党对农村基层治理工作的新认识新要求。基层党建思想是新时代党的基层治理思想的核心内容，研究农村基层治理问题，必须要清楚认识和牢牢把握党的领导和党建创新在推动农村基层治理工作创新中的决定性作用。只有深刻理解这一点，才能确保有关农村基层治理的研究沿着正确的道路进行。

党的十九大进一步强调了加强基层组织建设的重要性，提出要以提升组织力为重点，突出基层党组织建设的政治功能①。政治功能是基层党组织的本质功能，对广大农村基层党组织而言，政治功能代表了其传达党的重大决定部署、联系和服务基层群众、捍卫和维护党的执政地位和执政根基等的能力，

① 习近平．决胜全面建成小康社会 夺取新时代中国特色社会主义伟大胜利［N］．人民日报，2017-10-28（1）．

强化其政治功能才能达到提升其服务功能的作用。农村基层党组织是农村基层治理工作的主要责任人，其政治功能建设决定了农村基层治理的成效，而农村基层党组织建设尤其是政治功能建设离不开高素质的干部队伍，因此建设高素质专业化的干部队伍，特别是加强基层党组织带头人队伍建设，能够起到扩大农村基层党组织覆盖面，着力解决一些农村基层党组织弱化、虚化、边缘化等问题，进而提升其组织力，从根本上解决政治功能建设的问题。基层党组织的政治功能建设事关党的执政根基，通过基层党组织干部队伍建设提升基层党组织的组织力，进而加强和改善其政治功能，能够从根本上解决基层党组织松软涣散等问题。而基层党组织建设的加强又必然会影响到其治理能力和治理水平的提升，即实现基层党建引领基层治理提升。

党的十九届四中全会在贯彻党的十九大会议精神的基础上，针对我国基层治理的指导性原则问题，提出要充分发挥我国国家制度和国家治理体系在基层治理中的显著优势，通过国家制度和国家治理体系来健全基层党组织领导的基层群众自治机制，完善群众参与基层社会治理的制度化渠道，实现政府治理和社会调节、居民自治良性互动，夯实基层社会治理基础[①]。基层治理工作是党在基层执政的根本工作，也是党组织联系群众服务群众的工作内容，我国国家制度和国家治理体系在基层治理方面形成了一系列成熟完善的制度机制，如党领导下的基层群众自治制度等，这些制度基础为深入开展基层党组织、基层政府、社会、居民之间的良性互动提供了保障。同时，我国国家制度和国家治理体系所承载的人民主体性原则，又决定了面向基层治理的制度体系和治理体系必然是以人民为中心的，这是中国特色社会主义制度下基层治理的本质特征和基本内涵。十九届四中全会从我国国家制度和国家治理体系的显著优势出发深入总结了当前我国基层治理现代化所要解决的主要问题，以及所要坚持和贯彻的指导性原则，这为从制度侧面和治理体系层面形成解决基层治理问题的机制措施提供了理论依据。

除党的十八大、十九大、十九届四中全会等重大会议所提出的有关基层

① 中共中央关于坚持和完善中国特色社会主义制度 推进国家治理体系和治理能力现代化若干重大问题的决定［N］. 人民日报，2019-11-06（1）.

治理的重要论断和观点外，更多有关基层治理的内容集中体现在十八大以来（2013年—2020年）中央一号文件中。笔者在此汇总整理了十八大以来中共中央国务院发布的一号文件中有关农村基层治理的主要内容和观点，通过梳理分析历年中央一号文件有关农村基层治理的内容表述可以发现，在历次文件中均特别强调了党的领导在农村基层治理工作中的核心定位，并多次强调要强化和提高农村基层党组织建设，实现以农村基层党建促进农村发展与改革、农村基层治理的目标。具体来看，在2013年中央一号文件《中共中央国务院关于加快发展现代农业进一步增强农村发展活力的若干意见》中，强调要加强以党组织为核心的农村基层组织建设，并提出强化农村基层党组织建设、加强农村基层民主管理等内容。2014年中央一号文件《关于全面深化农村改革加快推进农业现代化的若干意见》，提出要改善乡村治理机制，具体措施是加强农村基层党的建设、健全基层民主制度和创新基层管理服务等，乡村治理机制问题在这次中央一号文件中得到清晰的明确和提出。在之后2018年和2019年的中央一号文件中，有关乡村治理的新论断相继被提出。特别是2018年中央一号文件《中共中央国务院关于实施乡村振兴战略的意见》提出构建乡村治理新体系的重要论断，其核心内容仍然是通过加强农村基层党组织建设、深化村民自治实践等来推进构建乡村治理新体系。

纵观十八大以来历次中央一号文件有关农村基层治理的内容可以发现，其核心内容和观点都强调突出了党的领导和农村基层党组织建设在农村基层治理实践中的重要性，并且任何有关农村基层治理的新提法新内容也都围绕党的领导和农村基层党组织建设这两个方面来展开进行。可见，无论农村基层治理模式如何创新，最关键的问题仍然是坚持党的领导和农村基层党组织建设，只有牢牢把握住这个关键问题才能确保农村基层治理沿着正确的道路和方向进行。所以，研究农村基层治理问题或乡村治理问题，需要把握党的领导和基层党组织建设这个核心要素，只有将这个核心要素贯穿于农村基层治理问题或乡村治理问题才能确立新时代基层治理问题的逻辑主线和路径主线。同时，发挥我国国家制度体系和国家治理体系在解决农村基层治理问题中的显著优势，最根本的原则就是坚持党的领导，最重要的路径就是加强农村基层党组织建设。所以，清醒认识、深刻把握党的领导、农村基层党组织建设对农村基层治理问题的重要性，就是把握住了解决问题的关键。

对本研究而言，党的十八大以来中央一系列重大会议文件精神所形成的有关基层治理的思想内容，对全文起到了理论指导和价值引领的重要作用。本研究引用借鉴整体性治理理论的分析框架，并尝试构建面向牧区基层治理的整体性治理图式，就整体性治理理论而言，其本身具有外来公共管理理论的背景，所以对这一理论的引用借鉴离不开中国治理话语的指导，而党的十八大以来所形成的基层治理思想正是对中国治理话语的一种建构，在这里能够对牧区基层整体性治理理论框架的建立起到规范、约束和引导的作用，确保了整个理论模型围绕解决党的领导下的牧区基层治理问题而进行。本研究的核心问题是建立解决牧区基层治理碎片化问题的整体性治理图式，而建立这一图式的核心原则是坚持党的领导和牧区基层党组织建设，同时坚持党的领导和牧区基层党组织建设也是确保本研究依据中国治理情境阐释问题的必要条件。整体性治理理论框架引入牧区基层治理问题中，需要围绕党的领导和牧区基层党组织建设进行有所选择适应的嵌入匹配，这体现出整个理论框架是建立在"以我为主，为我所用"的原则上而非毫无原则的全盘照搬。新时代党的基层治理思想为整体性治理理论框架引入牧区基层治理问题研究提供了更多寻找理论结合点的可能，这也是本研究坚持采用治理理论中国化、本土化策略研究牧区基层治理问题的体现。

表1.3 十八大以来（2013年—2020年）中央一号文件关于农村基层治理的内容创新[①]

年份	文件全称	内容要点	具体措施
2013	《中共中央国务院关于加快发展现代农业进一步增强农村发展活力的若干意见》	加强以党组织为核心的农村基层组织建设	强化农村基层党组织建设、加强农村基层民主管理等
2014	《关于全面深化农村改革加快推进农业现代化的若干意见》	改善乡村治理机制	加强农村基层党的建设、健全基层民主制度、创新基层管理服务等

① 资料来源：根据历年中共中央国务院发布的一号文件整理而得。

续表

年份	文件全称	内容要点	具体措施
2015	《中共中央国务院关于加大改革创新力度加快农业现代化建设的若干意见》	加强农村法治建设	提高农村基层法治水平等
2016	《中共中央国务院关于落实发展新理念加快农业现代化 实现全面小康目标的若干意见》	加强和改善党对“三农”工作的领导	提高党领导农村工作水平、加强农村基层党组织建设、创新和完善乡村治理机制等
2017	《中共中央国务院关于深入推进农业供给侧结构性改革 加快培育农业农村发展新动能的若干意见》	加大农村改革力度，激活农业农村内生发展动力	统筹推进农村各项改革等
2018	《中共中央国务院关于实施乡村振兴战略的意见》	构建乡村治理新体系	加强农村基层党组织建设、深化村民自治实践等
2019	《中共中央国务院关于坚持农业农村优先发展做好“三农”工作的若干意见》	完善乡村治理机制	增强乡村治理能力、加强农村精神文明建设等
2020	《中共中央国务院关于抓好“三农”领域重点工作 确保如期实现全面小康的意见》	加强农村基层治理	充分发挥党组织领导作用、健全乡村治理工作体系等

第四节　研究方法、研究框架

一、研究方法

行文中根据需要主要涉及四种研究方法，即文献研究法、个案研究法、调查研究法、比较分析法。各研究方法在行文中所占的比重各不相同。其中文献研究法主要集中应用于整体性治理理论分析框架的介绍和引入，以及牧区基层整体性治理模型的建立；个案研究法集中体现在第三章有关牧区基层治理实践的内容中；调查研究法则属于综合性方法，它包括了对研究对象的观察、访谈、问卷等，调查研究法穿插于第二章和第三章的内容之中；比较分析法的应用主要体现在第二章第二节和第三章第二节中。

（一）文献研究法

本研究大量搜集翻阅学界前人在整体性治理理论和基层治理方面的研究成果，形成对整体性治理和基层治理问题的一般性认识。尤其是在整体性治理理论研究中，笔者充分调阅参考了国内外各领域学者对整体性治理理论及其应用研究的最新成果，梳理形成了整体性治理理论的基本风貌及其应用于公共事务治理的一般性特点。整体性治理作为一项理论成果在本研究中的应用需要建立在前人的论证基础上，通过大量的文献梳理、归纳，有助于在研究中围绕研究对象展开重点论述，避免因文献掌握不足引起的分析失真。同时对相关文献的掌握也体现了本研究对学术规范、严谨、务实的操作，确保了研究质量和研究成果的科学性。大量的文献梳理分析为本研究夯实了理论基础和研究依据。

（二）个案研究法

本研究对个案研究法的使用能够同文献研究保持互补互证的关系，实现理论与实践的有效结合和实践对理论的有效验证。本研究选取西部牧区以牧业经济为主的Q县作为个案研究对象，通过实地走访、问卷调查、访谈等方法掌握Q县所辖W、J、C三个乡镇的基层治理概况，以及Q县地方政府与牧区群众互动的社会调查基本资料，形成对研究对象特征的基本认识。个案研究充实了本研究的行文结构，为描述问题特征提供了现实基础，避免了内容泛泛而谈和问题指向不明，使研究的意义和价值更具现实性，为研究成果转向实际应用提供了基础和可能。

（三）调查研究法

本研究中案例研究部分综合采用了访谈、实地走访等调查内容，通过调查研究法获得了翔实的案例数据和资料，了解了个体主观认知状况，掌握了案例地的基本情况，为文本呈现出客观真实的田野记录。调查研究法的应用充实了研究的实践内涵，为进一步拓展研究内容和考察研究对象提供了基础。

同时，调查研究法的应用也是体现问题意识的一个方面，通过调查研究获取所研究对象的基本特征，掌握其问题产生的线索，为总结其内在规律、形成相关研究经验提供了可能。

（四）比较分析法

本研究中对比较分析法的应用主要体现在第二章第二节牧区基层整体性治理的多维图式解析，以及第三章第二节西部牧区 Q 县整体性治理的多维图式解析与比较。其中，第二章第二节从治理价值、治理内容、治理载体、治理技术四个维度比较分析了牧区基层整体性治理模式和传统治理模式的差异，突出了牧区基层整体性治理四个维度的优势对比。比较分析有助于认识整体性治理在牧区基层治理应用中的理论特性。第三章第二节也是从治理价值、治理内容、治理载体、治理技术四个维度对 Q 县整体性治理的优势进行比较分析，通过比较论证整体性治理在牧区基层治理应用中的可行性。

二、研究框架

从行文逻辑来看，本研究总共分为六个章节，大体上按照“建立理论框架→嵌入实践案例→分析问题机理→阐述解决方案”的步骤进行，本研究着重于结合具体案例解读整体性治理理论框架下牧区基层治理的困境、问题及运行机制等。全文围绕牧区基层碎片化治理的问题展开整体性治理范式的论证和建构。其中：

第一章绪论部分主要围绕选题背景、问题提出、研究意义、文献综述等基本要点铺开。这一部分是对后续章节问题论述的基础铺垫，通过选题背景、问题提出及文献综述等明确选题的价值和意义，确保后续章节对问题研究的逻辑性、规范性。

第二章主要引入整体性治理理论框架构建牧区基层整体性治理的基本范式。作为解析牧区基层治理问题的理论模型，这里将整体性治理理论所倡导的四个方面的目标内容，理解为实现牧区基层整体性治理的多维图式，即以公众需求为中心的价值维度，重构政社合作关系的内容维度，横向综合组织结构的载体维度，以及数字化网络化治理的技术维度。该章通过将四个维度图式与牧区基层治理传统进行比较，进一步论证了牧区基层整体性治理基本范式。后续章节的内容在对牧区基层整体性治理进行多维解析的基础上展开，该章所确立的整体性治理理论框架和牧区基层整体性治理多维解析范式是整个研究的理论基础和逻辑主线。

第三章嵌入西部牧区Q县的案例，作为开展整体性治理实践的研究对象。首先对Q县的基本概况和碎片化治理问题进行梳理总结，结合第二章所建立的整体性治理理论框架，比照整体性治理的要求，分别从牧区基层整体性治理四个维度的内容定义，对Q县地方政府治理中所存在的碎片化问题进行分析和比较，通过进行整体性治理多维解析和比较，提出Q县整体性治理实践的选择路径。该章案例的嵌入充实了行文结构，为理论建构提供了素材支撑，特别是结合具体案例分析牧区基层政府碎片化治理为整体性治理的应用切入更多现实问题。

第四章是本研究中进行理论论证的重点，在第三章具体案例考察的基础上，该章分析了牧区基层整体性治理的生成机理与阻滞因素，结合Q县的案例，对照具体实践中发现的问题，对牧区基层碎片化治理的外在表现特征、内在形成根源进行剖析总结。该章通过分析牧区基层碎片化治理来理解整体性治理的生成机理，考察牧区基层政府碎片化治理和整体性治理的内在关联及影响，进而从牧区基层政府碎片化治理的问题本质出发建立对牧区基层整体性治理的理论逻辑认知，并根据整体性治理理论框架和碎片化治理的产生根源，从制度、文化、社会三个方面找出牧区基层整体性治理的阻滞因素，分析牧区基层整体性治理所面对的困境。

第五章在结合第二、三、四章内容的基础上，对牧区基层整体性治理的适用范围和应用条件进行归纳总结和补充说明。从牧区基层行政环境、牧区基层政府行政服务对象、牧区基层政府行政技术提升、牧区社会力量参与和牧区公务人员队伍建设方面提出牧区基层政府职能建设、群众权利意识培养、网络化行政技术应用、自主型社会组织发育、公务员队伍建设，这五项涉及牧区基层整体性治理的前提基础条件，并从价值和行政两个层面提出牧区基层政权公共性和牧区基层政府整合力两个整体性治理的建设目标，重申牧区基层整体性治理的目标内涵和影响意义。

第六章是对全文对策建议的总结，本章根据第四章中对整体性治理生成机理的分析，以及第五章对整体性治理应用条件的总结说明，提出牧区基层整体性治理的运行机制，通过运行机制探讨牧区基层整体性治理的具体实施对策，为解决牧区基层碎片化治理问题指出改进路径。

第五节 本文研究的重点、难点及创新点

一、本文研究的重点

本研究重点围绕牧区基层碎片化治理的问题剖析和牧区基层整体性治理的模式建构展开，研究中确立整体性治理的研究视角，围绕研究对象牧区基层政府的碎片化行为，归纳总结其问题形成根源，在此基础上结合整体性治理理论分析框架建构牧区基层整体性治理图式。其中剖析牧区基层碎片化治理产生根源的过程可视为“破”的过程，而建构牧区基层整体性治理模式的过程可视为“立”的过程，一破一立，即充分论证了二者之间的内在关系，也从问题导向的层面出发建立起牧区基层碎片化治理和牧区基层整体性治理的因果联系。

二、本文研究的难点

本研究所面临的主要难点存在于田野调查的过程中。本研究建立在实地走访调查的基础上，笔者实地走访调查了西部Q县所辖W、J、C三个乡镇，该地区属于干旱半干旱草原过渡交错带，地广人稀、交通不便、生态环境脆弱、自然气候恶劣，夏季多骤雨冰雹、冬季多暴风暴雪等自然灾害。在Q县J乡的实地走访调查中，笔者通过切身观察体验，以及与J乡干部群众进行交谈沟通了解到，由于J乡本身离Q县政府所在地较远，人员往来极为不便，如在遇到骤风暴雨暴雪等极端恶劣天气时，当地的网络通信设施就会出现瘫痪、损坏、中断等问题，且不能得到及时快速的维修恢复。而网络通信设施

的中断严重影响到乡政府的日常工作和牧区群众的日常生活，对乡政府日常运行造成困难障碍。在实地调查中，笔者所走访的多为蒙汉结合型村庄，其中一些蒙古族牧民的定居点较为分散偏远，这些情况为调查行程的安排和调查工作的开展增加了许多困难。另外，同被调查对象的沟通交流也是本研究中进行材料收集的关键，由于当地受访居民受教育程度有限（绝大部分受访农牧民只具备小学及以下教育经历），在调查走访中，笔者明显感觉到同当地受访居民进行交谈，必须在语言沟通、文化习俗等方面进行细致、耐心、周全的准备。

在调查地点采访一些蒙古族牧民群众时，由于当地牧民群众在普通话表达方面存在一定的方言和民族语言特点，而笔者自身又对方言和民族语言的理解能力非常有限，所以不能保证对采访中受访群众真实语言表达意思的完全理解，这些情况都增加了本研究的调查难度。特别是一些受访群众不能很清楚地理解笔者在访谈中所提出的问题，笔者尽量采用拉家常的方式耐心细致地为每一位受访群众解读访谈中所提出的问题，尽可能地做到用最通俗易懂的语言和受访群众进行沟通交流。这种慢节奏的访谈交流方式无疑增加了调查的时间和工作量，降低了调查工作的开展效率，但笔者却收获了不一样的调查结果。用最真实最通俗的方式去沟通群众、贴近群众、感知群众，和群众打成一片，真实掌握调查地点农牧民群众的一些基本情况、基本态度和基本认知，这些一手资料的获取十分不易且弥足珍贵。虽然实地调查的过程比较费时费力，但本研究仍然坚持以认真严谨的态度去处理每一份访谈材料，详细记录调查结果，力求务真务实。

三、本文研究的创新点

首先，本研究的理论应用具有新意。本研究的理论视角是整体性治理理论，在引入借鉴整体性治理理论的基础上尝试建构符合中国治理情境的治理理论模型，尤其是根据整体性治理理论的概念内容，提出四维图式框架嵌入牧区基层碎片化治理问题中，积极探寻整体性治理和我国牧区基层治理问题的衔接路径，避免了简单采取拿来主义的做法，力求做到突出中国之治的理论内涵和实事求是的研究态度。其次，本研究的问题提出具有新意。本研究的研究对象是牧区基层政府，将问题聚焦于牧区基层政府的行政碎片化问题。与以往的乡村治理研究或农村基层治理研究多聚焦于传统农耕地区的“三农问题”不同，本研究根据“党委领导和政府负责”的原则，将研究的关注对象确定为牧区基层治理问题的责任主体——牧区基层政府，试图从提升和改进牧区基层政府治理能力的角度提出解决牧区基层治理问题的方案。

第二章

牧区基层整体性治理的分析框架和多维解析

牧区相比于农区长期处于我国乡村治理研究关注的边缘，但牧区基层治理和农区基层治理同为我国贯彻实施乡村振兴战略的重要部分，对牧区基层治理问题的研究是推进我国乡村治理研究的重要方面。如何推动牧区基层治理实现有序有效？从政治发展模式的角度解释，亨廷顿（Huningtan）认为各国政治发展模式的分野不在于政府形式，而在于政府的有效程度[①]。根据亨廷顿的这一解释，并结合国家治理能力建设的理论内涵，可以将政府的有效程度理解为政府治理的能力和水平，所以政府的有效程度最大程度体现在政府治理的有效性。而对于政府治理的有效性，有学者认为关键看其所选择的治理图式是否优良[②]。选择适合的治理图式是确保政府治理有效性的前提基础，对于牧区基层治理而言，关键要看牧区基层政府选择何种治理图式，适合的治理图式可以起到促进牧区基层治理实现有序有效的作用，而不适合的治理图式只能对牧区基层治理产生阻碍效应。

所以，对治理图式的探讨是本文展开牧区基层治理问题研究的逻辑主线。而如何在千篇一律抑或纷繁复杂的治理话语体系中找到适合牧区基层治理的图式，关键在于“对症下药”结合牧区基层治理问题的基本轮廓和基本特征加以甄别选择。牧区社会不完全等同于农区社会，牧区基层治理也不完全等同于农区基层治理，对牧区基层治理图式的选择需要结合牧区社会的结构和特点有所针对侧重。牧区基层治理需要充分考虑牧区的社会文化风俗传统、

① 塞缪尔·亨廷顿．变化社会中的政治秩序［M］．王冠华，刘为，等译．上海：上海人民出版社，2008：1.

② 曾凡军．整体性治理：一种压力型治理的超越与替代图式［J］．江汉论坛，2013（2）：21-25.

牧民的生产生活习惯、民族心理，以及由人口居住分散产生的较高治理成本等因素[①]。结合牧区经济社会发展状况，选择适合的治理图式，因地制宜地制定合乎牧区现实发展需要的治理路径，才能实现牧区基层治理的有效性。

牧区是我国乡村治理的重要场域，对牧区基层治理问题的研究既要体现出与农区基层治理问题的差异性，又要归纳出二者具有的普遍性共同特征。所以，研究牧区基层治理问题既要杜绝完全照搬照抄研究农区基层治理问题的思维定式，又要防止脱离研究乡村治理问题的基本逻辑和基本规律。对研究牧区基层治理问题而言，要综合局部特征和全局属性，实现研究的实事求是、有所创新，需要跳出研究一般性乡村治理问题的局限，找准适合的理论框架切入具体的案例，透过理论框架解读牧区基层治理问题的基本轮廓和基本特征，并通过具体的案例问题检验理论的适用性，实现理论与实践的统一。

第一节 牧区基层整体性治理的分析框架

适合的理论与实际的问题相结合才能产生出具有应用价值的研究成果。选取何种理论框架来研究解释牧区基层治理问题，首先要根据牧区基层治理问题的基本轮廓和基本特征确定研究对象。对牧区基层治理而言，要想准确把握其研究对象就必须思考治理的目标、内容、主体和手段。治理本身就是一个在众多不同利益共同发挥作用的领域建立一致或取得认同的政治过程[②]，治理意味着协调与合作，治理活动所面对的对象是多元化的利益群体，而非单一个体，治理需要协调利益相关方达成合作行动共识。所以，真正意义上的治理能够实现协调不同利益相关方共同发挥作用。牧区基层治理问题的研究对象包括了牧区基层政府等公共部门，以及社会、企业等私人部门所组成的利益相关方，但最重要的研究对象还是牧区基层政府。针对研究对象牧区

① 张国强．治理有效是乡村振兴的基石［N］．内蒙古日报（汉），2019-08-12（6）．

② 俞可平．治理与善治［M］．北京：社会科学文献出版社，2000：16-17.

基层政府的治理现象和问题提出相应的理论框架，以确定研究方法和研究路径才是整个理论研究的关键。

从对传统治理范式的考察中可以发现，有关治理理论框架对研究对象的理解和认识存在一定的局限性和差异性，由此造成研究对象和研究问题的分离失调，产生非理想化的研究成果或结论。对治理理论框架的借鉴与引进必须要考虑研究对象的区别和研究问题的特点，否则极易造成适应性障碍和理论模型的不匹配。如以奥斯特罗姆为代表的制度分析学派，提出以多种形式共同行使主体性权力的公共事务管理体制——“多中心治理”理论，以规避政府作为单一主体在公共事务治理行动中所表现出的排他性[①]。但“多中心治理”理论更多的是强调治理的主体多元化，突出的是治理过程的协商特点，而对治理的结构性问题分析不足，其研究的对象和研究的问题并不匹配中国治理情境。如果生硬地将“多中心治理”引入分析解决中国基层治理问题，则会产生难以描述的违和感和排斥反应。整体性治理理论作为研究牧区基层治理问题的全新理论模型，其最大的特点是能够结合具体问题的基本轮廓和基本特征来分析问题，建立适应匹配的理论框架。整体性治理理论作为当代公共管理学科的新兴理论，其主要的问题意识是政府碎片化治理。整体性治理在对传统官僚制和新公共管理理论进行批判和扬弃的前提下，倡导治理目标的“公众中心主义”原则导向。同时整体性治理理论针对跨界公共事务治理碎片化问题提出整合治理结构，这与“多中心治理”理论片面强调治理主体多元化的主张形成鲜明对比。所以，相比于“多中心治理”理论，整体性治理理论在发挥政府治理主体责任、协调多元治理主体达成合作共识等方面更为胜任。笔者认为整体性治理理论符合“党的领导和政府负责”这一原则框架下发挥政府在牧区基层治理中主体责任的现实需要，有利于提升牧区基层政府治理能力。

一、整体性治理理论：一种推进牧区基层治理结构转型的新范式

“多中心治理”理论更多的是强调如何充实治理主体的结构，主张多元协

① 陈广胜．走向善治［M］．杭州：浙江大学出版社，2007：99.

同治理，丰富治理主体的结构和参与范围，尤其是对传统公共管理范式中政府一元主导的模式做出了有力批判，提出“分权限缩政府”“治理去中心化”等西式民主的分权思想。“多中心治理”理论是西方民主化进程走向极端工业化的产物，其所倡导的多元共治思想是产业分工逻辑在政治组织形式中的一种体现，其理论根源和逻辑体系是西方资本主义生产模式，是西方资本主义生产关系从人际实体走向政治实体的理论抽象。不可否认，“多中心治理”理论作为公共管理学科的理论热点，代表了一定的时代潮流性，尤其是其所倡导的多元共治思想，是体现治理民主化特点的重要标志，对推进我国社会主义协商民主参与进度和社会主义民主政治发展进程具有一定的积极影响。但我们也要看到“多中心治理”理论其理论底色是西方资本主义民主政治，其对政府分权放权主张的大肆鼓噪并不符合中国特色社会主义民主政治发展的现实需要，其有益成分可以为我国社会主义民主政治发展提供参考，但其负面效应也应引起我们的关注和反思，尤其是其所强调的多中心治理原则带有强烈的西方政党政治分权色彩，与我国社会主义制度和基本国情相违背。特别是党的十九大报告再次重申强调要坚持党对一切工作的领导，打造多元主体共建共治共享的社会治理格局①。其中打造多元主体协商治理架构的关键是坚持党的领导的核心地位，显然“多中心治理”理论所强调的原则本质并不符合十九大报告所提出的坚持党对一切工作的领导这个根本指导方针。

从政治制度本质上讲，我国社会主义民主政治发展体现的是中国特色社会主义制度的优越性，释放出中国特色社会主义政治制度集中力量办大事的显著优势。而这个显著优势与坚持中国共产党的领导、实行“党的领导和政府负责”的行政管理体制分不开。所以在中国治理情境中理解治理问题，必须要牢牢把握政府行政管理体制中“党的领导和政府负责”的紧密关系。推进国家治理体系和治理能力现代化，首先要坚持和完善党的领导，这是根本原则。其次要利用好政府作为党的领导下治理责任主体的地位，提高政府治理能力。通过强化党的领导地位和政府的治理责任来进一步激发我国行政管理体制的活力，发挥我国国家制度和国家治理体系在政府治理能力建设方面

① 习近平．决胜全面建成小康社会 夺取新时代中国特色社会主义伟大胜利［N］．人民日报，2017-10-28（1）．

的显著优势。所以，我们倡导的多元主体协商治理不是要培育塑造一个对抗型的社会，而是要在坚持和完善党的领导这一根本原则下，合理界定政府与社会在治理结构中的职责范围，激发社会主体治理参与的积极性，明确政府与社会在治理结构中的角色定位，以便让政府更好地承担起引导保障社会主体治理参与的责任。

有学者认为理想中的国家状态是在限制国家权力范围的同时增强其提供公共产品的能力[①]。在规范国家权力范围的基础上增强国家权力的公共服务功能即“限权而不限能”，是对政府在治理结构中的准确定位，也是整体性治理理论对国家理想状态的一种设定和向往。因此，推动无所不包的全能型政府、无限责任政府向有效且有限政府的转变，进而达到“强大国家—强大社会”的合作治理格局，实现真正意义上的“政府—社会”协同耦合、互动共治，推进政府治理改革走向优化，才是现代意义上国家构建和政府改革的目标理想所在。正如在西方公共管理学界有“政府再造大师”之誉的美国公共行政研究学者戴维·奥斯本（David Osborne）及其合作者特德·盖布勒（TED Gaebler），在著作《改革政府：企业精神如何改革着公营部门》一书中的观点所表述的那样：“我们需要的是更好的政府治理，而不是大政府或者小政府。”[②]戴维·奥斯本等的观点一针见血地指出改革政府的真正目的是优化提升政府治理，而非单纯扩大或缩小政府规模和政府权力。政府治理的好坏对于政府改革而言才是问题的根本，无论治理格局如何变化，无论政府与社会以何种规模量级进行匹配，其最终目的都是改善提升政府治理能力，推动政府治理走向优化。

国家治理现代化是目前我国国家治理体系和治理能力建设的根本方向和目标，而国家治理现代化离不开国家行政权力的主导[③]。在“党的领导和政府负责”这一原则框架下强调国家行政权力对国家治理现代化的推进，必然要

① 李强．后全能体制下现代国家的构建［J］．战略与管理，2001（6）：77-80，82-85.

② 戴维·奥斯本，特德·盖布勒．改革政府：企业精神如何改革着公营部门［M］．周敦仁，汤国维，寿进文，等译．上海：上海译文出版社，2006：20.

③ 马振清，孙留萍．“强国家—强社会”模式下国家治理现代化的路径选择［J］．辽宁大学学报（哲学社会科学版），2015，43（1）：42-47.

求政府在国家治理体系中发挥建设性作用。一味地盲目强调多元协同治理而忽视政府作为党的领导下治理责任主体的地位，采取“分权限缩”来限制政府治理责任、削弱政府治理责任主体地位等的行为都是不可取的。作为对“多中心治理”理论“分权限缩政府”思想的一种回应，整体性治理理论更多的是强调政府在治理结构中的责任主体地位和积极性作用，主张更好地发挥政府的整合能力，突出政府整合型公共服务供给者的角色。所以，相比于“多中心治理”理论的观点，整体性治理理论所倡导的发挥政府治理责任的观点，更能体现出其对政府治理角色的精准定位，也更加符合“党的领导和政府负责”这一原则对政府职能定位的要求和预期，有利于实现其合理有益成分与我国国家制度和国家治理体系显著优势的结合。

压力型体制所造成的基层政府治理的本位主义，不是仅靠通过多元协同参与来改变治理主体的结构就能解决的，关键还是要从基层政府自身找准问题原因加以解决。如果政府自身的职能定位问题在治理结构中得不到解决，那么整个多元协同治理的格局也就得不到实质性的培育和建设，单靠“分权限缩”削弱政府权力来扩大社会参与并不能达到预期目的。整体性治理强调增强政府在治理结构中的整合能力、协调能力，而不是靠削弱政府来扶持社会。政府代表着国家的力量，政府在治理结构中的作用就是调节、引导、维护社会秩序，根据马克思（Marx）的观点，“这种力量应当缓和冲突，把冲突保持在‘秩序’的范围之内”[①]。所以，政府是维持治理结构均势和治理体系稳健的重要因素。

党的十八届三中全会提出要“正确处理政府与社会关系，加快实施政社分开”[②]，正确处理政府与社会的关系就是要摆正政府和社会在治理活动中的位置，明确二者关系，分清哪些责任该由政府承担，哪些该由社会负责。实施政社分开的目的是给予社会充分的自主性，满足社会日益增长的治理参与需求。政社分开规范了政府与社会的治理权限，避免了政府随意操纵社会自发性调节的意愿，但政社分开并不等于政社分离，政府和社会在必要的事项和

① 马克思，恩格斯．马克思恩格斯选集：第4卷［M］．北京：人民出版社，1995：170.

② 中共中央关于全面深化改革若干重大问题的决定［N］．人民日报，2013-11-16（1）.

领域仍然要加强合作避免形成分离对抗的关系状态。马克思认为国家是“从社会中产生但又自居于社会之上并且日益同社会相异化的力量”[①]。国家是从社会中分化而来，但又高居于社会之上，国家代表并掌握着和人民大众相分离的公共权力[②]。虽然国家是由社会分化而来，但国家本质上是“统治阶级的各个人借以实现其共同利益的形式”[③]，所以国家在阶级关系和存在形式上不可能与社会分开，脱离了社会的国家是不存在的。政府作为国家力量的代表在阶级关系所代表的组织形态上也不可能与社会分开，政社分开分的是二者之间的权责归属，而不是二者的组织形态，政府和社会在治理结构中是对立统一的二元存在。政府和社会的这种既分开又合作的关系也是在治理结构中发挥各自作用的依据。

在整体性治理框架内，政府更倾向于和社会建立一种合作伙伴关系，这种合作伙伴关系的基础是社会承认政府所具有的不可替代的秩序规范力量。在治理结构中，各个治理主体的地位都是对等的，只有地位对等才能有所谓的协商治理可言。而实际中社会作为治理结构中对等一元的地位不可能通过自发性来实现，更多的是依靠政府力量来帮助其实现，如政府采取措施引导、培育、壮大社会参与力量。在这里，政府和社会建立合作伙伴关系的前提是社会承认政府作用的优先性。政府作为国家治理的基本形式通过引导、吸纳、融合社会，来培育整体性治理的协同参与力量，驱动整体性治理体系的构建[④]。简单地说，整体性治理可看作以构建政府强大整合能力为目标的一种政府（公共部门）内部、政府与外部（社会、市场等私人部门）协商共治体系，其核心内涵是以承认和发挥政府作用的优先性来肯定和实现各个治理主体的平等地位，这是整体性治理不同于“多中心治理”的地方。

所以从整体性治理的内涵表述来看，整体性治理强调政府之间、政府内部各职能部门之间（政府内部），以及政府机构和其他非政府机构之间（政府

① 马克思，恩格斯．马克思恩格斯选集：第4卷［M］．北京：人民出版社，1995：170.

② 马克思，恩格斯．马克思恩格斯选集：第4卷［M］．北京：人民出版社，1995：116.

③ 马克思，恩格斯．马克思恩格斯选集：第1卷［M］．北京：人民出版社，1995：132.

④ 曾盛聪．迈向“国家—社会”相互融吸的整体性治理：良政善治的中国逻辑［J］．教学与研究，2019（1）：86-93.

同外部）的合作，通过合作实现政府内部机构职能的整合，以及政府机构和其他非政府机构的无缝隙衔接[1]。这其中无论是政府内部合作还是政府同外部的合作，都是围绕发挥政府主导作用进行的，通过发挥政府主导作用实现政府内部的整合合作以及政府同外部的衔接合作。所以，可以看出整体性治理是政府主导下的治理而非社会主导的治理，其核心在于治理体系的政府主体责任论，这符合我国牧区基层治理的基本现实，即党领导下的政府对治理的主导性较强、社会自主性发育不足的现状。正是由于牧区基层社会自主性发育不足，社会不具备和政府达成多元共治格局的足够力量和条件，同时在各方面制度机制又不十分成熟的情况下，单方面靠扶持培育社会力量来提升社会治理主体地位的可操作性不强。这就需要在原有政府主导的基础上，强化政府整合能力，引导牧区基层政府治理模式向整体性治理转变，实现牧区基层整体性治理。将整体性治理理论引入对牧区基层治理问题的研究中，能够透视牧区基层政府的治理取向、治理逻辑、治理结构和治理方式，这对获取真实的牧区基层政府治理现状以改进提升其治理能力和治理水平能够起到检视作用。

习近平曾就国家治理现代化的发展走向问题鲜明地指出，推进国家治理体系和治理能力现代化绝不是搞西方化和资本主义化[2]。国家治理体系和治理能力现代化的根本目标是提升和改善党的执政能力，构建中国特色社会主义治理模式。无论吸收借鉴何种治理经验或治理模式，都应该坚持治理话语的本土化，坚持根据中国特色社会主义制度和中国治理情境制定治理方案。所以，对于牧区基层整体性治理而言，归根结底要把握其中国特色社会主义制度底色，坚持在中国特色社会主义制度和中国治理情境的框架下进行经验借鉴和理论创新。习近平总书记在党的十九大报告中指出，构建中国特色社会主义制度体系应当吸收借鉴人类文明有益成果[3]。引入整体性治理方案解决牧

① 竺乾威．公共行政理论［M］．上海：复旦大学出版社，2008：472-473.

② 完善和发展中国特色社会主义制度 推进国家治理体系和治理能力现代化［N］．人民日报，2014-02-18（1）.

③ 习近平．决胜全面建成小康社会 夺取新时代中国特色社会主义伟大胜利［N］．人民日报，2017-10-28（1）.

区基层治理问题，绝不能忽视我国国家制度和国家治理体系的显著优势，更不能用整体性治理全盘取代中国特色治理方案，而是要坚持本土化实践导向对公共治理理论最新成果有益吸收，批判借鉴，取其精华，为我所用。正如习近平在党的十九届四中全会第二次全体会议上讲话时指出，我们不应排斥任何有利于中国发展进步的他国治理经验，而是应该坚持以我为主、去其糟粕、取其精华、为我所用[①]。牧区基层整体性治理作为采取整体性治理视角介入解决牧区基层治理问题的一种经验借鉴或方法应用，其核心指导原则仍然是坚持中国特色社会主义制度体系和治理体系，这是国家治理体系和治理能力现代化吸收借鉴国外治理经验的一种尝试，也是推进治理理论本土化创新的一种实践。

二、理解和实现牧区基层整体性治理目标的分析框架

根据整体性治理的定义及内容，整体性治理的价值取向是以公众为中心实现公共利益最优化，其面向的问题是政府碎片化治理现象，倡导利用并改造原有的官僚制组织，以及推动网络化数字化治理工具和治理方式的应用。将整体性治理的主要内容和核心观点嵌入牧区基层治理问题中，可以得出符合牧区基层治理问题定位和发展动态的整体性治理多维图式，即牧区基层整体性治理价值维度、内容维度、载体维度和技术维度的图式。在对各个维度的整体性治理目标进行归纳总结的基础上，实现对牧区基层整体性治理图式的概念化解读，建立对牧区基层整体性治理的多维图式认知，以进一步完成整体性治理理论和牧区基层治理问题的理论衔接及概念嵌入。

（一）牧区基层整体性治理的价值维度：面向“以人为本”回归治理的公共性民主性本质

相比于以效率、政绩为中心的传统官僚制管理体系，整体性治理坚持以公众为中心的价值取向。以公众为中心就是政府治理要面向人民群众的根本利益，而不是部门或私人的自身利益。牧区基层政府是上级政府抑或中央政府决策施政的一面镜子，牧区基层政府如果不能按照“以人为本”的原则从

① 中共十九届四中全会在京举行［N］. 人民日报，2019-11-01（1）.

事公共治理活动，那么治理本义中所伸张的公共性、民主性和正义性精神就得不到体现，现代治理和传统管制的区别也就不复存在。从整体性治理的核心精髓看，以公众为中心的价值取向是坚持“以人为本”、确保治理不退化为管制的基本底线和原则。整体性治理之所以特别强调“以人为本”就是为了明确政府治理的行动逻辑，使之从部门利益取代公众利益的自觉抑或不自觉的弊病中解脱出来，成为真正能够引导社会力量、凝聚社会力量、运用社会力量来实现公共行政价值的治理主体。

整体性治理“以人为本”的价值导向，是对传统官僚制管理主义原则的一种批判和否定，“以人为本、以公众为中心”是整体性治理评判政府治理行为的根本价值原则和基本价值标准。整体性治理的这一价值原则或价值标准充分表明对政府治理成效的评价，不能简单地从效率、盈利、产出、成本等市场竞争机制的管理原则和工具方法出发，而应根据政府对公平、正义、法治、民主等公共价值和精神的回应践行程度，以及对社会福利、民生福祉等社会公共服务供给保障的职责履行情况来进行客观评判。政府治理的本质是立公，而立公就是要求政府在治理活动中确保权力运行的公正性、民主性、法制性、规范性。政府不同于市场企业等私人部门，政府是公共服务供给者和公共秩序管理者，政府的行为代表着整个社会的公共价值和公共利益。作为社会公共价值和公共利益维护者的政府必须确保自身行动逻辑以实现公共利益最优化为原则，对政府而言任何以自身利益取代公共利益的行为都是对自身职能定位的一种背离。

牧区基层政府是党在基层的政权组织，是党联系牧区基层群众的纽带桥梁，代表着党在基层社会的民意基础。发挥服务牧区基层群众的本职职能、实现公共利益最优化是牧区基层政府的根本行政目标，而不是副产品。长期以来，在地方政府行政环境中普遍存在着一种压力型体制，而这种压力型体制在基层地方政府中表现得尤为明显。在压力型体制的压力传导流程中，上级政府将自身的行政压力通过层层加码传递派发至基层政府，对基层政府而言，所承担的上级行政命令或任务并非原始版本，而是经过逐级加码增压后的升级版，这种来自上级的加压式行政命令或任务左右着基层政府官员的政治生命。特别是在党的十八大之前，在基于“四个全面”为导向的科学政绩考核评价体系尚未构建完善之前，压力型体制对基层政府盲目性的政绩导向行为产生了较大的影响。

压力型体制下的基层政府行政考验着基层政府官员游刃于变通和原则之间的嗅觉灵敏度，在压力型体制下，基层政府官员自身所理想的“为人民服务”的职责使命受到不同程度的稀释，取而代之的是官僚制衍生出的公权力与个人仕途利益、部门绩效利益的捆绑产生。压力型体制一度成为掌控地方官员晋升通道的生死符，为官员私人利益、部门利益的产生制造了机制来源，这种情况也就造成牧区基层政府中偏离公共利益目标行为的存在。牧区基层整体性治理的价值目标就是对压力型体制下“唯GDP论”“唯晋升论”等各色公权力与非公共利益捆绑的行为提出矫治，实现面向“以人为本”回归治理的公共性民主性本质，重塑牧区基层政府的公共行政价值。

（二）牧区基层整体性治理的内容维度：打破碎片化困境建立跨界公共事务治理合作

正如希克斯所言，“整合的相反并不是分化，而是碎片化”[①]，整体性治理之所以重视和强调整合，原因在于整体性治理以打破碎片化困境为理论价值之所在。无论是新公共管理范式下过度分权、引入市场竞争机制所形成的扁平化分散化组织结构形式，还是传统官僚制下的功能分化、等级分工、组织壁垒等，都会造成政府碎片化治理现象。对牧区基层政府而言，通常存在两种形式的碎片化现象：一种是存在于政府等公共部门内部的职权责关系的碎片化，另一种是存在于政府等公共部门和社会、市场等私人部门之间的职权责关系的碎片化。前一种在这里称为内部碎片化问题，后一种称为外部碎片化问题。

牧区基层治理的内部碎片化问题来源于两个方面。其一是以各种部门评比、绩效考核等为代表的牧区基层政府行政部门竞争机制。这种在行政部门引入竞争机制的做法虽然提高了行政部门的行政效率，使行政部门能够在竞争关系中实现绩效提升，但在行政部门引入竞争机制的同时，也造成行政部

① PERRI 6, LEAT D, SELTZER K, et al. Towards Holistic Governance: The New Reform Agenda [M]. New York: Palgrave, 2002: 37.

门之间的利益扯皮，不利于开展行政部门之间的合作与协调，这为政府整体制度结构碎片化埋下隐患。其二是牧区基层政府各行政部门职能分工的分散化。政府各行政部门通常是按照功能分化实行差异分工，简单地说就是各行政部门根据职能分工划分各自的负责领域，实行各管一块的职能分工方式。如在牧区县级政府机构设置中，负责草原生态环境保护的行政部门涉及林业和草原局、自然资源局、生态环境局三个政府行政部门，单从职能分工上看，三个政府行政部门在履行草原生态资源保护职能、完成草原生态系统修复工作上存在交叉重叠的部分。草原生态资源作为自然生态资源和国土空间的重要组成部分，需要自然资源局从统筹国土空间生态修复的角度进行规划；作为重要的生态系统和林草资源，需要林业和草原局组织具体负责实施草原生态系统的保护建设和修复工作，也需要生态环境局从具体生态环境保护监管上落实对草原生态资源保护修复工作的监管和整治。而如果这三个政府行政部门在具体的工作中不能形成合作协调的关系或机制，就会为牧区基层政府在有关草原生态环境保护和利用问题上产生碎片化行政现象埋下隐患。

牧区基层治理的外部碎片化问题，即政府等公共部门和社会、市场等私人部门之间的职权责关系碎片化问题，通常是二者之间权力边界模糊造成的。社会、市场等私人部门代表着社会公众进行自我管理、自我服务的一种自主性治理机制，而在实际中，牧区基层社会组织的发育程度通常处于相对弱化阶段，即便有发育比较成熟的社会组织在牧区公共事务治理中发挥积极作用，但在遵从政府行政命令和维护自身利益诉求的矛盾下难免会屈从前者，违背社会组织自主性的初衷。政府等公共部门和社会、市场等私人部门之间权力界限的模糊往往造成政府行政权力的越界，在这种情况下出现政府权力取社会自主而代之的行为也就不足为奇。在自上而下命令服从的制度环境约束下，社会、市场等私人部门对政府行政权力的依附性较为明显，面对行政压力，社会、市场等私人部门可能会成为政府行政权力的附庸而毫无自主性可言。政府等公共部门与社会、市场等私人部门之间的职权责关系碎片化问题，直接导致政府行政权力对社会自主性参与牧区公共事务治理的赋权行为变得有名无实。

无论是哪种形式的碎片化现象，都是牧区基层治理现代化和牧区基层政府治理能力建设中无法回避的问题。碎片化现象普遍存在于牧区基层政府治理活动中，打破碎片化困境也就成了牧区基层整体性治理的主要内容。整体性治理是面向上下（政府等公共部门内部）合作、公私（政府等公共部门和社会、市场等私人部门）合作的“网络化整合型”[①]治理模式，整体性治理所要解决的是跨界公共事务治理碎片化问题，碎片化可视为整体性治理整合协调机制的问题意识，而解决碎片化问题就要循着这个问题意识从整合着手建立跨界公共事务治理合作机制，实现公共事务治理的跨层级、跨职能、跨组织的整合，这正是整体性治理所强调的面向治理层级、治理功能和公私部门的合作性整合的内涵[②]。合作性整合能够克服政府内部碎片化和外部碎片化造成的部门本位主义、职能扯皮、行政越位等弊病，有助于重新规范调整政府内部各行政部门，以及政府和社会、市场等私人部门的职权责关系，并发挥政府在统筹协调跨界公共事务治理合作中的能力，构建一种面向政府内部各行政部门，以及政府和社会、市场等私人部门的网络化整合运作机制。

（三）牧区基层整体性治理的载体维度：修复过度分权多头行政弊病重塑官僚制组织

新公共管理理论批判官僚制专业化分工所造成的政府行政部门间信息失真和沟通失调，官僚制的职能分工做法造成行政分权和职能碎片化，加大了政府行政部门为追求自身利益最大化而脱离集体行动目标的离心力，不利于政府建设整合型公共服务供给职能，造成政府碎片化的困境，但新公共管理理论过度强调分权而非分工的做法同样无法避免碎片化问题的产生。而官僚制组织高度发达的命令控制能力，尤其在强化上级政府对下级政府政策执行过程的控制方面，是新公共管理理论推行效率优先的组织机构所不及的。官僚制组织结构为整体性治理所倡导的横向综合组织结构的建立提供了基础，在这个基础上整体性治理才能对新公共管理“分权化”思想所造成的多头行政结构做出修正和改进。权力是政府行动的基础，而官僚制组织是政府治理

---

① 彭锦鹏．全观型治理理论与制度化策略［J］．政治科学论丛，2005（23）：61-100.

② PERRI 6，LEAT D，SELTZER K，et al. Towards Holistic Governance：The New Reform Agenda［M］. New York：Palgrave，2002：29.

的权力运行载体，正因为如此，整体性治理理论认为官僚制仍然是政府治理的根本组织结构。整体性治理不反对官僚制，而是主张重新塑造官僚制。整体性治理为对抗碎片化问题提出了面向治理层级、治理功能和公私部门的合作性整合，这一系列整合操作的实施都以官僚制为组织基础。借助官僚制组织结构层级命令式的专业化分工，整体性治理才能够达到对整合的最大限度操作，进而修正新公共管理理论过度分权化的弊端，消除碎片化对政府公共行政的影响。

官僚制组织结构是中国政府治理体系中的重要一环，尤其是对于基层地方政府而言，官僚制组织群体内各成员对共同行政目标的一致性、对上级行政命令的服从性，使得这一组织结构的存在能够最大限度达成上级所预期的决策执行效果。整体性治理借助官僚制组织结构所要达成的最终目的是实现以公众为中心的治理目标，官僚制组织结构对待集体行动目标的一致性，有效降低了决策者为实现决策所设定的目标而付出的行政成本。在牧区基层政府中，官僚制组织结构所形成的稳定的公务员队伍，确保了牧区基层政府部门能够严格按照上级的统一行动部署完成任务目标。官僚制组织最大的特点就是专业化、制度化、非人格化，官僚制组织要求个体成员在履行职能时行动的非人格化，即个体成员行动不受人际情感因素的影响干扰①。反映到具体的牧区基层政府行政活动中，就是公务员队伍能够确保杜绝人际情感因素的干扰，统一按照决策者或上级的命令要求完成任务目标。整体性治理所强调的整合性，就需要借助官僚制组织专业化、制度化、非人格化的这些特点来完成。

但整体性治理在借助官僚制组织结构的同时，应注意采取措施避免其负面效应的影响，如在传统官僚制组织结构的基础上，要注意修复因职能碎片化而形成的多头行政弊病，将职能扯皮、责任踢皮球等官僚制组织结构的负面效应降到最低。例如在应对牧区突发性暴雪所造成的牧户养殖牲畜大范围死亡的公共灾害问题上，需要应急管理局、畜牧局、农业农村局、林业和草原局、民政局、财政局等多个政府职能部门的联合行动，来

① 安东尼·唐斯．官僚制内幕［M］．郭小聪，等译．北京：中国人民大学出版社，2006：163.

对受灾牧户尽快恢复生产生活开展救灾救援工作。但从行政职能划分的实际看，这些政府职能部门之间的联合行动存在着官僚制组织结构的特点，如果缺乏上级政府的统一协调部署则难以形成工作合力，越是缺乏共同协调机制的多头行政越是容易造成集体行动效率的递减。消除职能部门之间职能分工、权力分割造成的行政组织碎片化，正是整体性治理提出重塑官僚制组织结构问题的原因所在。

整体性治理借助官僚制组织这一载体实现对分散在各个行政部门中的权力和职能的整合。建立在官僚制组织基础上的政府是按照横向专业化的职能分工和纵向等级化的权力结构运行的，反映到具体的政府机构设置上就是一级地方政府由若干个职能分工专业化的行政部门组成，这些行政部门各自承担着相应的权限和职能，对政府整体性行政力量形成支配和分散。官僚制组织作为现代政府提供公共服务和实现公共政策目标的主要载体，其运行效率的实现取决于各个职能部门、各个程序环节的分工合作来分解完成规定动作的效率，即官僚制的有序有效运行离不开命令、程序、制度等非人格化因素的规制和控制。但是当基层地方政府所面对的公共事务治理问题呈现出网络化结构的复杂性时，官僚制组织的弊端就越发明显。政府横向功能化的分工源于其所面对问题的专业属性，其纵向结构化的层级则反映了官僚制组织本身所承载的权力属性。官僚制组织横向功能分工和纵向等级分层的结构确保了政府的执行力和专业化，但职能部门之间权力分散的隐患，也容易造成多头行政弊端，滋生出行政不作为、责任踢皮球、职能扯皮等诸多问题。尤其是当治理结构发生变化、行政权力过度分散、职责界限模糊的时候，官僚制组织结构就不能很好地胜任。

牧区基层整体性治理所强调的整合是对行政权力分散、职责界限模糊等行政组织碎片化问题的一种回应，但整合功能的实现仍然需要借助政府职能部门的协调合作，所以官僚制组织结构仍然是不可替代的载体选择。牧区基层整体性治理建立在官僚制组织结构的基础上，批判官僚制的弊端但不否定官僚制的客观功能。与新公共管理理论对官僚制推翻否定的态度截然相反，牧区基层整体性治理借助官僚制组织结构实现载体的功能再造，所以对原有官僚制组织结构的重塑也就成了牧区整体性治理的载体基础。整体性治理善于利用发挥官僚制组织结构的特点来达到对政府功能、结构和组织的整合目的。整体性治理通过对官僚制组织结构进行利用再造，解决官僚制组织结构难以应对的跨界公共事务治理职权责碎片化的问题，为官僚制组织内部治理合作机制的建立提供功能载体。

（四）牧区基层整体性治理的技术维度：以数字化网络化治理推动政府公共服务能力整合

整体性治理理论理想的政府角色是一个整合型公共服务供给者，即政府作为社会管理者和社会公共服务供给者拥有足够的能力来整合协调各类资源。而在数字化时代，整合协调各类资源需要应用数字化网络化的治理方式或治理工具进行，其中最重要的就是运用数字化网络化技术重新整合政府服务、政府决策方式以及政府运作模式①。对数字化网络化治理的青睐不仅是整体性治理强调技术优势的一种体现，也是满足现代政府行政改革所需的一种选择。党的十九届四中全会提出推进数字政府建设，建立健全运用大数据等技术手段进行行政管理的制度规则②。特别是以物联网、大数据、“云计算”、人工智能等为代表的新型网络信息技术的发展应用，为现代政府提供了一套全新的治理工具和治理方式，催生着现代政府行政技术变革。在大数据时代，政府信息技术占据了许多现代化和公共管理的中心③，而政府信息技术革新也势必会带动公共管理迈向现代化进行革新。对政府治理现代化这个命题而言，其公共管理现代化目标的实现必须以政府信息技术或政务服务技术的革新为前提，越是现代化的政府越是要强调信息技术创新和应用在政府公共管理活动中的价值和作用。在未来行政管理体制变革中，政府整合协调各类资源进行公共管理、提供公共服务的能力，归根结底取决于利用数字化网络化治理模式实现政府信息技术革新的能力。

① DUNLEAVY P.Digital Era Governance：IT Corporations，the State，and E-Governance［M］.London：Oxford University Press，2006：233.

② 中共中央关于坚持和完善中国特色社会主义制度 推进国家治理体系和治理能力现代化若干重大问题的决定［N］.人民日报，2019-11-06（1）.

③ DUNLEAVY P.New Public Management is Dead-Long Live Digital-Era Governance［J］.Journal of Public Adminis-tration Research and Theory，2006（3）：467-494.

在整体性治理的概念中，对政府的未来治理模式提出了技术硬性要求，即未来的政府可能是借助高度发达的数字化网络化治理工具和治理方式完成一整套治理动作的电子化数字化政府。网络信息技术的应用在现代政府治理能力建设中功不可没，从推动政府行政绩效改革的角度看，数字化网络化治理工具和治理方式在政府行政中的应用，能够将不同的治理信息、治理资源同网络信息技术进行编码整合，推动政务服务信息化以及政务信息的公开化、透明化、精细化，提高政府整体行政服务效能。在当代知名数据科学家维克多·迈尔·舍恩伯格（Viktor Mayer-Schönberger）等看来，在大数据时代，事物可以用数据进行描述量化重组，而事物现象被制表分析量化的过程就是“数据化”[①]。面对大量动态的治理信息资源，数字化网络化治理工具和治理方式的应用通过建立具体的数据库，将研究对象描述性的属性特征进行编码量化，用数据去描述、记录、分析和重组它，实现研究对象的信息资源数据化，确保治理信息资源不因行政碎片化而失真失效。网络化数字化治理使得政府各行政部门能够跨越组织之间、层级之间的信息鸿沟，及时掌握大量信息，有助于政府把握公众的真实需求偏好，以便更加清楚地感知公众需求的变化，提供及时、精准、无缝隙的公共服务，克服因信息碎片化而造成的政府公共服务供给碎片化。

习近平在十九届中央政治局第二次集体学习时强调，要瞄准网络信息技术的创新应用以提升国家治理现代化水平，通过运用大数据等新兴网络信息技术推进政府治理模式创新，实现政府决策和公共服务等的高效化、科学化[②]。牧区基层整体性治理的实施离不开网络信息技术的应用，而对数字化网络化治理工具和治理方式的应用是当前牧区基层政府治理水平建设的急缺环节，整合公共服务能力的现实需要必然要求牧区基层政府能够掌握数字化网络化治理工具和治理方式，以实现整体协同的决策方式。但从目前牧区基层政府整体的治理能力和治理水平来看，政务服务的数字化网络化技术应用水

① 维克多·迈尔·舍恩伯格，肯尼迪·库克耶．大数据时代［M］．盛杨燕，周涛，译．杭州：浙江人民出版社，2012：104.

② 审时度势精心谋划超前布局力争主动 实施国家大数据战略加快建设数字中国［N］．人民日报，2017-12-10（1）.

平仍然不高，以政务服务网络终端平台为代表的治理工具在牧区基层政府行政服务建设中的普及和应用水平仍然滞后。

对一些牧区基层政府而言，所谓的数字化网络化政务服务仅停留在电脑办公的初始使用阶段，政府公共服务数据库、政务信息公开平台等数字化网络化治理方式的使用还很欠缺。当前牧区基层政府的数字化网络化行政技术应用水平距离整体性治理的技术要求差距较大，进行数字化网络化治理的基本条件尚不具备。数字化网络化治理工具和治理方式的推广普及对广大牧区而言具有一定的难度，这不仅需要加大对牧区基础网络服务设施建设的投入，更要求在技术掌握、人员配备、系统维护等方面为牧区基层政府的数字化网络化治理提供日常保障。但从牧区现代化建设的长远发展利益来看，整体性治理对牧区基层政府行政服务技术革新的目标，满足了现代政府便捷服务牧区群众的现实需要，对推进我国牧区基层政府治理能力和治理水平现代化具有建设性意义。

第二节　牧区基层整体性治理的多维解析

一、牧区基层整体性治理的价值维度：以公众需求为中心

治理价值是衡量政府公共行政活动正义性的根本，是表明政府公共利益观的重要体现。牧区基层整体性治理的价值维度归根结底应当坚持“以人为本”、以人民为中心的利益观，关注人民生活需求，满足人民对美好生活的向往。只有将牧区基层治理的价值目标建立在“以人为本”、以人民为中心的基础上，中国治理情境的本质属性才能得到彰显。从所宣扬的价值内涵上看，整体性治理所强调的以公众需求为中心的价值观和中国治理情境坚持“以人为本”、以人民为中心的立场具有内在统一性，这也是整体性治理同其他的治理范式在价值导向上的鲜明区别。可以说在公共行政价值观层面，牧区整体性治理的价值维度和中国治理情境的价值立场能够实现某种程度的兼容连贯。

（一）两种治理价值的比较：公众需求导向、经验主义导向

中国治理情境下的治理价值首先要坚持“人民性”这个基本价值立场，“人民性”即坚持“以人为本”、以人民为中心，以满足人民的利益需要为治理目标。整体性治理所强调的以公众需求为中心的价值导向是符合中国治理情境的一种“人民性”表达。整体性治理理论是在批判新公共管理理论讲求“效率为先”，而忽视公平、正义等社会价值原则的基础上建立起来的，同时整体性治理又借助官僚制组织的基础进行改造运作，但整体性治理对官僚制产生的“官本位主义”等弊病深恶痛绝。这也就决定了在核心价值理念上，整体性治理与官僚制、新公共管理等公共管理范式又存在明显的差异性。以公众为中心既是整体性治理的基本价值又是其核心理念，脱离了以公众为中心这个根本价值原则，整体性治理也就不再具备成为独立治理范式的基本要素，所以理解和认识整体性治理必须牢牢把握其以公众为中心的价值内涵。

在传统官僚制下的牧区基层治理基本上延续自上而下命令传输式的行政运行机制，这种官僚制模式最明显的一个特征就是容易形成“官本位主义”的弊病。虽然在党的执政理念上全心全意为人民服务这个宗旨对广大党员干部能够起到行动规范和理想塑造的作用，但官僚制组织的运行必然会对组织群体成员产生一种职业懈怠感，这种职业懈怠感从行为特点上可以表现为“官僚主义”“部门主义”“行政不作为”“懒政怠政”等一系列常见的官僚作风问题，归根结底这些问题表现的形成是一种源自官僚制组织本身的结构性问题。官僚制的一大特点就是组织结构的稳固性，而组织结构的稳固必然导致官员对职业发展预期存在博弈心理，即在维持职业发展前景的同时将自己的工作锁定在“舒适区”内，以此来规避风险确保个人政治生命稳定，这种博弈心理使得官员决策及政策执行倒向经验主义的一边而违背对履行维护公共利益职责的承诺。经验主义的形成源自官员履职、晋升等职业成长过程中对工作经验的一种样板式总结，在长期博弈心理的怂恿和驱使下，官员对经验主义产生习惯性依赖。经验主义在一定程度上代表了官员对职业生涯内出现影响升迁、晋级的风险因素的自我行为控制。经验主义是官员出于自我保护意识的一种操作，确保在不影响个人升迁晋级等职业发展前景的前提下，将自己

的行为规范锁定在“舒适区”内，使各种可能危及个人政治生命的风险行为的发生率降至最低。

从本质上讲，经验主义是一种惰政怠政的主观认识和行为表现，经验主义直接限制了官员对为人民服务宗旨的践行程度，使官员的行为动机更多地向维护自身仕途利益的一侧倾斜，而背离代表广大人民群众根本利益的核心价值原则。经验主义源于行政官员对公共利益的狭隘性认识，在经验主义的诱导下，行政官员对公共事务治理价值及原则的主观认识出现偏差，进而产生曲解或者背离公共利益的行为。正如当代美国著名公共行政学家戴维・H. 罗森布罗姆（David H.Rosenbloom）和罗伯特・S. 克拉夫丘克（Robert S.Kravchuk）在《公共行政学：管理、政治和法律的途径》一书中所提到的，行政官员对公共利益的狭隘性和片面性认识，使得其在公共事务管理过程中很容易产生曲解甚至违背公共利益的行为[①]。经验主义行为可以说是行政官员在公共事务治理中曲解公共利益的最直接表现，在对公共利益狭隘性认识的过程中，经验主义成为行政官员很容易获取的主观行为指导工具，在经验主义指导下行政官员对公共利益的追求心理变得被动，取而代之的是对个人利益或部门利益的优先考虑。

经验主义模式下的政府公共行政行为通常表现为工作态度消极散漫、工作目标不求上进、工作模式缺乏创新，一切行动都以完成工作所规定的任务为最高目标，缺乏改进和优化工作的动力动机。一些牧区基层政府在牧区乡村产业引进和发展中，存在经验主义思想，盲目沿袭遵从他人的经验思路，在牧区乡村产业投入和引进中照搬国外经验、城市经验或农区经验，采取不分城乡差别搞“一刀切”的方法策略，这种经验主义导向下的牧区乡村产业发展政策简单嫁接移植外来经验必然造成“水土不服”的后果。如在西部牧区一些地方政府引进实施的畜牧养殖产业发展项目中，基层政府抱守经验主义思想和政绩提升目的，缺乏实事求是的创新精神和对本地区长期发展利益的综合考虑，不结合本地区实际情况而盲目采取“拿来主义”的做法，照单全收引入农区或西方发达国家的畜牧养殖业发展模式以增加政绩亮点，一度

① 戴维・H. 罗森布罗姆，罗伯特・S. 克拉夫丘克. 公共行政学：管理、政治和法律的途径［M］. 张成福，等译. 北京：中国人民大学出版社，2002：554.

导致相关畜牧业项目运行成本居高不下，投入和产出比例失衡，这种向项目要政绩的做法是经验主义导向下的公共利益攫取行为，对地方财政和牧区产业发展造成极大损害。牧区乡村建设不能简单模仿农区的方式来进行[①]，必须要结合牧区实际情况做出有差异性的选择，探索走出适合牧区可持续发展的模式。地方政府之间非理性的政策模仿行为是一种脱离实际调查、评估和论证的懒政怠政做法，政策模仿行为的背后是地方官员对经验主义策略选择习惯的依赖，其行为动机是实现政绩利益倾向而非满足公共利益。从治理价值的角度讲，经验主义违背了以公众为中心的整体性治理原则，对实事求是精神和公共行政价值构成消解和破坏。

（二）以公众需求为导向：对牧区基层传统治理范式的扬弃

经验主义导向的治理是对“人民性”的背离，其本质是维护科层官僚自身利益。而整体性治理所坚持的以公众需求为中心的价值导向，既符合中国治理情境下的公共行政准则，也符合牧区基层政权践行为人民服务宗旨的政治目标。在基本价值原则上，整体性治理所强调的以公众为中心和为人民服务宗旨在所追求目标的内涵上出奇一致，所以相比于其他治理范式，整体性治理更符合中国治理情境下基层政权公共行政价值建设的需要。牧区基层传统治理范式是一种坚持以为人民服务为宗旨的科层官僚制结构，为人民服务和官僚制二者貌似互相矛盾，实则是一种组织目标和组织结构的对立统一。官僚制的特点是功能专业化、行动非人格化、组织制度化等，这些特点保证了官僚制对集体行动目标执行的严格统一。

从官僚制的特点看，理性中的官僚制近乎“冷血”，对人性的考虑有所缺乏，这也就导致了官僚制所体现的“人民性”不足。“人民性”不足反映到具体的官僚组织成员身上，就是官员为实现个人预期目标或利益而在行动上偏离为人民服务原则，这为“官本位主义”的产生创造了空间。为人民服务的宗旨从理想信念上对官僚组织成员的行为产生一种制约，确保官僚组织成员在约束规范个人利益与公共利益关系的前提下践行集体行动目标，所以说为人民服务宗旨和官僚制本身是对立统一的。而整体性治理强调官僚制组织结

① 张孝德．牧区乡村建设不能简单模仿农区的做法［N］．青海日报，2018-03-19（11）．

构的重要性，并以官僚制为基础对其加以改造，这其中最重要的就是对官僚制的价值目标进行改造，使之能够围绕以公众为中心的原则运行。整体性治理的价值目标是以公众为中心实现对公共利益的满足，这一价值目标天然与官僚制组织结构所产生的“官本位主义”等思想不相容。所以，牧区基层整体性治理目标的建立必须根据官僚制组织结构的特点进行针对性回应。可以说，整体性治理按照自身的价值取向对官僚制进行了扬弃化的处理。

牧区基层整体性治理的价值导向是坚持以公众为中心的原则，或者说是坚持中国治理情境下以人民为中心的治理本质。以公众为中心作为“人民性”价值原则的一种表达，是牧区基层整体性治理区别于其他治理路径或模式的最核心特点。牧区基层整体性治理的价值维度之所以特别强调以公众为中心，就是为了避免治理范式变更带来的价值导向的错位或缺失。一切治理范式无论其内容和形式有何差异，从根本上讲都是对所代表阶层利益诉求的一种宣扬，而符合人民根本利益的治理范式才是我们所要选择的。牧区基层整体性治理坚持以公众为中心的治理原则，通过对公共利益的表达和践行来体现自身治理范式的“人民性”特点。

（三）牧区基层整体性治理的价值路径：回归公众需求导向的治理目标

回归公众需求既是牧区基层治理的基本要求，也是整体性治理所赋予的基本任务。牧区基层治理的主体仍然是政府等公共部门，而社会、市场等私人部门作为积极参与者发挥着重要的协同作用。协同不等于没有发言权或话语权，相反，协同更能体现协商民主的多元参与属性，有利于扩大社会力量的参与面，提高其参与积极性。以政府等公共部门为主体，以社会、市场等私人部门为协同参与的治理结构，明显优于去中心化的“多元共治”，也更加符合中国治理情境。整体性治理对牧区基层政府治理能力建设目标的定义，就是更好地发挥政府在协调各方、凝聚共识、引导参与等方面的整合能力，使之能够最大限度调动各方参与的积极性，发挥制度优越性，达成共同的治理目标。整体性治理对牧区基层政府治理主体地位的强调与其提升发挥政府治理能力的目标具有一致性，但强调政府治理主体地位并不等于提倡政府等公共部门完全取代社会力量在协商民主中的作用和地位。整体性治理对牧区基层政府治理主体地位的强调，是为了彰显其“人民性”的立场，确保政府治理能力建设的价值目标朝着以公众为中心、回应公众需求的方向改进提升，同时牧区基层整体性治理坚持“人民性”的立场还体现在政府自身行为处于党纪规章、法律制度、公众舆论等多方的监督和约束之下。从这个方面讲，在提升牧区基层政府治理能力的同时也要求提高协同参与方对政府行为规范的制约监督能力。

以公众为中心的牧区基层整体性治理价值的实现，首先需要疏通基层政府接收公众诉求的渠道。从机制建设的角度讲就是要在传统以政府为主导的治理格局中，建立政府与公众的信任机制，而信任的基础来源于政社互动沟通。要建立政府与公众之间的有效互动沟通机制就必须打破政府在治理结构中一家独大的话语独白，增加公众话语权和发言权在政府决策和政务监督等活动中的分量。更为重要的是要建立长效公众诉求反馈机制，确保政府能够对公众的需求进行实时跟踪、及时反馈，对公众关心的问题能够落到实处给予解决。关于官僚利益或政府部门利益取代公众利益的行为，其产生根源往往在于绩效评价机制的精准度不够，这就给“上有政策下有对策”“权力寻租”等弹性违规行为的产生制造了可能。从政绩利益驱动的角度看，当绩效评价机制的精准度不能被控制在合理范围之内时，就会对基层政府或官员尝试私人利益挤占公共利益的行为构成某种内在激励。所谓“上面千条线下面一根针”，牧区基层政府承接着来自上级的各项任务责任压力，而这种压力型体制又催生出基层官员谋求个人晋升捷径的想法。各种“政绩工程”“面子工程”“形象工程”，以及“唯 GDP”的考核指标、官员利益共谋等现象弥散在牧区基层政府的行政逻辑中，而这些现象反映在官员晋升锦标赛中又变得屡见不鲜，导致基层政府或官员对私人利益挤占公共利益行为的麻木，动摇了“为人民服务”宗旨在基层政府或官员行为动机中的价值规范地位。

如在面向牧区农村贫困人口的精准扶贫工作中，一些基层政府在时间紧任务重的情况下无法完成规定任务考核，必然会想方设法采取措施以应对上级脱贫攻坚考核验收工作。在这种情况下，牧区县、乡镇两级政府及行政村基于行政区划内的共性利益而形成利益共谋，通过统一的口径来应对共同上级的考核检查。而在乡镇政府和行政村之间往往又会基于内部利益的捆绑或县政府的任务摊派而结成利益共同体，采取互通有无的措施形成利益共谋以共同应对县政府的考核检查。根据政绩利益或部门利益的需要，在牧区基层政府各层级之间可以在策略上为达成满足共同利益而选择形成利益共谋，在这里可以将牧区基层政府共同面向上级考核检查而形成的利益共谋行为定义为集体性利益共谋，将牧区基层政府内部各成员之间的利益结合行为定义为成员间利益共谋。无论是集体性利益共谋还是成员间利益共谋，其共谋行为产生的根源都是对部门利益或个体利益的最优化策略选择，而非对公共利益、公众需求的客观遵从回应。牧区基层整体性治理的价值维度就是重新规范基层政府或官员行为塑造其公共利益观，确保牧区基层治理价值及目标朝着以公众为中心、回应公众需求的方向进行优化调整。

二、牧区基层整体性治理的内容维度：重构政社合作关系

党的十九届四中全会提出优化完善政府职责体系，进一步加快厘清、规范政府、社会、市场的关系[①]。厘清、规范政府与社会的关系是优化完善政府职责体系的关键，政府与社会的关系也是牧区基层治理转向整体性治理必然要面对的问题。在牧区基层政府的传统行政逻辑中，政府与社会的关系既泾渭分明又模棱两可。泾渭分明是指作为全能型、无限责任的牧区基层政府，几乎包揽了涉及牧区社会管理和社会公共服务的全部权责，牧区基层政府的治理权限和治理责任近乎垄断性，而社会作为全能型、无限责任政府指挥引导下的被动一方则较少占有治理的权限，较少担负治理的责任，近乎脱离牧区基层政府所包揽支配的治理体系。这种情况造成牧区基层政府依法治理责任和牧区社会依法自主管理的衔接失衡，政府对社会管理活动的过度包揽造成社会自主性参与不足。模棱两可是指作为具有管制型传统的牧区基层政府，可以通过行政命令、政策文件、制度法规等行政或法律手段来干预社会、市场等私人部门的行为，对社会经济现象做出违背社会经济发展运行规律的主观性干涉行为。这种政府与社会、市场等私人部门边界不清、职责混淆的问

① 中共中央关于坚持和完善中国特色社会主义制度 推进国家治理体系和治理能力现代化若干重大问题的决定［N］. 人民日报，2019-11-06（1）.

题，对牧区社会依法自主管理或自主性参与治理行为的进行造成掣肘。

整体性治理的重要内容就是对牧区基层政府与社会的关系进行重新调整，将二者的关系界定在合理范围之内，既保持各自相互的独立性，又确保二者合作联系的紧密度。在牧区基层整体性治理的内容维度中，所要重构的政社关系是一种朝向合理范围的合作伙伴关系，合作的基础是对公共利益和彼此平等身份的认同。在牧区基层治理结构中，政府与社会虽然分工不同，但在治理结构中具有平等的权利与地位，相比于政府在牧区基层治理中的主体性权限和责任，社会也承担着具有同等重要性的治理权责。所以，从权责关系划分的角度看，政府与社会也必须保持规范合理的关系，政府既不能完全脱离必要的社会管理和社会公共服务职责而充当孤独的"守夜人"角色，也不能家长式地包揽一切，代替社会承担全部的治理权责。政府是社会秩序的维护者和保障者，而社会是政府最亲密的合作伙伴，对二者关系的处理是整体性治理的重要内容。整体性治理提出对牧区基层治理中政府与社会关系的界定划分，即面向整体性治理的内容维度重构牧区政社合作伙伴关系，重新界定政府与社会的权责范围及关系，改变牧区基层政府传统行政逻辑中对社会在治理结构中被动附属角色地位的认识误解。

（一）两种治理内容的比较：政社合作、政社分离

马克思主义政治哲学提出的"市民社会决定国家"论认为国家起源于社会，国家是"从社会中产生但又自居于社会之上并且日益同社会相异化的力量"[①]，正是因为社会构成国家来源的基础，所以社会性质决定着国家性质、社会变化决定着国家变化，即国家起源的社会决定论。马克思认为作为天然基础的家庭和作为人为基础的市民社会是政治国家存在的必要条件[②]，国家虽然起源于社会并日益同社会相异化，但国家始终不能脱离社会，脱离了社会的国家是不存在的，也无法产生异化的对象。所以国家与社会的关系不可能处于绝对分离的状态。同样作为国家力量的代表，政府与社会的关系也不可能是分离的，即便是政社分开所强调的也只是二者权责关系的厘清划分，而非

① 马克思，恩格斯．马克思恩格斯选集：第4卷［M］．北京：人民出版社，1995：170.

② 马克思，恩格斯．马克思恩格斯全集：第1卷［M］．北京：人民出版社，1956：252.

二者关系状态的分离割裂。国家集中体现了各阶级各阶层人民的利益，国家利益和社会利益在某种程度上能够达到吻合。而政府作为国家利益的维护者和践行者，其与社会在国家利益的表达上必然需要保持统一，政府和社会对国家利益表达的一致性体现为二者对公共利益认同的一致。在一致认同公共利益的基础上，政府与社会的关系需要从简单的权力服从关系或依附与被依附关系转向建立合作关系，以此来体现二者对国家利益表达的一致性，并在对公共利益的认同上实现二者的统一。

整体性治理所要重塑的政府与社会关系是一种合作伙伴关系，其本质是政府对公共权力的一种让步，社会对公共权力的一种自觉。即政府作为公共权力的支配者，采取协商合作的办法吸纳社会参与共同完成公共权力的支配行为。合作伙伴关系界定了政府与社会的公共权力范围，在合理范围内政府与社会各自保持自主性，并根据公共利益的需要建立合作关系。针对社会自发性调节的短板，政府应当积极主动地行使干预权，以解决社会无法独立面对的问题。在确保对“市场失灵”等社会自发性调节失控的问题做出积极回应的同时，恪守“有所为有所不为”的准则，防止政府干预过多。政社合作的前提是对彼此在治理结构中定位的尊重，政府需要避开对社会正常秩序和基本运行规律的过度干预，减少缺乏社会参与的决策专断行为，积极构建新型社会管理体制，消除制约社会自主性发育成长的机制弊端，扩充社会参与的制度化和非制度化渠道，真正实现社会有效监督制约政府权力的目的。

政府与社会合作伙伴关系的建立就是要打破二者之间的从属关系，实现真正意义上的互信、配合。将原本走向分离的政府与社会关系重新整合，消除政府与社会之间的“真空地带”。分离型的政府与社会关系只会造成二者之间误解误判的加深，由此政府不能准确获取社会的真实需求信息，而社会又畏于政府的权威表示出政策不信任。如果政府不能从社会获取准确的决策施政信息，也就很难将其意志顺利贯彻到社会中去，这种情况下政府的施政效果只能是大打折扣、事倍功半。在分离型政府与社会关系中，二者的亲密度很难达到理想的水平，彼此信任的基础不牢，相互配合的意愿不强，在这种状态下分离的后果就是走向割裂对抗。乔治·弗雷德里克森（George Frederickson）认为信任是公众与政府建立合作的基础，而一旦公众对政府丧失信任，那么公众就会对政府政策产生抵触排斥心理[①]。分离型政府与社会关系很难建立信任机制，于政府而言，缺乏公众的信任基础意味着政府政策推行将受到阻力，甚至激起公众对政府政策的强烈不满和排斥，进而造成彼此之间关系矛盾的激化。

政府采取任何政策行动都应该首先考虑到与政策内容相关的公众态度，只有取得公众信任才能推动政策落地，而公众的态度和满意度则检验着政策和政府行为的合理与否。德国社会理论学家尼克拉斯·卢曼（Niklas Luhmann）认为建立在信任基础上的行动才具有行动合理性[②]，所以政府的行动必须建立在社会公众的信任基础之上，通过建立信任基础实现社会公众对政府决策的执行持合作态度，才能取得政府行动的合理性。信任是建立政府与社会合作关系的基础，也是鉴别政府政策行动合理性的一个侧面。建立在分离状态上的政府与社会关系自然缺乏充足的信任基础，由此反过来加剧二者的矛盾对立关系，这正是分离型政府与社会关系容易引发双方对彼此真实意愿误解误判的原因。整体性治理所倡导的政社合作伙伴关系要求政府从威权主义的框架下解脱出来，主动承担起引导社会自主性发挥的责任。在政社合作框架内，政府发挥着引导培育社会自主性发挥的制度保障功能，通过为社会力量的合作参与提供法律、政策、机制等制度保障，重新建立政府的社会信任基础。

（二）以政社合作为面向：增进基层社会协商民主实现程度

整体性治理是一种由政府驱动的理性行为，其理性的结果是取得政府治理效度的最大化，但这里所说的治理效度的最大化是指政府在满足社会公众利益的前提下实现自我治理能力的提升。整体性治理所提出的政府行为理性，绝非西方经济学中倒向利己一面的理性经济人的理性。整体性治理不单纯强调政府治理的效率，更追求政府治理过程中对公平、正义、民主等社会价值规范的实现。整体性治理作为政府理性行为的表达包含了满意的结果和合理

① 乔治·弗雷德里克森. 公共行政的精神［M］. 张成福，刘霞，张璋，等译. 北京：中国人民大学出版社，2013：35.

② 尼克拉斯·卢曼. 信任：一个社会复杂性的简化机制［M］. 霍铁鹏，李强，译. 上海：上海世纪出版集团，2005：32.

的过程两个层面，这些都是出于对以公众为中心这一核心价值原则的践行，而非出于政府的利己行为。但无论是满意的结果还是合理的过程，其作为政府行为所能达到的理性状态皆非出于自发性，而是需要作为政府面向对象的社会在其中发挥作用。在整体性治理中，政府理性行为本身不可缺少民主成分或需要建立某种民主关系，而社会作为政府理性行为的作用对象，必然需要同政府确定民主关系的实现形式。社会力量的加入为政府理性行为增添了民主色彩，使得政府在实现满意的结果和合理的过程这一理性行为的过程中能够兼顾效率和价值。

政府与社会如何确定民主关系的实现形式，完全取决于政府与社会在治理结构中所承担的角色定位。从整体性治理的概念和中国治理情境的有关表述来看，政府与社会在治理结构中的合作关系必然要求二者建立协商民主机制，这也是政府与社会建立民主关系所应有的实现形式。整体性治理是突出政府整合功能和治理中心地位的治理模式，是对碎片化问题的一种应激反应，所以政府在整体性治理结构中仍然发挥着主导性作用。整体性治理的政府仍然是社会公共秩序的维护者和社会公共服务的供给者，这一性质决定了政府与社会的关系只能是有限的权力让渡关系，而最合理的状态就是在确保社会对政府治理参与的情况下，寻求政府治理的社会信任基础，建立政社合作关系，实现政府与社会的协商治理。

协商既是一种民主化色彩较强的表达，也是一种充分体现政府让权与社会参与的民主机制。所以笔者认为这里采用协商民主机制更符合政府与社会在整体性治理中的合作关系境况。协商民主要求政府与社会在合作关系上保持紧密联系又有所区分，这种关系状态类似于市场竞争关系中的合作，其目的是实现政府理性行为的民主化表达，这符合政府与社会在整体性治理结构中的角色定位。实际上整体性治理所理想的政社互动模式即政社合作伙伴关系，是在协商民主框架下进行的一种策略互动合作。政府作为社会公共服务供给方和社会公共秩序维护者仍然是治理结构中的主体或者主导，但在政府政策过程和政策效果的评价判断上，社会拥有绝对的发言权、投票权甚至否决权，这种合作伙伴关系符合二者在整体性治理中的角色定位，也最能体现协商民主的实质。所以，从整体性治理所强调的政社合作关系与基层社会协商民主的实现来看，二者具有内在联系的合理性。合作是牧区基层政府与社会建立协商民主框架的目的，而协商民主的实现程度则又与政社合作关系的构建有关。

（三）牧区基层整体性治理内容路径：重构政社合作关系

有学者认为在国家治理现代化背景下，正确处理政府、市场和社会三者之间的关系才是国家治理能力建设的重点[①]。传统统治型行政体制中，市场、社会只是政府所面向的服务对象或客体，政府、市场、社会三者之间存在着不对称关系，且政府占据着这种不对称关系的上风，这也就决定了市场、社会对于政府而言只是政策文件或行政命令的绝对服从者，而鲜有影响政府决策和政策执行走向的决定权。在传统统治型政府管理模式中，政府能力建设的重点是维护好自身的绝对权威，而处理与市场、社会的关系并不是政府能力建设所关注的主要问题。即便存在所谓的政府与社会的协商合作关系，也只是一种遍布“全面包围”[②]或“协商式威权主义”[③]的不对称关系，避免不了政府控制社会或者社会依附政府的结果，这种政社关系从本质上讲是一种权力依附关系而非真正意义上的合作关系，权力属性是这种政社关系的鲜明特点，协商民主精神在这种政社关系中得不到实质性体现。政社之间的权力依附关系带有浓厚的威权主义色彩，是传统社会政策时代压力型体制、家长制行政观念等体制环境所塑造的政社关系格局。

在压力型体制下，基层政府疲于应对“行政逐级发包”“层层量化分解”“一票否决制”等机制所传导的压力[④]，不能全身心地将行政权力和资源投入回应属地多样化的社会需要和公众日益高涨的治理参与诉求等方面。压力型体制容易诱导基层政府行政逻辑的导向，对政府本职内的正常行政工作造

① 高小平．国家治理体系与治理能力现代化的实现路径［J］．中国行政管理，2014（1）：9.

② THORNTON P M.The Advance of the Party：Transformation or Takeover of Urban Grassroots Society?［J］.The China Quarterly，2013（1）：1–18.

③ TEETS J C.Let Many Civil Societies Bloom：The Rise of Consultative Authoritarianism in China［J］.The China Quarterly，2013（1）：19–38.

④ 荣敬本，崔之元，王拴正，等．从压力型体制向民主合作体制的转变［M］．北京：中央编译出版社，1998：28.

成精力耗散。在压力型体制下，自上而下的层级政府责任逻辑取代了横向的政府与社会关系逻辑。基层政府作为地方社会公共服务提供者和社会公共秩序维护者，应更多地去回应属地居民的实际需求，但实际情况是基层政府将自己的职责完全置于对上级传导的压力的回应和满足中，脱离服务公众实际需求的职责本质。

如一些牧区基层政府忙于应付上级有关推广绿色清洁能源开发和利用的任务，盲目向上级表决心、迎合上级号召投资传统沼气池建设项目。但牧区农村沼气池建设造成了一定的财政资金的浪费，增加了牧区基础设施建设负担，又占用了牧区宝贵的草场土地资源，破坏了牧区人居生活环境。压力型体制下繁重的民生服务任务、有限的权力空间以及不可推脱的上级考核，决定了牧区基层政府无法避免陷入“责能困境”。责任大、任务重、能力小的矛盾随着压力传导机制进一步诱迫牧区基层政府寻求政绩利益与公共利益的平衡。这就需要牧区基层政府重新思考如何处理同社会的关系，以解决政府自身所面临的“责能困境”问题。

政府需要积极主动地对政社关系的修复改善做出回应。由政府主导的政社“合作共生”通过孵化性赋能、竞争性购买来寻求对社会的渗透、动员、整合，以实现自身国家服务能力提升的目标并消除政社隔阂[①]。整体性治理所提出的政社合作模式，从提升政府治理能力的角度来消除政府“责能困境”缺陷和政社隔阂状态，重构政社合作关系，实现政社的良性互动。政府与社会进行良性互动的过程本身就是一种双方资源的交换互补，政府通过与社会进行资源交换互补提升了自身的公共服务能力，解决了因“责能困境”产生的政府公共服务供给心有余而力不足的问题，而社会也通过与政府的互动来实现自身利益需求的表达和获取，为更好地融入政府治理合作框架创造了机制条件。无论是政府还是社会，都不可能完全占有绝对的资源，所以资源缺陷问题引发政府与社会建立良性互动合作的需要，而资源相互依赖则成就了政府与社会互动合作的基础，对双方而言，互动合作弥补了彼此的资源缺陷

① 杨宝．政社合作与国家能力建设：基层社会管理创新的实践考察［J］．公共管理学报，2014，11(2)：51–59，141．

与不足[①]。在政社互动合作关系下，双方维持了资源的平衡，为结成公共利益共识提供了基础。所以在整体性治理所理想的政社关系模式中，政府与社会的关系不是分离制衡而是合作共赢，社会与政府在公共事务治理合作中体现对等性，而不是关系分离各自为政。牧区基层政府所面向的行政服务对象是属地群众，属地群众的公共利益才是牧区基层政府所应当关心和关注的根本利益，而对公共利益的回应和关心也必然要求牧区基层政府积极处理同社会的关系，回归与社会达成公共利益共识的合作框架，而非回归“唯上、唯政绩”的官本位逻辑。

在牧区基层整体性治理中，政社合作的目的是让政府更好地感知处于治理权限弱势的社会的实际需求变化，以便政府能够积极及时地调整自己的决策和政策执行策略，无缝隙满足多样性的社会需求。整体性治理从改变政社分离状态的内容出发，为解决政府与社会在公共事务治理合作方面存在的碎片化问题，建立整合机制，实现政府与社会在合作框架内的治理权限均衡。政社合作是牧区基层整体性治理的治理结构基础，二者合作的效果远优于二者分离的效果。从社会政策创新的角度看，政社合作是牧区基层社会管理模式创新的一种实践方式。在提升牧区基层政府公共服务能力，弥补政府“责能困境”缺陷，以及改变政社隔阂状态的同时，政社合作模式也激发了牧区社会力量治理参与的积极性和主动性，创新了牧区基层社会管理模式。牧区基层政府在与社会建立合作关系的过程中，通过对社会组织、社会团体等基层群众社会力量的建制性增能赋权，为其提供生存资源、法律保障和制度安排，扩大了政府与社会的共容利益空间，为达成公共利益共识和公共治理合作行动建立了机制基础。同时在深化社会管理体制改革的背景下，政社合作也倒逼着政府去主动寻求与社会的合作，以理顺和改善政府与社会的关系，为履行政社分开和政府职能转变要求，划清政府职能边界和社会自我管理的范围，更好地促进政府提供公共服务和引导社会治理参与进行了关系建构。

---

① 汪锦军．合作治理的构建：政府与社会良性互动的生成机制［J］．政治学研究，2015（4）：98-105.

三、牧区基层整体性治理的载体维度：横向综合组织结构

整体性治理针对科层官僚制组织结构带来的职权责碎片化问题，提出借助官僚制载体建立横向综合组织结构。在这里，官僚制组织结构并没有被整体性治理完全否定，而是被当作构建横向综合组织结构的理想载体加以改造利用。官僚制组织非人格化、制度化、程序化的结构特点，相比于新公共管理"分权化政府"虚弱的整合能力、分散的权力结构，更符合整体性治理对于横向综合组织结构的概念内涵表达。传统意义上的政府按照官僚制自上而下的层级结构构建纵向的权力线，于牧区基层政府而言，其权力通达需要借助官僚制的层级结构来发挥作用，如上级的文件命令或任务需要通过层级结构传达至基层政府来贯彻落实。官僚制组织之所以能够成为整体性治理进行载体改造的对象，正在于官僚制更符合整体性治理的组织结构特点，有助于规避市场化、分权化所导致的政府行政碎片化，保证政府决策和政策执行从分散走向集中。

（一）两种治理载体的比较：过度"分权化政府"、官僚制组织结构

有西方学者认为分权化改革是解决国家治理能力建设背景下诸多不同类型问题的一剂良方[①]，分权化改革建立在西方国家政府机构改革和发展需要的基础上，自20世纪中叶以来分权化改革逐渐演变成为一种国际化的蔓延趋势，得到全球多个国家和地区的推崇[②]。分权化改革对西方国家政府机构改革的影响随着新公共管理革命的到来走向极端化，在"分权化政府"论调的鼓噪者看来，现有的政府要么是"管得过细"无所不包的全能型政府，要么就是"统得过死"与民争权的集权式政府，而只有建立在合理分权基础上的"分权化政府"才是符合西方民主典范的理想政府类型。一时间，"分权化政府"几乎被当作民主政府的代名词，而分权滥觞与实质上的民主精髓却背道而驰。从概念辨析上讲，分权并不等于民主，过度分权化的政府只能丧失对社会公共

---

① MANOR J. The Political Economy of Democratic Decentralization [R] . Washington: World Bank, 1999.

② POSE R, GILL N. On the "Economic Dividend" of Devolution [J] . Regional Studies, 2005, 39 (4): 405–420.

秩序和社会公共服务的操控，沦为“无能政府”。评价一个政府的好坏不能仅盯着权力的分散或者集中，而应当看权力如何在政府与社会的共识范围内实现合理配置。分权只是政府实现行政管理和公共服务职能的一种手段或工具，不应该被赋予太多色彩化的解读，更不应该随便冠之以“民主”之名或加之以“善政”的标签。

相对集权而言，分权的目的是实现政府权力的下放，消除政府集权弊端，转变政府职能。毫无疑问，分权的结果是对政府集权性行为的削弱，有助于实现权力、资源在政府与社会之间的均衡分配。“分权化政府”是一种自上而下、由中心向外延的分权，既可以是中央政府向地方政府分权、上级政府向下级政府分权，也可以是政府内部各职能部门之间分权，以及政府向社会、市场等私人部门分权。这其中，上下级政府之间、政府内部各职能部门之间的分权，属于行政体制内部的一种纵向分权或内部分权，政府向社会、市场等私人部门的分权，属于行政体制外部的一种横向分权或外部分权。就上下级政府之间的关系而言，分权改变的是上下级政府之间的依附关系，给予下级政府一定的决策自由裁量权和政策执行缓冲空间；就政府内部各职能部门之间的关系而言，分权改变的是政府内部各职能部门之间的职责盲区，消除各职能部门之间的职能重复、定责不清等问题；就政府与社会、市场等私人部门的关系而言，分权改变的是传统“大政府小社会”或“强政府弱社会”的格局，规范政府与社会、市场等私人部门的关系，明确政府与社会、市场等私人部门的边界，实现政府与社会、市场等私人部门治理权限的均衡。但分权的目的并不是让社会压倒政府、对抗政府，也不是让下级政府架空上级政府，分权不能将政府与社会、上下级政府之间，以及政府内部各职能部门之间的职权责关系引向本末倒置。分权应以满足各相关方合理的权力、资源分配需求为宜。

诚然，分权化改革极大地激发了地方、社会、市场的发展活力，但也导致了地方保护主义、部门本位主义、寡头分割等众多问题[①]。尤其是由分权产

① 燕继荣．分权改革与国家治理：中国经验分析［J］．学习与探索，2015（1）：37–41，2.

生的多元主体的利益博弈行为诱发政府治理碎片化[①]，其本质是一种行政官员或行政部门为了个人利益或部门利益而侵占公共利益的行为，这不符合整体性政府建设的基本价值目标。英国学者帕特里克·邓利维（Patrick Dunleavy）等认为各级政府间或不同职能部门间复杂关系体系的形成和政府决策权的分散分布有关[②]。权力分散分布导致的政府各部门间或政府间关系的复杂化，以及分权化改革引发的行政碎片化，造成政府决策权和决策结果的根本冲突，分散了政府整合决策目标的能力，对政府整体政策效果产生削弱衰减影响。尤其是当分权超出合理范围时，其对政府的决策能力和政策效果构成挑战。分权化所带来的权力、资源等的分散化和碎片化在强化各多元主体自主性的同时，也增加了政府各部门之间开展决策整合和政策执行的难度，为部门本位主义、地方保护主义的滋生提供了温床[③]。而部门本位主义、地方保护主义又会反过来助长权力、资源等的分散化和碎片化，对整体性政府建设目标的实现产生排斥和阻碍。新公共管理理论所倡导的“分权化政府”以权力分散化、碎片化为运行模式，在活跃多元主体的制度空间的同时也加剧了政府治理碎片化。实际中的“分权化政府”并不能走出“一统就死、一分就乱”的逻辑怪圈，分权并非解决政府行政管理问题的良药。所以，对“分权化政府”尤其是对过度分权思想的强调应当适可而止。

整体性治理理论作为对新公共管理理论的一种修正，反对的是新公共管理对过度分权思想和“分权化政府”的信奉推崇。整体性治理并不反对官僚制组织结构，而是寻求利用官僚制组织结构来发挥整合功能。在整体性治理理论看来，官僚制虽然存在不符合现代治理观念的特征，但官僚制严密的组织结构、整体性统合能力是开展治理不可或缺的优势。从整体性治理理论的产生背景来看，其面对的问题是网络信息时代市场化、分权化对政府职能的碎片化分解，整体性治理以打造整体性政府为目标，寻求通过整体性运作来解决政府治理碎片化问题。相比于“分权化政府”，官僚制组织结构更能为整

① 徐信贵．分权化改革下的政府治理碎片化可能及其应对［J］．社会科学研究，2016（3）：13–17.

② 帕特里克·邓利维，布伦登·奥利里．国家理论：自由民主的政治学［M］．欧阳景根，尹冬华，孙云竹，等译．杭州：浙江人民出版社，2007：208.

③ 唐贤兴，田恒．分权治理与地方政府的政策能力：挑战与变革［J］．学术界，2014（11）：5–16.

体性治理的运作提供载体支撑。尤其是官僚制组织结构非人格化的特点，避免人情因素对行政的干预影响，减少了行政决策系统的复杂性。官僚制组织通过一套制度化的规则程序网络运行，通过这套制度化的规则程序网络来明确官僚制组织内部对每项工作的具体职责和权力，并按照专业化的职能分工、自上而下的权力分层、横向的岗位分类来实现层层节制、环环相扣，以维护官僚制井然有序的运行机制。官僚制将组织成员或部门的行为严格限定在岗位责任所适用的规则体系之内，从而使组织成员或部门的行为尽可能摆脱分权化所造成的职责与权力的分块捆绑，确保了官僚制组织事权责任的连续性和稳定性。

官僚制作为以专业化分工为特征的组织结构在政府治理中显示出精确、迅速、统一、协调等优势，这是分权化所不能及的。整体性治理能够借助官僚制组织结构垂直的权力运行模式进行面向社会、市场等私人部门的横向合作，实现不以分权为目的而不失分权化优势的效果。然而官僚制作为西方资本主义工业化大分工时代的产物，是一种基于专业化分工的组织，官僚制下的政府运作模式实行严密的专业化职能分工。政府整体按照专业化职能分工被分割成一个个独立面对特定领域事务的职能部门，当基于分工而形成的职能部门集中关注某个方面的问题时，职能部门就会成为视野狭隘的片面组织[①]。这种片面组织是官僚制专业化分工所引发的政府职能碎片化造成的，片面组织的狭隘性使得政府难以应对市场化、信息化时代的公共事务治理变化，由此产生的是政府治理碎片化的结果。

官僚制是按照职能分工和等级分层来划分权力层级，并加以法律化制度化的组织原则作为组织体系运行的约束条件，尤其是官僚制过分强调制度性的层级节制和行政管理的非人格化，要求官僚制下的政府行政事务依据现成的法律制度进行，确保了政府行政管理体制的连续性和稳定性。但官僚制这种专注于功能理性而忽视价值理性的主张及做法，要求上下级之间的绝对服从，过分强调了官僚制组织行动的一致性，而忽视了个体成员的积极性、主

① 王资峰．职能部门变革的基础论析［C］// 中国行政管理学会．“中国特色社会主义行政管理体制”研讨会暨中国行政管理学会第20届年会论文集．北京：中国行政管理学会，2010：916-927.

动性和创造性，将组织成员视为机械化的行政工具而无视组织成员作为人的情感和想法，使人完全沦为行政命令和行政任务的附庸。官僚制下的政府运作模式缺乏人性化和民主精神，容易造成组织成员或部门的利益固化，为官僚主义、部门本位主义等负面效应的产生提供了客观环境。尽管官僚制组织结构存在诸多缺陷，但整体性治理仍然可以对官僚制组织结构进行改造利用，在重塑官僚制组织结构的过程中实现其功能理性与价值理性的平衡，完成整体性治理对官僚制组织结构理想状态的设定。

（二）横向综合组织结构：修复碎片化强化政府整合力

美国学者凯特·D. F 认为，新时期的政府公共治理要求政府的决策者或者高层管理者能够突破彼此的组织界限[①]。而突破政府管理组织界限的目的是将各种类型零零散散的治理活动，从官僚制组织结构条条块块的职能分工、权力分割、责任分散中解脱出来，实现政府职权责由碎片化走向整合，整合的目的则是使政府能够更有效地回应公众所关心的问题，而不是使公众在各个分散的行政部门之间疲于奔命。整合官僚制组织是应对碎片化困境的重要举措，官僚制组织的特点使其容易形成权力分割、权力壁垒，不利于政府行政事权功能的发挥。尤其是当政府在处理各种跨界公共事务治理问题时，官僚制组织纵向分权的层级结构明显会对协调统一跨界合作治理造成掣肘。有学者认为官僚制的内在缺陷引发政府行政职能的分散和不连贯，造成政府服务视野狭隘、政策内在冲突矛盾、行政资源重复浪费、职能机构叠加臃肿、公共服务分散，严重影响政府从整体上向社会公众提供公共服务[②]。

在官僚制组织结构中，官僚制内在缺陷所引发的政府行政职能分散和不连贯，为各行政职能部门之间的横向协调合作增添了障碍。这就需要从薄弱的横向协调合作机制建设入手，对官僚制组织结构进行重新整合，修复其组织结构中的短板，避免因短板效应而引起的信息失真和沟通不畅等碎片化问题。整体治理在官僚制组织结构的基础上修正过度分权产生的多头等级结构

① 凯特·D. F. 有效政府：全球公共管理革命［M］. 张怡，译. 上海：上海交通大学出版社，2005：63.

② 曾凡军. 从竞争治理迈向整体治理［J］. 学术论坛，2009，32（9）：82-86.

的弊端，提倡一种横向的综合组织结构，这种横向的综合组织结构解决了官僚制层级结构造成的政府行政分层、部门利益固化等问题，更大程度上整合了政府的行动协调能力，为跨界公共事务治理合作提供了便利。权力始终是政府治理的基础，而权力运行的基础仍然是官僚制组织，整合后的官僚制组织并不存在所谓权力转向后的行政职能终结问题。相反，一个面向横向合作的官僚制组织更有利于政府整体性治理。

在整体性治理对横向综合组织结构的定义中，横向可分为内部横向和外部横向两个层面，内部横向就是政府内部各行政部门之间的横向整合，其目的在于消除因部门分割、权力分散而造成的部门本位主义、职能叠加等问题，内部横向最大化整合政府内部治理资源，为整体性政府建立提供基本的框架结构。与内部横向相对应的是外部横向，即建立外部横向综合组织，这里所说的外部是指除政府之外的社会组织、企业、个人等私人部门。与传统官僚制组织面向单一对象结构（上下级之间、部门之间的行政结构）的状况不同，整体性治理对官僚制组织结构的修正，其目的之一就是重塑官僚制组织结构的面向对象，突出官僚制组织结构对社会、市场等私人部门的合作回应与合作吸纳，建立面向外部的横向综合组织，回归官僚制组织结构职能定位的本质，即服务公众需求、满足公共利益。

所以，外部横向综合组织就是要建立官僚制组织结构与社会组织、企业、个人等私人部门的合作联系，官僚制组织结构不仅要对上级或下级各部门负责，更重要的是要对所真正服务的主体负责，即对公众需求和公共利益负责。横向综合组织结构打破了官僚制组织结构面向单一对象结构（上下级之间、部门之间的行政结构）的组织界限，尤其是打破了政府面向社会寻求合作的界限，避免了政府与社会之间隔阂状态的产生。于政府内部的关系而言，横向综合组织的建立对内可以更大限度地整合政府力量，形成统一高效的治理路径，避免部门分权、职能分工等带来的合作障碍，消除官僚制组织结构的不利影响。于政府与外部的关系而言，通过横向综合组织结构，社会组织、企业、个人等私人部门建立与政府的沟通合作机制，确保政府行动取向能够贴近社会实际需求，避免行政主导下的利益寻租，以及部门利益或者官僚利益侵占公共利益等行为的发生。从这个角度看，横向综合组织为政府与社会组织、企业、个人等多元主体形成合作机制提供了平台。

戴维·毕瑟姆（David Beetham）认为科层官僚制下宽上窄的金字塔结构特点，更便于进行自上而下的任务分解和指令传达，而不利于自下而上的信息处理[①]。相比于官僚制等级结构所造成的信息滞后失真等问题，横向综合组织结构通过组织结构的扁平化，将政府治理行动第一时间推向了社会感知的前沿，有效解决了官僚制组织结构所造成的信息滞后失真等问题。横向综合组织结构的这种扁平化特点，确保了信息公平流通，将官僚制造成的制约社会感知的信息障碍问题缩小到合理范围，进而吸引更多的社会力量参与到政府整体性治理活动中，增加政府对各方参与治理的协调度。而协调正是整体性治理的深层内核，也是破解碎片化问题的方法[②]。在实现各方协调的过程中，整体性治理通过上下、左右和纵横等方位的协调来实现政府的综合治理目标[③]，横向综合组织结构在实现各方协调的过程中发挥着重要的功能载体作用。

横向综合组织结构通过对官僚制组织结构进行重新改造，从组织结构上规避官僚制的弊端，最大限度地发挥官僚制组织结构在行动统一、制度规范等方面的优势。横向综合组织结构所确立的政府面向社会组织、企业、个人等私人部门的外部横向，将社会组织、企业、个人等利益相关者的需求意愿纳入政府政策制定和政策执行的程序范围，通过协调各方参与治理为政府吸纳融合社会力量提供平台和载体，这与传统官僚制组织结构行动非人格化所带来的人本考虑缺失的问题形成鲜明对比。横向综合组织结构是对传统官僚制组织结构的一种理念性颠覆，但横向综合组织结构仍然借助的是官僚制组织结构的基础，离开了官僚制组织结构，横向综合组织结构的建立也就失去了意义。所以，作为整体性治理载体的横向综合组织结构，在结构基础上和官僚制组织结构具有内在联系。对横向综合组织结构的理解和把握，必须建立在对官僚制组织结构充分认识的基础上。

① 戴维·毕瑟姆．官僚制［M］．韩志明，张毅，译．长春：吉林人民出版社，2005：10.

② 曾凡军．论整体性治理的深层内核与碎片化问题的解决之道［J］．学术论坛，2010，33（10）：32-36，56.

③ POLLITT C. Joined-up Government：a Survey［J］. Political Studies Review，2003（1）.

（三）牧区基层整体性治理的载体路径：重塑官僚制组织结构

在韦伯看来，官僚制组织结构是一种基于法理权威的权力支配方式，这种权力支配方式高度依赖规则、制度、程序等约束原则进行。脱离了规章制度、法理程序，官僚制稳定、统一的组织结构特征也就不复存在。从官僚制组织结构的特点来看，公众对官僚制组织结构的服从源于对其所奉行的高度理性、制度化、分工合理的组织结构的认可，官僚制组织结构的这些特点正是获得社会公众信任的基础。然而，当官僚制组织结构所扎根的社会环境基础发生变化时，官僚制的组织结构特点就容易成为制约其灵活性的一种障碍。尤其是在信息时代，网络化社会治理的复杂程度已远远超过官僚制组织结构所能处理的能力范围，人们需要理性、制度化、法理化的官僚制组织，也需要官僚制组织为应对社会发展变化和多样性的社会公众需求做出变革调整。网络化社会治理的到来，促使政府治理模式在运行过程中重新对官僚制组织结构进行改造利用。在整体性治理所倡导的政府治理模式中，采用整体主义的整合思路重塑官僚制组织结构，将官僚制组织结构等级分层的垂直结构转向横向综合组织结构，以回应解决官僚制组织结构在跨界公共事务治理中存在的碎片化组织结构问题。横向综合组织结构将政府从狭隘的官僚利益或部门利益中纠正出来，建立面向政府各行政部门之间的内部横向整合，以及政府与社会组织、企业、个人等私人部门之间的外部横向整合，重塑政府与社会公众的信任基础。

于牧区基层政府而言，官僚制是政府治理运行的基本载体。离开了官僚制组织结构，政府各项治理职能的发挥寸步难行。但随着信息化网络化技术的变革，传统官僚制组织结构无法有效应对各类复杂的社会治理问题。牧区基层治理的关键还是政府自身治理能力的提高，而基层政府治理能力的提高首先要解决自身组织结构与社会治理需求变化不适应的矛盾。解决这个矛盾，要面向构建横向综合组织结构的目标调整改造官僚制组织结构：一个方面要消除官僚制组织结构对牧区基层政府内部的掣肘，解决部门分割、职责混乱、利益共谋等问题，整合政府内部横向治理资源，建立面向共同事权的跨部门合作机制；另一个方面要消除官僚制组织结构对政府与社会、市场等私人部门建立跨界公共事务治理合作机制的限制，整合政府与社会之间的治理资源，为政府与社会互动合作搭建载体平台。

早在2008年《中共中央关于推进农村改革发展若干重大问题决定》中就提出："完善与农民政治参与积极性不断提高相适应的乡镇治理机制。"[①] 基层群众政治参与是农村改革发展走向现代化的重要标志，而在我国广大农村地区，基层政府掌握着基层治理的绝对话语和权力。基层群众政治参与积极性的提高取决于基层政府治理能力建设水平，所以推进基层群众政治参与必须解决好基层政府治理能力建设的问题。官僚制组织结构是基层政府治理能力建设的主要载体，也是一种理性的治理模式，但这种理性也有走向反面的可能，即将权力制度化运行的理性沦为以权谋私的不理性，将实现公共利益最大化的理性偷换成追逐部门利益或私人利益最大化的不理性。政府治理的基础在于权力，而权力运行又高度依赖官僚制组织结构，官僚制组织结构犹如一把双刃剑，对其利用和把握的好坏程度直接决定了相关事物的发展走向。利用得好可以起到推进基层政府治理成效的作用，利用得不好则会阻碍基层政府治理能力建设。从基层群众政治参与积极性提高的角度看，解决官僚制组织结构弊端，使之倒向有利于基层政府治理能力建设的方向进行改进，是提高基层群众政治参与积极性的重要途径。

横向综合组织结构打破了官僚制组织结构面向跨界公共事务治理的合作障碍，为基层群众政治参与提供了保障。尤其是政府与社会组织、企业、个人等私人部门之间的外部横向整合，为基层群众进行利益诉求表达、公共事务治理参与等提供了渠道，这是横向综合组织结构推进基层政府治理能力和治理机制创新的重要方面。从制度建设的角度看，横向综合组织结构是一种制度性的改革，它从制度安排上为矫正官僚制弊病、提高公众政治参与意识建立了机制通道。长期以来，传统官僚制影响下的牧区基层政府掌握着行政事务的绝对话语权和决策权，广大基层群众缺乏机制化的话语表达渠道，这也就使得牧区基层政府的治理行动更多的是源自经验主义的自我表达，而缺乏对社会公众实际诉求的真实吸纳和融入。横向综合组织结构打破了官僚制束缚下基层群众被动参与或形式参与的局面，从制度上为基层群众利益诉求

① 中共中央关于推进农村改革发展若干重大问题决定［EB/OL］. 中华人民共和国中央人民政府网，2008-10-19.

表达和政治参与提供了渠道基础。

政府内部各职能部门作为分工明确的各个版块，一定程度的分权有益于其职能作用的发挥。但是如果分权演变成一种为争夺部门利益而进行合作排斥的行为，那么分权化就会影响政府整体执行力的发挥，降低政府整合力，造成政府组织结构内散外松，制约政府内部的统一协调能力。横向综合组织于牧区基层政府内部而言，在处理好政府内部分权的同时不影响政府整合力的发挥。横向综合组织结构能够做到政府内部各职能部门间的分权分工而不分力，既能满足官僚制组织结构对政府内部职能分工的要求，又能确保各职能部门对政府整体目标实现的统一协调。横向综合组织结构是对官僚制组织结构所存在的"分工即分权即各管一片"等部门壁垒现象的一种修正。面向政府内部各职能部门的横向综合组织结构提高了政府整合力，减少了官僚制组织结构所造成的部门利益固化、职责交叉扯皮，以及基层政府利益共谋等问题。横向综合组织结构的外部即建立政府与社会的合作机制，是处理跨界公共事务治理碎片化问题实现多元协同治理的一种尝试。但这里横向综合组织结构并没有通过削弱政府治理中心地位的方式来实现跨界公共事务治理合作，而是通过整合组织结构更好地增强政府内部的整合力，以及政府与社会、市场等私人部门的合作基础。牧区基层政府作为社会公共利益的代言者，其代言社会公共利益的能力取决于其行政动机，而行政动机又和官僚制组织结构的特点紧密相关。官僚制作为高度非人格化、制度化的组织结构，其遵从的行为逻辑是等级分权、职责分工，由此造成其行政动机的权力屈从倾向。在权力屈从倾向的驱使下，政府行动更容易倒向政绩利益的一边，而非社会公共利益。行政动机的权力屈从倾向违背了牧区基层政府作为社会公共利益代言者的形象，造成政府与社会在跨界公共事务治理合作上的互不信任。

整体性治理强调发挥政府作为治理行动中心的引领作用，也提倡给予社会参与充分的自主性，以提高政府动员吸纳社会治理参与的能力，这其中，横向综合组织结构发挥着重要的载体功能。横向综合组织结构通过建立跨界合作直面社会公共利益需求，将政府从面向单一对象结构（上下级之间、部门之间的行政结构）的状况中解脱出来，回归到面向政府内部、政府与外部的轨道上来。牧区基层政府在治理活动中，不能仅满足于对上级文件命令的执行完成情况，更要看执行效果是否得到牧区群众的认可，是否令牧区群众满意。政绩利益观导向下的官僚制组织结构只需对上级文件命令负责，具体的执行效果和社会公众的满意情况往往是官僚制组织所忽视的地方。牧区基层政府的主要负责对象是广大牧区群众，执行完成上级文件命令是牧区基层政府的一个层次，但不能仅停留在这个层次，执行效果满足群众利益需求才是衡量牧区基层政府负责态度的关键。要想确保牧区基层政府治理贴近群众、服务群众、满足群众，必然要求基层政府治理活动融入社会，而横向综合组织结构则是实现政府与社会互通感知、提高公众政治参与水平的一种理想载体。

四、牧区基层整体性治理的技术维度：数字化网络化治理

地方政府能力建设的核心是治理能力建设，推动地方政府治理能力建设要运用创新思维，通过创新治理方式和治理工具，将政府的权力运用能力转化为应对社会发展的治理能力[①]。整体性治理聚焦于将具有创新性的治理方式和治理工具应用在地方政府治理能力建设中，是一种建立在对行政权力碎片化、公共服务碎片化、治理空间碎片化整合基础上的治理技术革新，整体性治理反映了信息时代公共管理技术工具的发展需要。当前牧区基层政府在治理能力建设上，仍处于传统人力治理向数字化网络化治理的过渡期，创新牧区基层政府治理方式和治理工具的任务仍然艰巨。推进以数字化网络化为目标的牧区基层政府治理技术革新，满足牧区基层政府治理能力建设对治理方式和治理工具创新的要求，是当前“互联网 +”背景下牧区基层政府能力建设的一种趋势。

牧区基层政府治理能力建设需要治理方式和治理工具创新，而治理方式和治理工具创新的关键是发挥人的因素，其中最重要的是发挥基层干部在治理方式和治理工具创新中的主动性，引导传统人治因素面向治理方式和治理工具创新进行结合转变。基层干部队伍是牧区基层政府推进治理技术革新的基本力量，建设一支具备现代治理思维、掌握现代治理技术的干部队伍能够

① 周平 . 地方政府能力建设必须创新思维［N］. 人民日报，2015-08-30（7）.

使基层政府治理面貌焕然一新。从党群关系、干群关系的角度看，牧区基层干部的治理能力和治理水平直接关系着党的政策方针在基层群众中的贯彻践行情况，好的治理方式和治理工具的运用能够增加群众对政府的满意度和信赖感，其效果对党的群众基础和执政地位的稳固有重要影响。牧区基层政府治理能力需要适应客观事物发展变化的需要，基层干部队伍建设也要适应客观事物发展变化的需要，牧区基层整体性治理对技术维度的要求，强调了人的因素和技术因素的结合创新在政府治理能力建设中的重要性，为引导牧区基层干部队伍朝着现代治理需求的方向建设提高，推动牧区基层政府治理方式和治理工具适应社会治理发展变化提出了创新思考。

（一）两种治理技术的比较：人力治理、网络化治理

传统官僚制下的牧区基层治理更主要的手段是借助经验式的人力治理，人力治理靠的是行政官员的行政经验和个人意志，内含较多的个人主观因素和经验成分，使得制度机制很难对其形成有效约束，为行政官员在治理活动中发挥人为弹性钻制度空子制造了可能。从权力腐败的角度看，人力治理具有明显的个人主义色彩，容易养成行政官员懒政、怠政和为官不为等行为心理。牧区基层政府人力治理的特征主要体现在两个方面：第一个方面是行政官员在政策执行过程中采取“以不变应万变”的经验模式，以多年积累的“模式化”的基层工作经验应对发展变化中的客观情况，而丝毫不求治理方式和治理工具的创新变通；第二个方面是行政官员在政策落实环节采用“上有政策下有对策”博弈策略，弹性应对上级政策指挥棒，而不考虑政策落实过程中出现走形变样所带来的问题后果。从这两个方面的表现特征来看，人力治理带有明显的行政官员个人主义倾向，是一种为规避风险而采取保守策略的消极怠政行为。

具体来讲，人力治理表现特征的第一个方面主要是，长期的牧区基层工作经历容易使一些官员形成对自我职业能力和工作经验的过度自信，进而引发官员对牧区基层工作“轻车熟路”的经验主义心态。在持经验主义心态的官员看来，胜任牧区基层工作不一定需要多么精通业务和拥有多么高超的职业能力，只需要凭借自身积累的多年基层工作经验就足以应对实际工作需要。

在经验主义心态的影响下，能力强、胆子大、敢创新的基层干部远不如经验丰富、做事保守的基层干部更受上级青睐，由此引发对保守型官员和创新型官员孰优孰劣的评价争辩。工作经验对牧区基层干部而言固然重要，但经验并不能完全代表能力，只重视经验而轻视能力创新只会对牧区基层干部治理能力建设形成错误导向。而“唯经验是举”的基层干部评价行为则无疑会助长不思进取的官僚主义风气，长此以往会产生“劣币驱逐良币”的效应，对牧区基层干部队伍建设和牧区基层政府治理能力建设构成不利影响。

经验主义心态及其负面影响的形成根源于牧区基层政府传统的人力治理范式，这种心态滋生懒政、庸政、怠政等不为型腐败问题，其思维逻辑仍然是官本位。面对信息时代复杂多变的社会环境，基层政府或干部仅仅依靠工作经验难以妥善应对解决现实问题。并且这种经验主义心态的误导只会造成基层政府或干部自我认识和自身能力的滞后，进而直接影响到牧区基层干部队伍建设和牧区基层政府治理能力建设。尤其是牧区作为贯彻落实中央“治边治疆治藏方略”、总体国家安全观、“一带一路”倡议和乡村振兴战略等的重点区域，担负着重要的治理责任和治理任务，这些因素对牧区基层政府和基层干部的治理能力、治理水平提出了更高要求。所以，面对国家治理体系和治理能力现代化的要求，牧区基层政府和基层干部的治理能力不能仍停留在满足“维稳求生欲”[①]的状态，不能继续抱守“以不变应万变”的思维方式来拒绝治理方式和治理工具创新。

人力治理表现特征的第二个方面，主要体现在一些牧区基层政府对简政放权、服务型政府建设、“互联网 + 政务”等促进政府职能转变的改革措施落实不够到位。牧区基层政府是具体的政策执行单位，基层政府的政策落实和履职情况直接关系到群众对政策的满意度和对政府的信任感。从地方政府结构层级上看，牧区基层政府处于地方政府行政的末梢，是最能真实感知牧区群众利益需求的基层政权组织，所以说牧区基层政府的治理能力和治理水平直接影响牧区群众对基层政权的满意度。在牧区基层政府“上有政策下有对策”的弹性应对操作中，政策落实的结果并不能完全保证满足群众的需求期

① 这里笔者用“维稳求生欲”来定义基层干部“怕出事不干事”“无过便是功”等不为型腐败心理。

待。尤其是牧区基层群众对现代服务型政府的期待，需要基层政府紧跟政府职能转变政策调整的要求进行自身行政服务改革，最大化落实精简行政流程、服务群众的职能改革政策。

网络化治理的概念就是以治理方式和治理工具创新来赢得群众对政府行政服务的满意和信任。与人力治理相比，网络化治理的最大特点就是创新性、便捷性和高效性。网络化治理在人力治理的基础上更加突出技术应用的价值，旨在改变传统人力治理对人员规模和人员组成的依赖，转向对技术工具和技术创新的依赖。如果说人力治理主要在于发挥人在组织结构中的行动支撑作用，那么网络化治理则是强调运用技术工具来调动人的行动潜能，提升人的行动绩效。简单地说，网络化治理就是充分利用技术手段减轻人的工作负担，提升人的工作效率，进而增加治理效果的满意度。尤其是网络化治理通过数字网络技术创新治理方式和治理工具，促进政府行政流程和行政服务趋于人性化。针对人力治理所带来的弊端，网络化治理提出通过数据信息代替复杂烦琐的流程和重复叠加的人力成本，实现牧区基层政府治理方式、治理工具和治理操作的符号化、数字化，最大限度给予群众满意的行政服务。

总结起来，网络化治理可以分为两个方面的具体内容：一是网络治理关系的建立，二是网络化治理技术的应用。在网络化治理理论的代表人物斯蒂芬·戈德史密斯等看来，网络化治理模式下的政府并非依靠传统意义上的公共部门雇员，而是依靠由各种伙伴关系、协议关系和同盟关系所构成的网络来从事并完成各项公共事务①。在网络化治理模式下，政府通过与各种治理主体建立伙伴协议等网络关系即网络治理关系，实现治理活动半径的扩大。网络治理关系的建立为治理主体参与基层政府治理活动提供了互动机制，形象地讲就是搭建起政府与各种治理主体的交互网络，形成政府与各种治理主体的伙伴关系。而网络化治理技术是对网络化治理关系的一种路径优化，其目的是更新传统人力治理型政府的行政策略，引导人力治理型政府为适应新的治理结构形态而创新治理方式和治理工具。

① 斯蒂芬·戈德史密斯，威廉·D. 埃格斯. 网络化治理：公共部门的新形态［M］. 孙迎春，译. 北京：北京大学出版社，2008：6.

网络化治理相比于人力治理更加强调网络治理关系和网络化治理技术在牧区基层政府治理活动中所发挥的作用。牧区基层政府治理的主要事项都是涉及牧区群众民生生活领域的实际问题，而这些问题的解决除了依靠政府强有力的行政手段外，还要依靠政府网络治理关系的健全和网络化治理技术的创新。而网络治理关系和网络化治理技术正是网络化治理推进牧区基层政府治理方式和治理工具创新的优势所在。其中，网络治理关系为便捷式行政服务提供了所需要的制度化渠道，直接决定着牧区基层政府的治理活动能否贴近群众的实际需要，健全的网络治理关系保证了政府和群众之间信息的互动畅通，为牧区基层政府达成各项治理目标提供基本的网络架构。而网络化治理技术直接关系着牧区群众对政府工作的满意度，网络化治理技术的应用进一步确保了行政手段精简便民，同时也满足了牧区基层政府治理方式和治理工具创新的需要。

网络化治理相比于人力治理最突出的特点是信息便捷、服务贴近，更加强调便民服务，牧区本身活动空间较农区更为分散、宽阔，这种空间特征给牧区基层政府治理活动增加了时空距离的困难，但网络化治理技术的应用为解决这一地理限制提供了更多的办法。网络化治理通过网络治理关系和网络化治理技术，可以及时迅速地建立牧区基层政府和群众的联系，使得牧区群众生活中所遇到的实际问题和困难能够通过网络化信息平台传递反馈给基层政府。尤其是在遇到一些突发性事件如突发疫情、突发自然灾害等时，网络化治理技术可以通过互联网终端平台等网络化渠道为党政群建立及时有效的沟通联系，确保将真实有效的政策信息及时传达给牧区群众，最大程度消除谣言、恐慌等对社会稳定的影响，维护突发事件下的社会秩序。同时，网络化治理技术的应用也有利于群众及时掌握党和政府的政策动态，提高牧区群众的政治参与意识。综合来看，网络化治理取代传统人力治理的过程中，在信息传递、资源整合、公众参与、社会动员等方面将发挥更大的作用。

（二）数字化网络化治理：牧区基层治理技术的整合变革

无论是传统人力治理还是数字化网络化治理，其所面对、解决的问题都具有一定的针对性。总的来看，二者都是应用于具体客观问题的一种治理技术手段。对数字化网络化治理而言，其所针对解决的具体客观问题表现出鲜明的历史延续性。有学者认为无论是传统公共行政还是新公共管理，政府的职权责一直都处于碎片化的状态[①]。数字化网络化治理所针对解决的碎片化问题，并非传统公共行政时代所独有的问题，而是从传统公共行政时代延续至新公共管理时代的一种共性问题。政府职权责碎片化最突出的表现就是政府各部门之间、上下级之间存在的以部门利益左右公共政策的制定实施。职权责碎片化状态的政府必然带来碎片化的治理结果，这也正是传统人力治理所无法摆脱的困局。整体性治理基于技术维度提出数字化网络化治理，以修正政府机构、权力、公共服务等的碎片化问题，推动职权责碎片化的政府向整体性政府转变。作为一种治理方式和治理工具创新的手段，数字化网络化治理不拘泥于改进政府治理活动的操作、程序和模式，而是从结构形态上对政府行政过程进行重新定义，通过技术手段推动政府治理方式和治理工具创新。

传统人力治理的局限性使得其无法解决、摆脱碎片化政府的弊端，人力治理在面对复杂多样的公共事务治理问题时，造成各职能部门之间协调、沟通、合作的缺乏，进一步使得本已碎片化的政府难以达成整体性政策目标[②]。有学者指出中国式“碎片化政府”具有明显的体制性结构特点，是行政体制内各行政层级之间、行政部门之间、行政业务之间，长期按照职能划分实行条块分割式管理，所形成的政府分散与分割状态[③]。简单地说，碎片化政府就是指政府行政层级、行政部门和行政业务之间的分散分割。根据国内学者对“碎片化政府”的这个定义来观察牧区基层政府的碎片化现象可以发现，牧区基层政府面对的是各行政层级、行政部门和行政业务的职责交叉，而传统人力治理方式仅使政府的行政资源、行政信息、行政力量停留在条块分割的垂直扩散状态，不利于行政层级、行政部门和行政业务之间扁平化的协调合作

① 唐兴盛．政府“碎片化”：问题、根源与治理路径［J］．北京行政学院学报，2014（5）：52-56.

② PERRI 6，LEAT D，SELTZER K，et al. Towards Holistic Governance：The New Reform Agenda［M］. New York：Palgrave，2002：33.

③ 曾维和，杨星炜．宽软结构、裂变式扩散与不为型腐败的整体性治理［J］．中国行政管理，2017（2）：61-67.

机制的形成。牧区基层政府处于地方政府结构体系金字塔的基底，承担着具体细致的政策执行工作，职责任务较重而行政配置较低，素有“上面千条线下面一根针”的形象比喻。牧区基层政府职责任务的重要性与职权责碎片化的现实窘境极不相符，而人力治理对解决此类矛盾的乏力表现，为数字化网络化治理的介入提供了可能。

通过数字化网络化治理的应用整合牧区基层政府治理体系，从技术层面建立牧区基层政府行政服务网络管理系统，最大限度地提高牧区基层政府对公共事务治理的能力和效率，使牧区基层政府应对各项公共事务尤其是突发性问题时能够具备快速响应、动员能力，提升牧区基层政府政务服务信息化建设水平，以消除传统人力治理方式所造成的政府公共服务碎片化。在传统人力治理模式中，牧区基层群众很难通过非制度化的渠道把自己的诉求直接反映给当地政府，而制度化渠道由于门槛限制又很难覆盖到大部分基层群众。对大部分牧区基层群众而言，他们最多可以通过基层群众自治组织（村委会或居委会）来表达诉求、反映问题，但这种途径所能起到的作用又微乎其微。牧区基层群众自治组织（村委会或居委会）非政府权力机关的尴尬地位，决定了其不具备行政执法权和行政裁判权，因而也就难以真正有效地解决基层群众所反映的大部分问题。数字化网络化治理通过互联网信息技术实现牧区基层政府和基层群众的直接对接，有效地解决了基层群众在反映诉求、表达意见等方面渠道不足的问题，更好地实现了党政群之间的沟通互动，这也正是数字化网络化治理相比于传统人力治理在基层群众政治参与等方面所具备的优势。数字化网络化治理既是牧区基层整体性治理的技术工具也是其实现路径，整体性治理强调治理方式和治理工具创新，而数字化网络化治理的应用能够为牧区基层整体性治理提供技术支撑。

整体性治理要求牧区基层政府在应对复杂多样的公共事务治理问题时能够精确锁定社会公众的利益需求，减少职责交叉、职责分离、行政扯皮、行政不作为等碎片化问题对政府公共服务能力的影响。数字化网络化治理在牧区基层整体性治理建设中，通过技术创新来推动治理方式和治理工具创新，实现对牧区基层政府治理体系的重新整合，为牧区基层政府发挥公共服务能力、精准回应公众需求提供了保障。数字化网络化治理的应用搭建起牧区基层政府和基层群众的无缝隙对接网络，推动牧区基层政府将行政服务下沉到基层一线贴近基层群众，实现基层政府行政服务临民。数字化网络化治理在整合牧区基层政府治理体系的同时，也通过技术手段缩短拉近党群干群之间的时空距离，有效解决了牧区基层治理中的空间碎片化难题。以西部牧区Q县为例，全县面积2.5万多平方千米，差不多相当于中部地区两三个地级市的面积，而Q县境内辖区面积较大的乡镇J乡面积相当于中部地区的若干个县，全乡常住人口却只有不到三千人，属于典型的地广人稀。牧区地广人稀的空间状态为基层政府在行政辖区范围内实施有效快捷的行政管理和公共服务造成了困难，仅靠传统人力治理的方式难以精确掌握分散、多样的牧区群众需求。要想确保牧区基层政府政策目标朝向精准回应牧区群众需求的方向，需要数字化网络化治理提供技术支撑，实现牧区基层政府和基层群众之间信息资源的有效对接整合，以便牧区基层政府更好地提供公共服务。

网络化治理通过技术手段的应用推动治理方式和治理工具创新，整合牧区基层政府职能交叉、多头行政等碎片化缺陷，推动牧区基层政府事权和职权的统一。针对牧区基层政府中存在的"事多人少"行政负担重的问题，网络化治理通过整合行政事务项，实现各职能部门的统一协调，促进牧区基层政府中人员和事务的匹配优化。如在牧区基层政府精准扶贫工作中，针对不同的扶贫事项，如扶贫款项的审批使用、扶贫物资的分配发放、扶贫对象网格化帮扶管理等，通过网络化治理提供的技术服务实现办事流程和管理的信息系统化，合理地确定人员办事流程和相关信息数据库，对人员和事项进行科学的调度匹配，避免人员繁杂、事项交叉，让合适的人办合适的事，确保扶贫工作开展的精细化、责任化。网络化治理在对牧区基层政府治理体系的整合过程中，面对具体的事项定岗、定责、定人，避免因职责交叉混淆而造成一哄而上或责任推诿，造成工作落实不到位。网络化治理通过推动牧区基层政府治理方式和治理工具创新，实现人、事、权、责的配置优化，提升了牧区基层政府应对、解决复杂公共事务治理问题的能力。

（三）牧区基层整体性治理的技术路径：以数字化网络化治理提升行政效能

行政效能是体现牧区基层整体性治理成效的一个重要指标。对牧区基层政府而言，行政效能具体体现在办事能力和办事效率上。而牧区基层政府的办事能力和办事效率，又高度依赖行政人员的能力素质水平和行政配套设施的完善。我国广大西部地区尤其是牧区长期以来受制于财力、物力、人力及社会发展状况，对基层政府行政人员能力素质和行政配套设施的建设滞后。尤其是在推进牧区基层政府“互联网＋政务服务”建设提升行政效能方面明显存在差距，如笔者在西部牧区Q县的走访调查中发现，在一些地处偏远且靠近边境地区的乡镇，由于乡政府距离县政府较远，在网络基础设施建设等方面比较落后，并且乡政府行政人员的能力素质参差不齐，整体存在基本网络化办公能力和水平不高的问题，这些情况严重制约牧区基层政府行政服务能力和行政服务效率的提升。数字化网络化治理在提升牧区基层政府行政效能方面能够发挥技术优势，特别是数字化网络化治理推动现代化信息数字技术在政府行政服务中的应用，打破了传统治理条块分割的局限，释放出巨大的治理效能，实现了社会治理创新的科技赋能①。数字化网络化治理以治理方式和治理工具创新驱动牧区基层政府人员、流程、服务等的行政效能提升，进而推动牧区基层政府整体治理效能提升。数字化网络化治理对牧区基层政府行政效能的提升主要体现在三个方面：一是对牧区基层政府行政人员行政服务能力的提升；二是对牧区基层政府行政服务流程的简化；三是对牧区基层政府行政服务理念的培育。

数字化网络化治理对牧区基层政府行政人员行政服务能力的提升，主要体现在数字化网络化治理作为整体性治理的技术手段，能够训练、提升牧区基层政府行政人员的职业能力素质。从技术角度讲，数字化网络化治理具有一定的技术门槛，这就要求行政人员具备相当的职业技能来掌握网络化行政服务流程。牧区基层政府相比于发达地区基层政府通常处于行政人员队伍建设的洼地，普遍缺乏“引育留”高学历、高素质年轻干部的条件，这种人才

① 程铁军．科技赋能社会治理创新［N］．安徽日报，2020-01-07（6）．

困境现象造成牧区基层政府行政人员职业能力素质整体较低。在一些行政设施条件相对落后的牧区基层政府，行政人员普遍缺乏熟练掌握运用网络化办公的技能，缺乏专业化的日常网络运维人员，对政府公众号平台、门户网络信息平台等互联网终端的使用、维护和管理缺乏规范。牧区基层政府日常网络化办公时常处于休眠状态，“互联网+政务服务”在政府行政服务中得不到应用和体现。从问题根源上看，缺乏具备熟练的网络信息技术应用能力的行政人员队伍，仍然是制约牧区基层政府行政服务效能提升的关键。牧区基层政府数字化网络化治理最终要由人来掌握，整体性治理对官僚组织的重塑也包含着对官僚组织成员职业能力素质的训练提升，只有在牧区基层政府行政人员职业能力素质和数字化网络化治理的要求相匹配的情况下，才能发挥治理工具和治理方式的创新驱动作用。

数字化网络化治理提升牧区基层政府行政效能的第二个方面是对基层政府行政服务流程的简化。传统人力治理可以形象地比喻为“干部群众跑断腿”，信息资源的传递交流以人为主要媒介载体。而现代海量信息时代的到来，使得各种信息资源已超出人力治理所能负荷的范围。在这种情况下，采用数字化网络化治理实现信息资源多跑路，打通牧区基层政府行政效能提升的“最后一公里”，才是应对、解决信息资源负荷问题的现实方法。尤其是智能通信终端设备的普及和4G、5G通信技术的应用，进一步推动了全民移动互联网络时代的到来。在社会高度移动互联网络化的条件和背景下，牧区基层政府行政服务流程也应该充分借助数字化网络化技术进行简化优化。牧区基层政府行政服务既要讲究速度效率也要兼重服务质量，数字化网络化治理对牧区基层政府行政服务流程的精简能够实现效率和服务的兼容。数字化网络化治理通过网络信息技术建立“互联网+政务服务”平台，系统化改造提升牧区基层政府行政服务流程，方便牧区基层群众办事对接。同时，“互联网+政务服务”平台所特有的线上操作模式有效降低了牧区基层政府的办事成本和基层群众的办事门槛，激发了牧区基层群众的政治参与积极性，更符合牧区基层政府和基层群众沟通互动的现实需要。

数字化网络化治理对牧区基层政府行政服务流程的简化符合整体性治理以公众为中心的原则理念，满足了牧区群众对现代服务型政府的要求期待。

牧区相比于农区在人口的地理空间分布上更为分散，如在Q县J乡所辖的各个行政村或牧民定居点中，最远的行政村距离J乡政府所在地超过150千米，这种乡镇政府与辖区村庄的空间距离远非农区可比，空间距离的限制消解了人员奔波于乡政府和居住地的积极性，对牧区基层政府和基层群众办事造成极大的不便。而数字化网络化治理通过技术手段解除空间距离的限制，依靠远程网络服务缩短人员空间上的距离，简化了牧区群众的办事环节和流程，更加符合整体性治理以公众为中心的原则理念和现代服务型政府的建设目标。牧区基层整体性政府建设离不开数字化网络化治理的应用，而牧区基层政府行政环境和行政服务的特点，也决定了提升政府行政效能必须以治理方式和治理工具创新为目标，推动数字化网络化治理的应用。数字化网络化治理的应用符合牧区基层政府行政服务现代化的现实需要，对牧区基层政府行政效能提升具有积极意义。

然而任何一种治理模式终归都是对人的公共行为所进行的理念培养和精神塑造。所谓良法善治，治理的终极意义在于对社会公共精神的培育。数字化网络化治理在秉持工具理性的同时也宣扬价值理性，以治理方式和治理工具的变革创新推动公共治理理念的塑造，从内涵层面培育牧区基层政府的公共行政理念和公共服务精神。数字化网络化治理是一种公共部门和私人部门为实现共同的公共目标而采取联合行动的治理模式①，数字化网络化治理的特点是公共利益基础上的公私合作。从治理模式的价值角度看，数字化网络化治理本身包含着为实现社会公共价值而进行政社合作的理念，在这种理念主导下的治理模式必然要求政府主动改进同社会的关系，以适应数字化网络化治理所带来的治理结构体系变化。数字化网络化治理作为整体性治理对官僚制中传统人力治理模式的一种改进和修正，主张多元治理主体从等级制和市场化关系转向网络化和伙伴关系，实现公私部门治理共享和治理共识②。数字化网络化治理是一种面向公私部门合作关系建立的新型公共治理模式，其核心价值理念是合作、伙伴、共享、共识。数字化网络化治理在对牧区基层整

---

① SORENSEN E, TORFING J. Making Governance Networks Democracy [R]. Roskilde: Roskilde University, 2004.

② 陈剩勇，于兰兰. 网络化治理：一种新的公共治理模式 [J]. 政治学研究，2012 (2): 108-119.

体性治理框架结构进行实践的同时，也培育塑造着牧区基层政府的行政服务理念，引导牧区多元治理主体实现关系转向，实现公共部门和私人部门之间的治理共享，重塑二者之间的治理共识。

数字化网络化治理对官僚制中传统人力治理模式而言是一种行政技术或行政模式的革命，这对牧区基层政府行政效能提升影响深远。从数字化网络化治理所指向的政府治理方式和治理工具创新来看，数字化网络化治理主要对政府行政服务和行政效率构成影响。数字化网络化治理对政府行政效率的影响比较明显，而对政府行政服务的影响主要体现在拓展了政府职能转变和体制变革的思路及内容，促进了政府角色作用的重新定位及面向治理的转型[①]。具体来讲，数字化网络化治理作为面向公私部门合作的公共治理模式，其行动导向建立在协商理性的基础上[②]，而协商的过程必然要求牧区基层政府进行治理权限的下放与共享，尊重治理结构中多元治理主体的地位，给予公众意见表达的充分渠道和保障，使多元治理主体通过制度化的网络化治理框架实现自我治理[③]。协商的一系列过程考验着牧区基层政府对待公权力的认识和态度，促进政府职能转变和政府治理转型，使原本来源于社会而凌驾于社会之上的政府权力重新回归到与社会合作共享之中，达成政府与社会的协商理性，进而引导牧区基层政府行政服务理念的重构。数字化网络化治理的外向型成员扩散机制要求吸纳多元的治理主体参与政府治理活动，数字化网络化治理将牧区基层政府的行政服务直接引入社会参与、社会监督、社会共享的体系中，使得政府不得不面对来自社会力量的监督制约，政府要想发挥数字化网络化治理的优势必然要接受多元治理主体，而多元治理主体又会反过来强化数字化网络化治理的协商理性。所以，从协商理性的角度讲，数字化网络化治理通过影响政府的职能转变、体制变革和角色作用等方面来影响政府行政服务。

---

① SORENSEN E, TORFING J. Making Governance Networks Effective and Democratic through Meta-governance[J]. Public Administration, 2009, 87 (2): 234-258.

② SCHARPT F W. Games Real Actors Could Play: Positive and Negative Coordination in Embedded Negotiations[J]. Journal of Theoretical Politics, 1994, 6 (1): 27-53.

③ SORENSEN E, TORFING J. Making Governance Networks Effective and Democratic through Meta-governance[J]. Public Administration, 2009, 87 (2): 234-258.

第三章

个案研究：西部牧区 Q 县碎片化治理问题和整体性治理分析

第一节　西部牧区 Q 县概况及碎片化治理问题

一、西部牧区 Q 县概况

本研究选取西部牧区 Q 县作为案例调查地点，结合整体性治理的多维分析指标对 Q 县碎片化治理问题进行现状扫描和特征比较，并提出牧区基层整体性治理的多维图式。从地理方位和自然环境上看，Q 县是西部牧区典型的纯牧业县和少数民族聚居县，全县总面积2.55万平方千米，约占所在地市辖区总面积的一半，该县北部拥有长达104千米的边境线。全县属于干旱半干旱草原过渡带，拥有牧区20843平方千米、农区4670平方千米，农牧区比例将近1：5，属于农牧经济结合以牧业经济为主的县。从常住人口民族结构上看，Q 县以蒙古族为主要少数民族，汉族占人口多数。截至2018年年底的统计数据显示全县总人口20.4万，其中蒙古族人口1.9万。在城乡人口分布结构上，Q 县地广人稀，城乡以及农牧区之间人口分布不均衡，2004年的统计数据显示全县平均每平方千米人口分布为9.11人，其中牧区平均每平方千米人口分布为1.29人，农牧业人口占全县总人口的83%[①]。

① 资料来源：根据 Q 县档案史志局编纂的 Q 县志年鉴等相关资料整理得到。

作为传统牧区，因地形、土壤、水系、降水等条件的差异，Q县境内草原从北向南依次呈现草原化荒漠、荒漠化草原、干旱草原三种草原形态。自20世纪80年代以来，Q县境内草场开始出现退化、沙化等严重生态环境恶化问题。针对草原生态资源保护治理问题，Q县陆续开展实行“退耕还林还草”“禁牧舍饲或轮牧”等草原生态系统修复措施，并根据《中华人民共和国草原法》等法律法规划定“禁牧区和草畜平衡区”的范围，其中Q县中部牧区1117万亩草原面积划入“草畜平衡区”的范围，执行国家草畜平衡、轮封轮牧的政策，在“草畜平衡区”以外的其他牧区则全年实行严格的禁牧舍饲，并建立了“禁牧和草畜平衡”巡查制度。

Q县牧区自然生态环境以草原生态系统为主，而草原生态系统具有生态脆弱性的特点。除生态功能外，牧业经济是草原生态系统所承载的主要人类经济生产活动，牧业经济是Q县的传统支柱经济产业，草原生态系统承担着Q县全境经济生产活动的重任，而牧业经济的投入和产出面临一定的高风险性，这些风险直接影响到牧区草原生态系统的保护利用，二者之间一旦出现协调失衡的状况，就会造成牧业经济发展和草原生态系统保护的紧张关系。尤其是Q县所处的自然地理环境存在自然灾害频发的风险，冬季严重的冰雪灾害可能直接造成大面积牧户饲养牲畜的冻死，给全旗牧业经济发展和牧户家庭经济效益造成严重损害。而夏季由于季节性集中降雨又会造成短期洪水冲毁草场及牧民房舍，对牧民经济财产安全构成严重危害。从客观发展环境上看，Q县作为边疆民族地区不具备内地和沿海地区的先天条件优势，生态环境脆弱、劳动人口匮乏、地理气候恶劣等问题构成影响Q县自身发展的主要客观障碍。尤其是对干旱半干旱牧区而言，因水资源匮乏造成的牧草植被生长困难是摆在牧业经济发展面前的一大难题。除此之外，Q县的发展还面临着诸多突出问题：如何在禁牧轮牧的基础上实现草畜平衡，确保边境牧区牧业经济稳定；如何在完善草原生态补偿机制的基础上，确保边境牧区牧业经济人口生产生活得到保障；如何在践行“两山理论”中实现边境牧区自然生态资源的利用与保护；如何在实施创新型社会建设中推动边境牧区可持续发展。这些现实问题深层次考验着牧区基层政府的治理能力。

从地缘位置上看，Q县靠近边境线，为边境牧区，属于涉及国家地缘安全的敏感地带，这也就决定了Q县的基层治理问题不局限于社会治理、经济治理、生态治理和文化治理，更重要的是政治治理，而政治治理要求牧区基层政府必须提高政治站位。随着中央“治边治疆治藏方略”的提出，边境牧区在国家总体安全布局中的重要性日益显现，而“一带一路”、新一轮高水平对外开放等政策的实施又进一步提高了边境牧区在国家安全方面的地位。这些都对边境牧区基层治理活动提出了新的挑战和要求。加强政治敏锐性、局势敏感性，提高对边境牧区政治安全的认识是Q县牧区开展一切治理活动的前提和关键。所以结合Q县牧业经济发展和地缘政治安全这两点可以看出，Q县作为边境牧区，其基层治理离不开生态环境脆弱性、高安全风险性这两个因素的影响。

从Q县牧区近年来的发展情况看，影响其经济社会发展的最大制约因素仍然是人，尤其是随着牧区农村城镇化建设的推进，许多负面问题，如牧区农村人口老龄化、牧区农村养老困难、牧区农村人口流失等也随之而来，这些问题持续束缚着牧区经济社会的长远发展。笔者在调研中通过和当地党政干部进行面谈交流也了解到人的因素在牧区发展中的重要性，许多牧区基层干部认为解除人的因素对牧区经济社会发展的负面影响是解决牧区各种问题的关键。以下是笔者选取的对Q县W乡某领导干部的访谈内容：

问：您可以结合自身工作，就当前制约牧区基层治理和发展的关键因素或问题，谈一下自己的思考和认识吗?

答：好的，其实我认为当前牧区发展面临的最大问题就是人的问题，经济问题也好，生态问题也好，这些问题的解决归根结底还是要靠人。尤其是现在牧区城镇化建设加快推进，县城（县政府所在地）里的房子建得越来越多、基础设施也越来越完善，城市绿化、道路亮化、吃的用的应有尽有，广场舞、夜生活这些娱乐活动也很丰富。城市里的生活灯红酒绿，对我们淳朴的农牧民来说很有诱惑力和吸引力，乡里的农牧民都越来越向往城市里的生活。就拿我们乡来说，许多人放弃了传统的农牧业生产活动，跟着上学的孩子进了城，在城里打工或者做生意，农牧业生产活动对他们已经不再有吸引力。现在来看，我们乡辖区的人口越来越少，流失得很严重，按照我们的统计，乡户籍常住人口应该在三千人左右，而实际上远远没有这么多人。乡里基本上找不到年轻人了，无论是在下面的村里还是乡里生活的，都是一些中老年人，他们的子女基本上都去了县城或者更大的城市。没有了年轻人，乡里的发展很成问题，仅靠我们自身是难以解决的，希望以后国家能够出台政策解决这些问题，让更多的人回到乡里生活，这样，我们的工作也好做一些。

W乡领导干部在接受访谈时所谈到的内容也证实了人的因素在牧区发展中的重要性，牧区城镇化建设过程中产生的一系列问题对传统农牧生活产生了深远的影响，人的问题变得越来越突出，而解决人的问题也变得更加紧要。落实可持续发展战略、实现牧区治理现代化的长远目标必须坚持“以人为本”的理念，实现人与经济、社会、生态等的和谐发展。所以，人的因素在牧区经济社会发展中具有很大的支配性，解决人的问题是今后牧区基层治理工作中需要重点回应的问题。笔者在对Q县的实地调研中，也从对一些基层干部的访谈中了解到Q县作为边境牧区在实施乡村振兴战略中仍然面临着突出的经济发展问题。尤其是在对Q县最偏远的J乡领导干部的访谈中，笔者了解到，多数受访干部认为目前牧区发展仍然需要国家层面加大经济扶持力度，尤其是在一些牧区农村，如果没有国家相关政策的扶持，仅靠自身状况难以实现经济社会的可持续发展。J乡政府一位基层干部在和笔者的交谈中，也透露出对牧区经济发展问题的担心和考虑。以下选取的是其中的部分交谈内容：

问：您认为在经济问题、社会问题、生态问题还有民族宗教问题这几个问题中，哪个才是当前牧区可持续发展所面临的最重要的问题呢?

答：这些问题都很重要，但是很显然，经济问题才是我们牧区发展所面临的最重要问题。

问：您能具体展开谈一谈吗?

答：我们牧区经济发展水平落后，除了农牧业基本上没有像样的产业。就拿我们乡来说，我们乡地广人稀，还是全县离县城最远的乡镇，离县城大约有150千米。从我们现在的位置（J乡政府）出发往北走，走

150千米就到了边境线。边境线附近基本上没有牧民居住，差不多可算作无人区。现在全乡的人口都在往县城里流动，乡辖区内人口越来越少，原因就是农牧民在乡里没有可靠的经济来源，光靠我们这么少的人根本没办法自己解决吃饭问题。另外，大部分地区都不允许迁徙放牧了，牧民定居点的饲养成本又高，牧民的生计问题越来越突出，好多人都走出去到城里打工或做生意去了，这些收入都比搞农牧业来得容易轻松。所以，牧区发展首先得靠经济，要把经济问题解决好，让牧民的生活有收入有保障。牧民都富起来了，牧区发展才有盼头儿。

笔者在Q县J乡的实地走访调查中也了解到，全乡实际常住人口远远不到三千人，并且人口结构以中老年为主，大量的年轻居民、知识人群都流动到附近的城市居住生活。在Q县牧区农村，人口老龄化、农村人口结构空心化的现象异常严重，牧区乡村振兴缺乏持续有力的人力、人才支撑。在Q县的走访中以及和有关干部群众的交谈中笔者也了解到，由于牧区农村缺乏完善的基本生活设施（如水、电、气、网络、交通等）和公共服务设施（如学校、医院、文化娱乐场所等），牧区农村生活很难对居民产生足够的吸引力。大量年轻居民或有学识的居民因个人就业、子女就学等原因“逃离”传统的牧区生产生活，而涌向城市热闹的节奏氛围中，传统牧区社会的淳朴性、简单性不再对人们产生吸引。牧区农村人口流失现象已成为常态，对此当地政府干部在接受笔者的访谈中也多次表示无奈。由于牧区农村长期存在人口流失的问题，而牧区农村老龄化问题又越来越严重，当地政府日常开展工作的面向对象主要是中老年居民群体。

面对Q县牧区经济社会发展的困境，当地政府也一直在探索结合自身资源特色转变发展路径。笔者在对Q县政府有关政策文件和工作报告的搜集整理中了解到，近年来Q县为应对、解决牧区农村社区人口流失和经济发展疲软的问题，提出了一系列特色经济发展模式。尤其是结合Q县境内现有的草原旅游资源和历史文化资源，探索开发牧区特色自然文化旅游，并提出深入发掘特色优势，在对现有资源进行“结合”和“转化”的基础上，探索各种牧区经济社会可持续发展的创新模式。Q县作为边境少数民族牧业县，地处国家西北部边疆重要的生态防线和民族聚居区，拥有丰富而富有特色的民族文化资源、草原生态资源，这些资源构成牧区乡村振兴和牧区经济社会可持续发展的重要经济资源。根据这些特点，在对民族文化资源和草原生态资源进行合理开发、充分利用和有效保护的基础上发展牧区特色旅游业，才是Q县为实现当地群众发展愿望、满足当地群众利益需求、推动当地经济社会可持续发展所做出的正确选择。关于这点认识和想法，已在Q县政府工作报告（如表3.1所示）和政府有关领导干部接受媒体在线访谈的表态中得到体现。

表3.1　2015—2019年Q县政府工作报告中关于发展特色旅游业的规划[①]

年度	特色旅游业发展目标
2015	依托历史文化、自然资源优势发展特色旅游业，突出文化旅游特色
2016	挖掘草原文化旅游内涵，加快旅游业招商引资，提高旅游业服务管理水平
2017	推进“旅游名县”发展战略，促进文化与旅游融合发展
2018	创建全域旅游示范县，完善旅游规划体系建设和旅游基础设施建设
2019	加快完成全域旅游发展总体规划，加强区域旅游合作，加大旅游宣传力度

以下选取的内容是Q县政府某位领导干部就“发展旅游业促进牧区振兴”的问题接受相关媒体采访时的表态：

我们县是边境少数民族牧业县，也是国家级贫困县，长期以来产业基础薄弱、产业结构落后。但是我们县境内拥有丰富的民族文化资源和自然生态资源。在充分保护牧区草原生态环境的基础上发展旅游业，是我们的优势也是我们的现实选择。生活在边境牧区的牧民非常渴望得到快速发展，通过发展牧区旅游业可以带动边境牧区更多的牧民就业。但是目前我们自身开发旅游资源、发展旅游业的条件不足、能力有限，急需国家在政策、资金等方面给予支持和照顾。尤其是在旅游基础设施建设，如高速公路建设等方面需要国家加大投入力度，为我们发展全域旅

① 资料来源：根据所收集的Q县政府历年政府工作报告内容整理制表。

游提供基础设施保障。我本人作为人大代表，也多次建议有关部门在政策、财政、金融、税收和土地使用等方面给予牧区特色旅游业发展更多的支持，比如，给予牧民自主经营的“牧家乐”等小微个体旅游接待点更多的扶持，促进牧民增收、带动贫困牧民就业脱贫。

从该领导干部的表态中可以看到，一些牧区基层干部结合自身工作经历认为，当前上级部门在推动实施脱贫攻坚和乡村振兴战略的过程中，对牧区乡村振兴的政策倾斜和资金支持仍然不能满足牧区经济社会发展的现实需要。就Q县的情况而言，发展牧区旅游业必须要建设完善齐全的配套基础设施和公共服务设施，如高速公路、通信服务设施、旅游公厕、景区餐饮娱乐场所、游客中心等。然而就当前牧区基层政府推动特色旅游业发展所面临的实际问题来看，这些基础设施和服务设施单靠地方政府自身的力量难以在短期内解决。在接受媒体采访中，该领导干部也提到了Q县仍然属于国家级贫困县，地方财政收入非常有限，Q县本级财政对基础设施建设的资金投入不足，造成基础设施建设和配套服务发展的落后等实际发展困境。这些情况已经严重制约了Q县打造旅游文化品牌、发展完善的旅游产业链。基础设施建设是畅通牧区旅游业发展的关键，尤其是Q县联通周边城市的交通网络需要加快建设，以吸引周边城市居民。同时还需要实现Q县境内旅游线路交通的无障碍对接，确保牧区各草原旅游接待点（如农家乐、“牧家乐”等）、传统村落之间交通网络的畅通，推动Q县全域旅游基础设施建设。除此之外，在软件设施建设方面也要增加投入，如牧区基层政府在推动道路交通、水电管网等基础设施建设的同时，还要在发展理念和技术应用上下功夫，要推动移动互联网、大数据等先进技术在牧区基层治理中的应用，为牧区基层治理现代化培育环境。

对Q县概况的描述可以帮助我们形成认识问题的基本轮廓，加深对问题的产生背景和存在环境的把握程度。从对Q县概况的调查和访谈了解中，可以总结出Q县政府治理所面对的主要问题和难点。首先Q县的地理概况、地缘环境、人口结构和生产状况等，决定了其既要面对国内同类型同水平地区基层治理的普遍性问题，又要面对牧区特色社会环境和生产环境下的特殊性问题。从对Q县的概况描述中可以看到，在面对一些基层治理难题如农村人口流失、生态环境治理、贫困治理与可持续发展等问题时，牧区和农区既存在同质性问题，也保持着差异性特点。尤其是作为传统牧区，Q县在生产环境和发展状况等方面，与农区或发达地区乡村之间存在着明显差异性，这些差异性特点反映出牧区基层治理问题的特殊性。在对牧区基层治理问题的研究中，既不能只注重特殊性问题而忽视普遍性问题所阐释的基本规律，也不能简单归纳同质性问题而放弃对特殊性问题的探究。实际上无论是牧区基层治理还是农区基层治理，都是在中国治理情境或国家治理大背景下的研究命题，也都是我国乡村治理研究中的重要领域，对二者的考察不能对立或割裂着看，而应该进行辩证统一的观察分析，既要找出二者之间存在的差异性特点，又要理清二者之间的内在关系。可以说，牧区基层治理问题必然会呈现出我国基层治理问题中的某些普遍性特征，也必然会带有自身的逻辑和规律。

二、西部牧区Q县碎片化治理问题

党的十九届四中全会提出以调整优化政府机构职能、合理配置宏观管理部门职能、全面提高政府效能为重点任务建设人民满意的服务型政府。[①] 对牧区基层政府而言，其治理能力主要体现在自身建设方面，建设人民满意的服务型政府要求牧区基层政府在治理环节坚持职能调整的民意导向，以公众为中心进行自身职能建设。笔者收集整理了Q县2015—2019年度政府工作报告中关于政府建设目标任务及措施的基本内容（如表3.2所示），分析发现Q县政府建设目标从2015年首次提出加强政府行政能力建设，到2016年、2017年的建设人民满意政府及2018年的增强依法行政能力，再到2019年所确定的全力打造现代服务型政府的政府建设目标，这中间经历了政府机构职能转变的理念变迁，从以政府行政利益出发强调加强政府行政能力建设，到以人民群众满意为目标建设政府，再到强化政府依法行政，全力打造现代服务型政府，这其中的变化深刻反映了牧区基层政府在推动自身职能改革和治理能力建设过程中理念认识和目标定位的提高。现代服务型政府建设符合推进国家治理

① 中共中央关于坚持和完善中国特色社会主义制度 推进国家治理体系和治理能力现代化若干重大问题的决定［N］. 人民日报，2019-11-06（1）.

体系和治理能力现代化总目标对我国基层政府建设提出的要求，这也是牧区基层政府以自身职能转变推动公共利益目标实现的重要变化，反映了治理现代化背景下政府建设的潮流趋势。

表3.2　Q县2015—2019年度政府建设目标任务及措施①

年度	政府建设目标	政府建设主要任务	政府建设具体措施
2015	加强政府行政能力建设	1. 转变职能打造法治政府 2. 转变作风打造务实政府 3. 强化廉政打造廉洁政府	执行政府工作规范；推进政务公开；加强执法监督；强化政务督查等
2016	建设人民满意政府	1. 坚持依法行政 2. 坚持为民行政 3. 坚持从严治政 4. 坚持创新理政	规范行政决策程序；健全权力运行体系；加快电子政务建设；落实行政问责；推进社会治理公共服务创新；健全职能部门协调机制等
2017	建设人民满意政府	1. 坚持依法行政 2. 坚持为民行政 3. 坚持从严治政 4. 坚持创新理政	加大督查督办力度；提高政府执行力和行政效率；严格履行政府法定职能；强化权力运行监督等
2018	增强依法行政能力	1. 加强法治政府建设 2. 加强服务政府建设 3. 加强廉洁政府建设	推动依法行政建设；加强政府服务意识建设；强化依法监督等
2019	全力打造现代服务型政府	1. 从严治党建设廉洁型政府 2. 依法行政建设法治型政府 3. 提升效能建设服务型政府	完善权力责任清单制度；推进政府工作规范化、法治化；推动服务、资源向民生覆盖倾斜等

从Q县政府年度建设目标任务及措施的变化情况看，政府从法制化建设到法治化建设，从单纯强调行政能力到强调行政能力和服务能力兼顾，这一系列变化无一不反映出我国基层政府对自身建设目标的认识日益成熟。这些目标任务及措施也从侧面反映出当前Q县政府建设过程中所存在的偏差和不足之处，而针对这些问题的具体解决方案，正是牧区基层政府自身建设过程中需要改进的方向。牧区基层政府是牧区基层社会的权力中心，也是牧区基层社会的公共服务供给中心。对牧区基层政府而言，无论是行政能力建设、

① 资料来源：根据所收集的Q县政府历年政府工作报告内容整理制表。

依法行政能力建设还是为人民服务能力建设，都离不开权力、组织和服务这三条主线。牧区基层政府建设的主要任务和具体措施都需要通过这三条主线来展开，离开了这三条主线牧区基层政府建设也就无法进行。从Q县年度政府建设目标的主要任务和具体措施的变化情况分析可以看出，依法行政制度化、权力运行规范化、政府工作程序化、服务群众中心化等是牧区基层政府自身能力建设中的核心问题，而这些问题之所以占据牧区基层政府自身能力建设的核心，原因在于当前牧区基层政府能力建设的薄弱环节和缺陷领域都集中体现在这些问题中。

根据“碎片化政府”的定义，政府部门内部各类业务间分割、一级政府各部门间分割，以及各地方政府间分割的状况是“碎片化政府”管理模式最常见的表现。[①] 总结起来，“碎片化政府”的三个主要特征就是：权力分割、部门分割、业务分割。而对基层政府而言，其主要业务是社会服务工作，所以也可以将“碎片化政府”的三个主要特征归为：权力、部门和社会服务的分割。结合整体性治理理论对碎片化治理的进一步解释，可以就Q县政府建设具体措施中所反映出的问题，总结为政府治理中的碎片化问题，具体可以归为以下三种类型：牧区基层政府权力结构碎片化、牧区基层部门组织结构碎片化、牧区基层社会公共服务碎片化。这三种类型的碎片化问题既是Q县政府建设的主要整改方向，也是Q县政府建设过程中所反映出的一系列结构性问题。因此，从这三种类型去理解和认识牧区基层碎片化治理问题，才能准确把握牧区基层整体性治理的基本轮廓和基本方向。

（一）牧区基层政府权力结构碎片化

以Q县为例，从牧区基层政府的权力结构上看主要分为县政府、乡镇政府两级结构。但在牧区基层政府的具体运行中可以发现，除县政府、乡镇政府之外，村民委员会这一基层群众自治组织也在其中承担着“类政府组织”的行政职能，承担着行政化色彩浓厚的管理责任和服务职能。根据这一实际情况，可以将牧区基层政府治理体系分为“三级治理”结构，即“县政府—

① 谭海波，蔡立辉．论“碎片化”政府管理模式及其改革路径：“整体型政府”的分析视角［J］．社会科学，2010（8）：12-18，187.

乡镇政府—村民委员会”，其中村民委员会作为基层群众自治组织本身具有一定的行政化职能，可视为“类政府组织”[①]。牧区基层政府的基本运行逻辑是自上而下、层层下压，而三级治理结构的存在使得本处于层级末端，并无政府职能权限和行政执法权限的农村基层群众自治组织也承担着某种基层政府的职责，且农村基层群众自治组织在实际中被赋予了过多的行政化色彩，行政任务繁重，被形象地比喻为发挥“千条线一根针”的作用。村民委员会并不具备完整的基层政府职能结构，也不具备基层政府行政的法律基础，但现实中，上级政府或部门所指派的各类行政任务最终都要下沉到村民委员会来执行落实，使得村民委员会偏离了作为农村基层群众自治组织的初衷，而索性沦为上级政府的次级组织承担着行政职能责任。村民委员会在基层政府行政体系中的特殊性，使得其能够和其他两级政府形成“两级政府三级治理”的结构，即由县政府和乡镇政府组成的两级政府，和由“县政府—乡镇政府—村民委员会”组成的三级治理。在“两级政府三级治理”的结构中，村民委员会的行政职能得到体现和扩充，但作为农村基层群众自治组织，村民委员会自身的自治特征不断丧失、自治地位不断瓦解。

从法定的角度看，村民委员会这一农村基层群众自治组织本身并无行政权力，但实际运行中却被上级政府或部门通过工作任务摊派的方式赋予了行政化的功能。通过这种任务制的形式，村民委员会获得了某种意义上的“行政许可”，成为牧区基层政府权力结构的一个分支节点。这种“两级政府三级治理”的牧区基层政府权力结构是政府权力纵向过度延伸的结果，牧区基层政府权力对基层群众自治组织的人为干预使得村民委员会的自治功能不足，直接造成牧区基层政府权力结构出现碎片化，使本该由县政府、乡镇政府承担负责的事项由不具备行政条件的村民委员会具体执行代劳，而村民委员会在被动无条件接受县、乡镇级政府或部门指派的各项工作任务的情况下根本无力行使自治权。村民委员会在县、乡镇级政府或部门多重交织行政权力的压力下承担着过多过重的非本职工作，处于行政条件不足而行政任务繁重的矛盾之中，村民委员会作为农村基层群众自治组织的优越性在过重的行政负

① 村民委员会作为基层群众自治组织，本身不具备法定意义上的行政职能，但实际中，村民委员会承担着具体的政府性任务，使其具有了类似政府组织的一些特征。

担下难以得到发挥和体现。

由于牧区基层政府将认定贫困户的工作交由辖区内各村民委员会自主进行，而村民委员会在这种任务制的形式下被赋予了行政机关的色彩，行使着地方政府的部分职能，这种任务制形式的赋权使得村民委员会的权力和职能获得大幅度提升，为村民委员会或者村干部绕过上级政府或部门进行利益共谋和权力腐败创造了机会和条件。特别是村民委员会作为基层群众自治组织缺乏来自体制内和体制外的有效监督，而自身又行使着“类政府组织”的权力，使得村民委员会或者村干部的微型腐败、隐性腐败现象成为问题。“两级政府三级治理”的行政形态使得牧区基层政府的行政链条被人为拉长和过度延伸，既降低了牧区基层政府的行政效能，为推诿失职失责等行为的发生埋下隐患，又挤占了农村基层群众自治组织的自治空间，压制了基层民主建设的积极性，进一步加重了牧区基层政府权力结构碎片化的矛盾。这种权力结构碎片化的现象反映出牧区基层政府处理行政事务的官僚化色彩，即一切行政事务以结果为导向而轻视过程，对实施过程是否合理合规不够重视。这种盲目将基层政府责任下放给基层群众自治组织的行为是一种治理的失能失效。

（二）牧区基层部门组织结构碎片化

Q县政府在自身建设工作中提出“建立健全部门间沟通、协调与合作机制”的目标，部门间协调合作是政府行政效能提升的关键。佩里·希克斯认为倘若政府不同职能部门在面对共同的社会治理职责时各自为政，而不能建立有效的沟通、协调与合作，那么政府的整体政策目标就无法顺利达成，“碎片化政府”也就此产生。[①] 部门之间的沟通、协调与合作对于政府整体政策目标实现的重要性不言而喻。尤其是在面对跨界公共事务治理问题时，部门协调合作才能保证政府整体性整合能力的发挥，为政府行政效能提高增加组织结构的优势砝码。在牧区上下级基层政府之间存在着权力结构碎片化的问题，而权力是通过官僚制组织结构运行的，所以牧区基层政府权力结构的碎片化

① PERRI 6, LEAT D, SELTZER K, et al. Towards Holistic Governance: The New Reform Agenda [M]. New York: Palgrave, 2002: 33.

必然会带来部门组织结构的碎片化，即碎片化的权力结构带来碎片化的组织结构。这种权力碎片化的直接影响造成牧区基层政府横向权力的分散，即基层政府各职能部门之间在权力结构配比中的失衡，而这种失衡正是部门组织结构碎片化的主要原因和表现。

牧区基层政府是执行落实中央政府及上级地方政府行政命令和工作任务的责任主体，职责任务繁重、资源权力有限是牧区基层政府行政中面临的现实困境。对牧区基层政府而言，摆脱这种“责能困境”，必须突破限制因素充分利用有限的资源、权力、人员和机构来完成各种行政事务。牧区基层政府各部门在本级政府的统一指挥安排下，能够为完成共同的工作任务而达成合作共识，实现行动的协调一致。但这种部门间的协调合作是在本级政府的统一指挥安排下进行的，属于在一级政府的牵头带动下促成的联合合作。但随着属地一级政府指挥协调机制的退出，各职能部门之间的协调性和合作共识就难以继续保持常态化，随之出现的是部门竞争取代部门合作，部门利益取代合作共识。而一旦部门利益观占据各职能部门行政动机或倾向的主导位置，就会造成政府主体权力的分散和消耗。再加之各职能部门之间缺乏信息共享机制，各职能部门只能各自为政，进而使得各职能部门之间权力失衡，无法形成有效的部门协调合作，这些现象进一步演变为部门组织结构碎片化，影响整个牧区基层政府的行政效能，加重牧区基层治理碎片化。

另外，在传统官僚制组织结构影响下，部门利益一直对牧区基层政府各职能部门行政服务职能的发挥起着导向作用，这种情况进一步促使牧区基层政府各职能部门在面对联合性工作或协调合作机制时不自觉地抱有部门私心，对各职能部门协调合作的进度和效果造成制约，影响政府整体政策目标的实现。此外，除在牧区基层一级政府的牵头主导下进行特事特办的部门协作联合外，牧区基层政府各职能部门之间尚未建立常态化、制度化的工作协调合作机制，基层政府的权力散见于各职能部门之中，而分散的权力又形成分散的部门利益，并诱导部门利益走向固化，造成部门组织结构碎片化。同时，在地方政府行政体系中存在属地管理责任和部门主管责任的划分，使得牧区基层政府和上级政府职能部门之间产生新的权力结构碎片化，进而形成纵向的上级政府职能部门与下级政府之间的不对称[1]的部门组织结构碎片化问题。如牧区乡镇政府辖区内的草场生态环境治理工作涉及担负属地管理责任的乡镇政府和担负部门主管责任的县政府生态环境局这两个部门单位，但究竟是该由乡镇政府来主管负责，还是由县政府生态环境局来主管负责，这其中正涉及属地管理责任和部门主管责任之争，而这也正是二者之间产生不对称的部门组织结构碎片化问题的原因。

牧区基层政府职能部门作为本级政府的组成部门，既要对上级同属业务部门负责，又要对本级政府负责。但牧区基层政府职能部门的权力来自本级政府授权，受权力来源的限制，基层政府职能部门在实际工作中更多的是对本级政府负责，而非对上级同属业务部门负责。在这种情况下，牧区基层政府职能部门作为具体的政策执行部门基于对本级政府负责的要求，更倾向于服从本级政府的调度安排，这种情况也会造成属地管理责任和部门主管责任之争。牧区基层政府对来自上级政府或部门的任务命令通常以层层下压的方式下派到村民委员会等基层群众自治组织，但通常各职能部门之间缺乏工作协调机制，造成任务下派缺乏规范，时常出现重复发文、工作任务交叉等现象，职能部门这种职能划分和工作下派的碎片化也会带来部门组织结构的碎片化问题，造成村民委员会等基层群众自治组织工作时间和精力的浪费，打击了基层干部的工作积极性，不利于基层工作的推进落实。而部门组织结构碎片化又会反过来导致职能部门任务下派的失调，如面对牧区基层政府多个职能部门的任务下派，村民委员会等基层群众自治组织往往拈轻怕重，疲于应付表面工作而无暇顾及服务群众的本职工作，造成基层群众自治组织职能的本末倒置。

（三）牧区基层公共服务供给碎片化

恩格斯认为：“政治统治到处都是以执行某种社会职能为基础，而且只有政治统治在它执行了它的社会职能时才能持续下去。”[2]对牧区基层政府而言，

---

① 不对称是相对业务对接和职能划分的关系而言的，如上级地方政府职能部门在业务对接和职能划分上对应的是下级地方政府的相关职能部门，而下级政府对应负责上级政府。

② 马克思，恩格斯．马克思恩格斯选集：第3卷［M］．北京：人民出版社，1995：552.

政治职能的发挥以社会职能的发挥为前提和基础，只有履行好社会职能才能稳固牧区基层政府行政的群众基础，为牧区基层政府实施政治统治建立合法性来源和基础。牧区基层政府的社会职能突出表现在基层公共服务的供给方面，牧区基层政府是牧区基层公共服务的主要供给方。作为公共服务供给者的政府，通过行政权力、制度体系等官僚制组织结构完成公共服务供给职能，然而官僚制组织结构所具有的资源浪费、职能重复、机构臃肿、政策冲突，以及服务视野狭隘等分散性和不连贯性特点，造成公共服务供给职能分散于政府各职能部门之间，而呈现出明显的碎片化特征。① 官僚制组织结构的这些特点正是政府部门组织结构碎片化产生的制度性缺陷。在官僚制组织结构框架下，牧区基层政府权力结构碎片化和部门组织结构碎片化必然影响公共服务供给职能的发挥，产生所谓公共服务供给碎片化现象，而碎片化是影响公共服务水平提升的重要体制性问题。② 作为发挥社会职能以实现政治统治的政府，其公共服务能力和公共服务水平直接影响到政府能力建设。对牧区基层政府而言，公共服务能力和公共服务水平直接决定着其治理能力和治理水平，一旦出现公共服务供给碎片化，必然也会产生牧区基层政府碎片化治理。公共服务碎片化的根源在于政府碎片化，职能分工、部门利益、权力关系等则是影响政府碎片化的因素③，这也正是权力结构碎片化、部门组织结构碎片化的牧区基层政府产生碎片化公共服务供给机制的原因所在。

在官僚制组织结构基础上，牧区基层政府横向的职能部门划分与纵向权力层级划分形成条块交叉分割的资源分配机制，在这种机制下，专业化分工与行政权力划分导致“碎片化政府”，成为包括公共服务供给碎片化在内的政府治理行为碎片化的内在动因。④ 如果将公共服务供给碎片化看作政府治理碎片化或“碎片化政府”的外在行动表象，那么政府权力结构碎片化、部门组织结构碎片化则是造成这一表象的内在原因。其实不仅仅是在公共服务供给

① 曾凡军．从竞争治理迈向整体治理［J］．学术论坛，2009，32（9）：82-86.

② 唐兴盛．政府“碎片化”：问题、根源与治理路径［J］．北京行政学院学报，2014（5）：52-56.

③ 孔娜娜．社区公共服务碎片化的整体性治理［J］．华中师范大学学报（人文社会科学版），2014，53（5）：29-35.

④ 杜春林，张新文．乡村公共服务供给：从“碎片化”到“整体性”［J］．农业经济问题，2015，36（7）：9-19，110.

方面，在其他政府治理行为中也都能发现官僚制组织结构框架下“碎片化政府”的外在影响。牧区基层政府的建设目标是建设以公众为中心的现代服务型政府，而建设现代服务型政府的核心任务是突出强化政府的公共服务职能，确保政府的公共服务职能不缺位。[①]牧区基层政府碎片化治理的问题直接造成牧区基层公共服务供给的缺位或碎片化，所以牧区基层政府建设必须解决碎片化问题，以解决碎片化问题为突破口强化政府公共服务职能。

碎片化的政府行为对牧区基层公共服务供给碎片化的作用影响主要表现在三个方面。一是牧区基层上下级政府之间长效沟通合作机制的缺失。主要表现在县政府与乡镇政府之间、基层政府各职能部门之间，以及基层政府与各职能部门之间，缺乏常态化、制度化的沟通协调合作机制，造成牧区基层公共服务供给效率低下。如牧区草原资源管理与保护这一问题同时涉及牧区属地政府及负责相关业务的上级政府职能部门。以牧区基层政府行政管辖范围划分为例，主要涉及具有属地管理责任的乡镇政府和负有主管部门责任的县草原林业局、生态环境局、自然资源局、农业农村局等多个职能部门。应对、解决草原资源管理与保护这类跨域公共治理问题，需要多方联合协调形成合作机制。除属地政府和主管部门之间存在职责协调的客观需要外，各主管部门之间也存在着职责交叉的问题和职责协调的需要，这就要求形成属地政府与职能部门以及各职能部门之间的条条块块沟通协调合作机制。但在实际操作中往往出现“多头共管而又无人主管”“职责交叉而又无人负责”的扯皮、踢皮球局面，这种政府权力和组织结构碎片化的问题严重影响到对牧区草原生态资源保护的公共服务投入。“碎片化政府”具有明显的官僚制组织结构缺陷，并表现出政策执行乏力、部门利益冲突、治理效能分散等问题，对基层政府公共行政资源造成严重浪费，制约着基层公共服务供给效率的提升。

二是牧区基层政府盲目承接上级财政支持项目，造成公共服务供给中的行为失范问题。一些牧区基层政府不顾自身财力和发展状况的限制，热衷于引进财政配套项目，造成引进来容易而落地困难的结果。这种行为既白白浪费了财政资金，又难以取得实际发展效果，对牧区基层公共服务状况的改善

① 李军鹏．公共服务型政府［M］．北京：北京大学出版社，2004：249.

毫无意义。如在Q县政府有关公开资料中显示，全县电子商务进农村综合示范项目已建设行政村覆盖率达60%以上的村级电子商务服务站41个，用于提升电子商务在牧区农村的普及应用水平。[①]电子商务在牧区农村的发展能够起到活跃牧区农村市场经济、拓展牧区农村群众农畜产品销售渠道、方便牧区农村群众生产生活的作用。但是在一些边远地区，村级电子商务服务站并没有取得原本预想的效果，在缺乏成熟的技术配套、专业的从业人员、稳定的消费者市场等条件下，一些牧区农村电子商务服务站基本上处于“半死不活”的状态，其形象意义远大于实际意义。特别是在牧区偏远的农村，常住人口以中老年为主，缺乏充足的年轻消费人群，而牧区农村电子商务本身的运营成本又高，配套问题比较突出，这些客观情况的存在使得牧区农村电子商务发展的落地效果很不理想。从牧区基层政府推进农村电子商务发展这一产业新潮的行动看，单纯地依托国家政策指导和项目资金扶持来引进农村电子商务项目，并不能真正取得催生牧区农村产业发展变革的效果。牧区基层政府必须要结合牧区农村产业发展状况和农村人口生产消费需求进行发展模式创新，探索具有地方特色的农村电子商务发展模式。所以，对牧区农村电子商务发展而言，突出地方特色远比单纯地追求全面覆盖，搞“一哄而上”的做法更为实际。在发展牧区农村电子商务的过程中必须做好前期的考察评估工作，进行有针对性的发展模式探索，重点加强牧区农村电子商务发展的配套设施和配套服务建设，尤其是要完善牧区农村电子商务的从业人员培训渠道、金融贷款服务渠道、网络技术支持渠道、产品推广宣传渠道以及市场开拓销售渠道等一系列电子商务配套服务产业链。在重点培育孵化牧区农村电子商务品牌项目的基础上，成熟一个发展一个，循序渐进地推广牧区农村电子商务发展模式，真正落实电子商务进牧区农村的综合示范效果，发挥电子商务带动牧区农村脱贫致富的产业发展模式优势。

三是在政绩利益观导向下，牧区基层政府公共服务供给脱离牧区群众实际需求。对公共服务供给能力和水平的考察是考核牧区基层政府或官员政绩的一个重要途径，在同等条件下，那些在公共服务供给方面投入更多资金项

① 资料来源：Q县人民政府办公室文件。

目的官员更容易得到上级政府的赏识和提拔。正是在这样一种政绩利益观和晋升锦标赛机制的驱使下，一些牧区基层政府官员为了考核晋升的需要，盲目追求政绩工程的彰显，以求在短期内积累更多的政绩亮点获得提拔晋升的机会。在政绩利益观导向下，一些地方盲目追求公共项目或公共工程的落地推进效率，更愿意上马实施能够在短期内快速标榜政府政绩的项目作为形象工程，而对牧区群众真正急需的民生服务保障工程项目（如棚户区改造、贫困户住房改造、农村危房改造等）却推进缓慢。

笔者在J乡的调查走访所发现，反映出在牧区基层政府或村民委员会中存在着不够重视实际民生诉求的问题，对村民的危房改造问题没有及时解决。在一些牧区基层政府看来，类似于农村危房改造这类民生工程项目实施周期长、操作流程多、人力物力投入大，远没有搞其他的政绩工程见效快。以至于在面对辖区群众的实际民生诉求时，牧区基层政府往往采取回避拖延的态度，造成群众“办事难、跑断腿”的现象出现。

在政绩利益观导向下，牧区基层政府对效率和结果的追求大于对公众满意度的追求。在唐纳德·凯特尔看来，公众会在公共项目执行情况和公共产品服务质量上对政府建立信任和信心，而如果政府仅盯着效率方面而忽视公共项目执行情况和公共产品服务质量，那么政府的公众信任和信心基础就会受到威胁。[①]公共项目能否落地和顺利推进，能否赢得公众的信任，关键看项目执行过程和产品质量方面是否满足公众的实际需要。所以，大搞政绩工程并不能仅仅讲求政府方面的工作推进效率，更重要的是关注公众实际需求，有的放矢推动关系社会民生发展的项目落地落实才是政府的根本任务。另外，笔者在调研中还发现，一些牧区基层政府急于响应上级政府或部门有关提升牧区群众文化生活质量的号召，盲目将城市社区书屋的模式嫁接移植到位置偏远、人口稀少、各方面基础条件落后的农村，各种“牧家书屋”“村图书馆”被批量复制快速配套。实际上，在牧区农村青壮年人口流失严重、牧区农村人口空心化老年化的背景下，这些盲目引进来的文化工程只能落得个门可罗雀、曲高和寡的结局。牧区基层政府一厢情愿的文化下乡工程，只是单纯机

① 唐纳德·凯特尔.权力共享：公共治理与私人市场［M］.孙迎春，译.北京：北京大学出版社，2009：16.

械地将城市社区文化服务的做法嫁接移植到各方面条件都不具备的牧区农村，明显缺乏对牧区农村群众实际公共服务需求的基本了解，其结果必然是事与愿违。

牧区基层政府的公共服务职能既要体现主动性，又要保持理性，在确保回应公众实际需求的前提下实现公共服务职能的自觉化。正确的行政行为在本质上是富有效率的，而决定行政行为效率程度的，是行政组织做出每一个决策的理性程度。[①] 所以公共服务供给考验着牧区基层政府做出决策的理性程度，越是正确的公共服务行为越能体现出牧区基层政府的决策理性。对牧区基层政府而言，考察其决策理性程度的唯一标准就是决策结果是否满足公众实际需求。只有符合公众实际需求的决策才是最有效率的政府行政行为，也是最值得提倡的政绩行为。相反，盲目追求效率而忽视社会公众实际需求的非理性决策，注定只能适得其反。与书屋下乡工程相比，牧区农村群众在实际生活中更需要的是通信、交通、水电气、医疗卫生等基础公共服务。但在政绩利益观和官员晋升锦标赛机制驱使下，牧区基层政府或官员更愿意在“周期短、见效快”的形象工程上多下功夫，而不愿意在“费时费力”的基础民生服务保障工程项目上投入过多精力。在政绩导向的考核晋升机制下，牧区基层政府或官员对公共服务供给的态度更多的是以政绩利益或晋升激励为衡量，这就直接导致政府公共服务供给与公众实际需求的匹配失衡。牧区基层政府行政行为或行政决策的非理性造成牧区基层公共服务供给碎片化，而这种碎片化所带来的显性政绩需求又会反过来助长牧区基层政府或官员好大喜功的非理性决策倾向。

第二节 西部牧区 Q 县整体性治理的多维解析与比较

前期论述中从权力结构、组织结构、公共服务三个方面对 Q 县碎片化

① 丁煌．西方行政学说史［M］．武汉：武汉大学出版社，2009：179.

治理现象进行了归纳分析，对碎片化问题的认识构成建立牧区基层整体性治理模型的问题意识。根据已建立的牧区基层整体性治理分析框架，可以从价值、内容、载体和技术四个维度对Q县碎片化治理进行整体性治理的模型应用，建立Q县整体性治理多维图式，并结合Q县有关治理体系、治理格局、治理结构的基本特征和基本内容，进行两种公共治理范式的差异比较。

一、价值维度：牧户需求为主与官员政绩为主

传统官僚制组织结构下等级分层的晋升机制掩藏着官僚主义的风险，而由政绩主导的政府或官员行为正是这种等级制结构下无法避免的结果。政绩是影响官员晋升的重要决定因素之一[①]，在政绩导向下，牧区基层政府治理行动的出发点更多的是行政经验，以经验化的政府治理模式来回应各种社会需求。这种以经验主义为取向的政府治理，更多的是出于政府或官员稳定行政成本、减少试错投入、降低责任风险的现实需要。但这些经验主义的行政行为最终指向的是满足政府或官员部门利益、政绩利益，而非公共利益。经验主义下的行政取向服务的是牧区基层政府及官员的考核晋升利益，而非公众的实际需求。如在牧区乡村公共文化服务的供给中，牧区群众客观真实的文化需求难以通过基层人大和政协这些官方主导的制度化渠道进行表达反映，而牧区基层政府决策层面通过体制内渠道（如基层政府部门及干部、村委会及村干部）所掌握的文化需求情况同辖区群众多样性、差异化的实际文化需求情况存在明显的出入，这其中反映出的问题正是以政绩为中心和以公众为中心两种不同价值导向下牧区基层政府决策的选择性偏好。

在政绩引导下，牧区基层政府或官员对乡村公共文化服务供给的考虑，更多地从自身政绩考核的角度开展，这也就造成了牧区乡村公共文化服务供给中基层政府或官员"政绩偏好型"的工作动机和方式。在政绩偏好因素的驱使下，牧区基层政府或官员更愿意通过投入批量可视化的文化形象工程来快速提升自身政绩，即便这些文化下乡工程或文化服务设施在牧区乡村缺乏

① 吴建南，马亮.政府绩效与官员晋升研究综述［J］.公共行政评论，2009，2（2）：172-196，206.

落地扎根所需的社会环境和文化土壤。在“政绩偏好型”的乡村文化建设中，基层政府以公众需求为引导的服务意识的薄弱，导致了公众实际的文化权利得不到应有的满足。[①] 在政绩利益掩盖下，牧区基层政府或官员缺乏以牧区群众实际需求为引导的服务意识，而是采取经验主义的行政倾向以满足自身政绩偏好，这为各种利益寻租和利益共谋行为的产生打开了方便之门。政绩偏好的背后是牧区基层政府或官员长期形成的“维稳思维”和“以政绩为纲”思维。服务型政府建设的核心价值是践行以人为本、执政为民的宗旨，放到行动话语中就是要求各级地方政府在施政决策过程中确立以公众需求或公共利益为中心的行动取向，这也正是整体性治理所倡导的以公众为中心的价值目标。

马克思认为一切较大规模的社会共同劳动都离不开指挥者协调个体的活动。[②] 从当前的牧区基层治理结构看，牧区基层政府仍然是代表国家意志进行牧区基层治理活动的指挥者和协调者，牧区基层治理活动仍然需要以基层政府为行动中心展开。而牧区基层政府和以牧区群众为主的社会力量在治理结构中的力量失衡，必然导致以牧区群众利益为代表的公共利益在政府决策中分量不足。牧区群众的实际需求难以通过正常的制度化渠道传递反映给牧区基层政府，而牧区基层政府囿于官僚制组织结构的缺陷，即便了解牧区群众的实际需求，却又出于自身权力结构和组织结构碎片化的原因，而不能对牧区群众的实际需求加以“善待”。在官僚制组织结构内，政绩利益需求远比公共利益需求更能影响政府或官员的实际行政作为。如笔者在调查中了解到，一些地方基层干部为了平衡辖区内各行政村贫困户的名额，采取平均分配、定额分派的办法，以满足各行政村对贫困户名额的需求，避免各行政村因贫困户名额分配问题发生纠纷和矛盾。在这里，基层干部是本着化解辖区内各行政村纠纷和矛盾的目的来分配贫困户名额的，并非根据各行政村的实际贫困户数进行名额分配，显然这种做法是一种平均主义的分配办法，既保证了顺利完成上级有关贫困户认定和名额分配的任务，又避免了辖区内各行政村

① 林燕．新农村文化建设的供需及其匹配分析［J］．农业经济与管理，2013（3）：83-89.
② 马克思，恩格斯．马克思恩格斯全集：第23卷［M］．北京：人民出版社，1972：367.

因贫困户名额分配问题而产生纠纷和矛盾，从基层干部这种做法的价值取向上看，是受到了政绩利益因素的影响。

从均衡利益和风险的角度看，采取平均分配的方式的确有助于缓解或消除各行政村因贫困户名额分配问题而产生的不满情绪，有利于牧区基层政府或官员后续工作任务的有序推进，无疑是符合牧区基层政府和基层干部实际工作情况的一种现实而明智的办法。但这种平均主义的贫困户名额分配办法严重背离开展精准扶贫工作的初衷，使得真正符合贫困户认定标准的困难群众得不到应有的帮助，无形之中造成扶贫工作公正公平原则的丧失。笔者也在牧区走访中了解和感受到，一些符合贫困户认定标准却未能享受贫困帮扶政策的牧区困难群众，对一些基层政府大搞平均主义分配贫困户名额的做法多有怨言和不满。牧区基层政府采取平均主义的贫困户名额分配办法，带有明显的寻求政绩利益稳定的倾向，这种源自经验主义的行为倾向确保了牧区基层政府或官员自身工作的顺利开展，减轻了行政负担，却偏离了以公众利益为中心的价值方向。

二、内容维度：政社合作趋势与政社分离惯习

在地方政府行政体系中存在着“压力型体制”，牧区基层政府在这种压力型体制下近乎无条件无选择地应对着来自上级各权力机构纷繁复杂的任务。在压力型体制下，上级政府或部门通过“行政逐级发包”“层层量化分解”“一票否决制”等体制因素影响基层政府[①]，这就使得处于“上面千条线下面一根针”位置的基层政府在有限的权力、资源、财力等条件下，表现出公共服务能力和治理能力的不足。职责权力和治理能力的匹配失衡使得基层政府时常陷入“责能困境”的状态，而陷入“责能困境”意味着基层政府无法有效控制和管理社会带来的国家治理能力危机。[②]从政府权力的来源和政府职能作用的对象看，造成基层政府“责能困境”的主要原因是政府（国家的具体代表）与社会的分离状态，在政社隔离状态下的基层政府缺乏对社会的渗透载体、

① 荣敬本，崔之元，王栓正，等．从压力型体制向民主合作体制的转变［M］．北京：中央编译出版社，1998：28.

② 徐湘林．转型危机与国家治理：中国的经验［J］．经济社会体制比较，2010（5）：1-14.

资源动员及整合机制。[①] 现实中的基层政府毫无悬念地包揽着一切社会治理责任，而具有自主性的社会在治理结构中处于行动末梢，难以发挥对公共服务和社会治理的自发性调节功能。基层政府自身资源和能力的不足，以及有限的社会力量参与意味着基层政府不能有效调动社会资源，进而造成政府在公共服务和社会治理中行动失灵。所以，基层政府在国家行政层级中的位置决定了其必须积极构建与社会的合作治理机制，以弥补自身“责能困境”所带来的治理缺陷和不足，而政社合作的意义也在于此。

按照官僚制组织结构对牧区基层政府权力运行的安排，牧区基层政府才是牧区基层治理活动的主导者，而以牧区群众为主体的社会力量只是政府治理活动的被动参与者或者接受者。从权力配比来看，牧区基层政府牢牢掌握着治理活动的主动权，虽然在治理语境中，社会作为多元治理主体之一享有制度化的意见表达权利和平等的话语权利，但在实际中，社会对政府治理的失范行为缺乏有效监督。在政社分离状态下，政府和社会的关系虽不至于走向对立，却因缺乏常态化、制度化的合作机制而变得模糊混淆。如果用政社分离来形容牧区基层政府和社会在面对共同事项时的关系状态，那么这种关系状态作为牧区基层政府和社会之间长期存在的一种局面，俨然已成为政府和社会相处的一种惯习。在整体性治理中，政府和社会的关系不是分离的状态，而是为达到共同的治理目标建立合作伙伴关系，实现由政社分离走向政社合作。

在政社合作的基础上，政社互动的机会和条件才能成立。而政社互动以及社会公众参与公共事务治理，都是治理的应有之义和评判标准。[②] 对牧区基层政府而言，政社互动意味着将政府的公共行政和公共服务等行为动机建立在对社会公众需求回应满足的基础上。牧区基层政社互动基于政社合作的前提，强调牧区基层政府在回应公众实际需求时应秉持协商民主精神，突出“问政于民”的工作作风，引导、推动社会公众治理参与。牧区基层政府吸纳社会力量参与到共同治理事项中来，不仅考验着牧区基层政府自身的治理能力

① 杨宝.政社合作与国家能力建设：基层社会管理创新的实践考察[J].公共管理学报，2014，11(2)：51–59，141.

② 李文钊.辩证认识基层社会治理的根本性问题[N].北京日报，2019–12–23(14).

和水平，更考验着牧区基层政府对协商民主精神的认识和践行。为人民服务不仅是牧区基层政府的行政宗旨更是其行政内容，而实现这一内容必然要求牧区基层政府学会同人民群众打交道，尤其是要学会建立同社会合作互动的良性关系。

在牧区基层政府和社会的关系处理中，牧区基层政府是实际的主导者，而社会处于行动下位。正是这种惯习状态的存在，使得牧区基层政府并不能真正去践行服务型政府的行政理念，因为服务型政府要求政府学会和社会建立合作伙伴关系，而在现实中，牧区基层政府的惯习是将社会视为行政权力的服从者和接受者，这与合作伙伴关系所要求的对位对等原则不协调。政社合作不仅要在制度机制上为社会一方的参与降低门槛、提供渠道，更要求政府从行政理念上树立服务意识，自觉将手中权力的运行回归到民本轨道。另外，政社合作的基础是彼此之间的信任，信任既是政府合法性的一个重要来源，也是弥合政府和社会分离关系的最佳角色。而建立政府与社会之间的信任机制要求牧区基层政府在行动中纠正趋利避害的政绩取向，以更加积极务实的态度去回应社会公众的实际需求。牧区基层政府掌握着同社会建立合作关系的主动权，但牧区基层政府不能满足于用自己主导的制度化沟通合作机制同社会发生联系，也要多尝试与社会主导的非制度化沟通合作机制发生联系。只有完善政府和社会沟通合作的各种制度化、非制度化机制，才能增进牧区基层政府和社会之间的信任基础。

三、载体维度：多头等级结构与综合组织结构

纵向的权力等级分层和横向的专业化职能分工造就了层级交叉的政府权力载体，这就是官僚制组织结构。官僚制组织结构是牧区基层政府权力运行的基本网络，但是官僚制下的牧区基层政府权力运行暗藏着权力纷争的隐患。无论是上下级政府之间，还是政府各职能部门之间，在官僚制组织结构纵向权力分层、横向专业分工的结构下，都有可能为实现部门利益而发生扯皮、踢皮球等问题，官僚制组织结构中这种多头等级结构的特点严重影响到政府整体行政效率。多头等级结构使得各层级政府或各职能部门为了各自的利益竞相内耗，不利于政府整体政策目标的实现。在多头等级结构中，各利益相

关者在集体行动中的表现正类似于集体行动理论所描述的某些特征。在《集体行动的逻辑》一书中，曼瑟尔·奥尔森（Mancur Olson）指出，一个集团内成员采取集体行动应当满足这样一种条件，即除非该集团成员很少（或者是小集团），或者存在强制的或某些特殊手段能够促使集团成员遵从共同利益需要行事，否则有理性的、寻求自我利益的集团成员个人不会为了集团利益而采取行动。[①] 曼瑟尔·奥尔森以理性的个人为假设所阐述的集体行动理论，为研究多头等级结构即官僚组织结构中集体行动的困境提供了理论启示。

根据集体行动的逻辑衍生出的"制度性集体行动"理论，将"制度性集体行动"视为扩展至政府制度层面的一种集体行动形式。[②] 在"制度性集体行动"理论中，政府制度层面的集体行动表现同样遵循集体行动的逻辑，只不过在这里将集团的范围设定在政府制度层面，即政府或政府各部门，而集团利益或者集体行动的目标则是政府的整体政策目标等公共利益目标。参照集体行动理论和"制度性集体行动"理论的表述，可以将官僚制等级结构中各层级政府、政府各个职能部门视为具有理性行为动机的个体，官僚制等级结构中每一个个体的理性行为都有可能导致整个政府（集团）行动利益受损的非理性结果，而正是官僚制层级分割的多头等级结构体系制造了政府"制度性集体行动"困境的结果。尤其是"在缺乏不同政策领域或辖区的决策整合机制的情况下，地方政府基于短期利益的策略安排将会导致集体无效率的集体行动困境"[③]，官僚制组织缺乏行动协调性的多头等级结构特点决定了基于短期利益的集体行动走向无效率。

权力在纵向层级间和横向分工间的分散，总的来看都属于政府权力系统内部的纷争，是政府内部协调性不足的表现。多头等级结构造成政府内部权力的耗散，不利于政府整体执行力的发挥，从根源上看这是由于政府内部缺

① 曼瑟尔·奥尔森.集体行动的逻辑［M］.陈郁，郭宇峰，李崇新，译.上海：上海人民出版社，1995：2.

② RICHARD F C. Introduction：Regionalism and Institutional Collective Action［M］// RICHARD F C. Metropolitan Governance：Conflict，Competition，and Cooperation. Washington：Georgetown University Press，2004：6.

③ FEIOCK R C. The Institutional Collective Action Framework［J］. Policy Studies Journal，2013，41（3）：398.

乏沟通合作机制，各自为政、利益竞争的结果。而整体性治理理论对官僚制组织结构的改造和利用，并不否定官僚制的组织结构基础。在充分发挥利用官僚制组织结构严密、统一、集中的权力结构优势的基础上，改造其内部组织功能，使以权力运行为载体发展成为权力、信息、资源等协调合作的共同运行载体。这就是说在原有官僚制组织结构的基础上，整体性治理建立政府内部纵向和外部横向的层级分工合作机制，即一种包括上下级政府之间、政府各部门之间，以及政府与各部门之间、社会组织之间的综合组织结构。这里所建立的综合组织结构遵循平等合作的逻辑，即无论是政府之间、政府各部门之间，还是政府与社会之间都是一种横向的合作关系，而非纵向的层级从属关系，这里以横向的合作导向取代纵向的权力导向，这是对官僚制等级分层结构的一种修正，所以这种结构也被称为横向综合组织结构。

横向综合组织结构是整体性治理理论所提出的不同于官僚制等级结构的典型治理载体。在整体性治理理论看来，政府应该打破传统官僚制以专业化分工为核心进行组织建构的局限，促成政府系统内部不同机构和职能的重新整合以建立横向的协同与联系，使政府自身在解决复杂的跨界跨域治理问题时更具整体性。① 建立横向的协同与联系，即建立横向综合组织结构，一改官僚制组织结构面向纵向权力运行的单向治理体系，突破权力和组织界限，整合了政府（公共部门）内部合作、政府与外部（社会、市场等私人部门）合作的组织结构，实现了跨界公共事务治理合作。可以说，横向综合组织结构作为一项全新的整体性治理载体，在跨界公共事务治理中具有显著的机制优势，有力地弥补了官僚制组织结构在处理跨界公共事务治理问题时协调机制碎片化的缺陷。

公共治理的复杂性决定了公共治理问题并非孤立的问题，而是具有混合结构的问题。② 在牧区基层实际的公共治理活动中，常常需要把握其混合性公共治理问题即混合结构的问题，而混合性公共治理问题或混合结构问题的最常见表现就是跨界公共事务治理问题。在跨界公共事务治理问题中，需要区

① PERRI 6. Holistic Government［M］. London：Demos，1997：9-10.

② 李宜钊，孔德斌．公共治理的复杂性转向［J］．南京农业大学学报（社会科学版），2015，15（3）：110-115，125-126.

域内相关地方政府的治理合作参与，但由于地方政府间竞争关系和地方政府行政边界刚性约束的存在，造成地方政府横向间协调合作困难，而伴随这一协调合作困难产生的区域管辖权缺失和地方政府权力滥用，影响了区域治理的绩效。[①]这种地方政府间竞争关系和地方政府行政边界刚性约束的结果，也正是跨界公共事务治理困境即跨界公共事务治理碎片化产生的根源。如在牧区发生的草原病虫害防治、流域水资源污染治理、河湖水资源分配、草原林业生态环境治理等牵涉多方利益的公共事务治理问题，具有跨行政区、跨部门、跨边界的明显特点，需要更多的权力、信息和资源的协调合作。而在解决这些跨界公共事务治理问题的过程中，也最容易产生“制度性集体行动”困境。由于在跨界公共事务的治理中存在外部性和搭便车行为，地方政府的决策往往基于自身利益最大化。[②]地方政府在“制度性集体行动”中的这一理性行为，不利于区域整体利益最优结果的实现。而要克服跨界公共事务治理中的集体行动困境，实现跨界公共事务治理问题的最优解，就需要从制度一端发掘问题根源。

跨界公共事务治理是一个多元主体互动与合作的过程[③]，而多元主体的互动合作显然需要制度性机制的作用。通过制度性机制来降低跨界公共事务治理中各利益相关者集体行动的成本，这就需要政府（公共部门）内部以及政府与外部（社会、市场等私人部门）建立合作机制。跨界公共事务治理是一个克服集体行动困境、达成整体最优的集体行动的过程，其中具体的治理制度安排具有至关重要的作用。[④]整体性治理理论所提出的横向综合组织结构，正是推进跨界公共事务治理困境解决的重要制度措施。整体性治理理论不仅强调政府体系内部不同机构和职能的整合，还强调政府与市场和社会组织之间的协作。[⑤]整体性治理理论主张发挥政府在各组织机构治理合作中的纽带和

① 彭彦强．论区域地方政府合作中的行政权横向协调［J］．政治学研究，2013（4）：40-49.

② 易承志．跨界公共事务、区域合作共治与整体性治理［J］．学术月刊，2017，49（11）：67-78.

③ 陶希东．跨界治理：中国社会公共治理的战略选择［J］．学术月刊，2011，43（8）：22-29.

④ FEIOCK R C. The Institutional Collective Action Framework［J］. Policy Studies Journal，2013，41（3）：397-425.

⑤ PERRI 6，LEAT D，SELTZER K，et al. Towards Holistic Governance：The New Reform Agenda［M］. New York：Palgrave，2002：33.

引导作用，构建跨越政府、市场、社会等主体边界的横向综合组织结构。横向综合组织结构的建立，一方面有助于解决官僚制下各个政府层级和部门之间存在的部门主义，消除各自为政、步调不一致等问题弊病；另一方面又通过整体组织合力的发挥，实现灵活应对涉及不同辖区、不同政府层级和不同部门的跨界公共事务治理问题。所以从这个角度来看，整体性治理所倡导的横向综合组织结构及其运作方式相比于官僚制组织结构，更能应对解决跨界公共事务治理碎片化的问题。

四、技术维度：人力治理与数字化网络化治理

行政服务技术是考察牧区基层政府治理能力和治理水平的一个重要指标。笔者在调查中发现牧区基层政府普遍达不到完备的信息化网络化办公水平，尤其是在不同区域基层政府中表现得参差不齐。一些远离中心城区的偏远乡镇政府，受制于交通、网络等基础设施建设水平，以及基层工作人员的办公软件使用操作水平，政府行政服务技术整体上仍处于传统人力治理阶段，与中心城区、发达区域的基层政府办公水平相比差距明显。从总体上看，现代化网络技术在牧区基层政府行政服务中的普及应用水平极为有限。行政服务技术的滞后限制了牧区基层政府行政服务能力和行政服务效率的提升，推进牧区基层整体性治理应从行政服务技术革新中找准突破口。笔者通过在Q县一些偏远的乡镇、行政村走访发现，交通和网络设施的建设状况仍然不能满足当地基层政府治理方式和治理工具创新的基本要求。一些牧区基层政府的办事流程烦琐、办事方式复杂不便，广大牧区群众找政府办事的方式仍然停留在靠人力跑腿的阶段，反映出一些牧区基层政府在集中便民行政服务场所建设、现代行政服务技术建设和现代行政服务理念建设等方面存在欠缺，而这些建设的缺失直接影响到牧区群众对基层政府办事服务的满意度。

相比于治理理念，从治理技术的角度更容易推动牧区基层政府公共治理范式的转变。整体性治理是一项对治理技术有很高要求的公共治理范式，讲求的是人对治理技术的认识革新，即从技术手段上去改进治理模式，实现治理方式和治理工具创新。整体性治理理论的观点认为好的治理模式应当推崇治理技术的创新，而数字化网络化治理作为现代社会治理技术革新的前沿，

无疑是整体性治理所希望的治理技术创新模式。但无论是人力治理还是数字化网络化治理，归根结底都需要治理实践者掌握一定的基本方法，而数字化网络化治理更加强调对技术掌握的重要性，尤其是强调治理实践者要努力提高自身能力素质以适应治理技术的变化，这也是公共治理范式革命背景下对治理实践者提出的必然要求。对牧区基层政府而言，数字化网络化治理的应用无疑会对基层政府工作人员的整体能力素质提出更高要求。面对公共治理范式变革的时代要求，牧区基层政府需要打造一支掌握现代行政技术的人才队伍，以改变自身在治理技术应用创新中出现的人才洼地局面。通过人才提升改善牧区基层政府整体行政服务风貌，以更加专业化、职业化、技能化的人才队伍来推动整个政府治理能力和治理水平的提高。

牧区基层政府对于人力治理的掌握和使用有着长期的历史传统，相比于数字化网络化治理这一新型治理技术，人力治理在牧区基层政府行政管理和行政服务活动中的应用更为得心应手。尤其是对一些偏远牧区乡镇而言，数字化网络化治理这项新技术仍然是一种新鲜事物，大部分基层干部对这项技术感觉相对陌生。特别是在一些牧区乡镇政府中，日常办公方式仍处于电脑化办公的初始阶段，很难说得上有什么行政服务技术的应用可言。而数字化网络化治理所具有的新鲜特点，决定了牧区基层政府对其的学习、掌握和应用是一个系统性的过程，需要时间、人员和相关准备保障。数字化网络化治理通过推动牧区基层政府治理方式和治理工具创新，来提升其行政服务效能。同时，数字化网络化治理对牧区基层政府行政服务效能的提升，将直接带动牧区基层政府现代行政服务理念的塑造，为整体性治理的实施提供更加成熟的环境。从实际情况来看，一些涉及牧区民生服务保障的工作，如果能够巧妙地借助数字化网络化治理（如“互联网+政务服务”、政府大数据治理）实现由线下到线上的操作，将极大地拉近牧区基层政府工作和牧区群众实际生活的距离，确保牧区群众能够更加全面便捷地享受牧区基层政府的行政服务。所以，相比于传统人力治理模式，通过数字化网络化治理推动牧区基层政府治理方式和治理工具创新，提高牧区基层政府行政服务效能，打通牧区群众办事流程精简化的“最后一公里”，让牧区群众少跑路、信息多跑路，才是实现技术路径推动牧区基层政府治理能力建设的关键。

第三节 西部牧区 Q 县整体性治理的实践路径选择

一、价值维度：履行以牧区群众为中心的治理本职

基层政府是国家治理的基础，而基层政府国家治理基础作用的发挥，关键在于其行政根基是否牢固。在地方政府行政话语中，群众工作是基层政府工作的根本，群众工作直接关系着基层政府行政根基的稳固。牧区基层政府在实际治理实践中，不仅要从思想认识上树立从群众中来到群众中去的群众工作理念，更要在具体行动中切实履行好以牧区群众为中心的治理本职。以公众为中心是整体性治理的核心价值原则，以牧区群众为中心则是牧区基层政府整体性治理实践所要确立的首要原则。而对牧区基层政府而言，实现以牧区群众为中心治理价值的生成，需要从思想作风建设上入手加强政府自身服务意识建设，但除此之外更重要的是建立相关的长效机制，以确保牧区基层政府行政为民宗旨的贯彻落实。在思想作风建设层面，需要让以民为本、以牧区群众为中心的治理价值落实为牧区基层政府行政服务常态。在制度机制建设层面，需要让以民为本、以牧区群众为中心的治理价值嵌入对牧区基层政府各方面工作的考核评价中。牧区基层政府践行以牧区群众为中心的治理价值不仅要实现治理理念与行政思维的衔接融合，更要实现治理理念与牧区基层政府或基层干部的职、责、权、利等相关联，最大限度矫正牧区基层政府或基层干部行政作为和治理价值相脱节的失范行为。

建立牧区基层政府或基层干部以牧区群众为中心的治理价值践行考核评价机制，即以履行为牧区群众服务职责来考核评价牧区基层政府或基层干部的行政作为，是推动牧区基层政府或基层干部实现以牧区群众为中心治理价值的重要机制。无论是在“维稳处突”，还是民生服务保障等方面，都应该建立面向牧区群众满意指标的牧区基层政府职能责任考核评价机制，以实现牧区基层政府或基层干部行政作为和治理价值的衔接。在传统的政绩考核评价

机制中，虽然也提出以人民利益为中心的原则，但在具体的落实中无法解决牧区基层政府或官员政绩导向的唯上意识，并对基层政府或官员造成这样一种错误的认识，即只要符合相关的法律程序，达到上级工作要求，就算是政绩合格过关。这种认识反映出传统的政绩考核评价机制是一种理念与实践相脱节的操作，并不能确保行政作为的治理价值导向。在这种政绩考核评价机制的指导下，牧区基层政府或基层干部的行政作为很容易脱离价值原则的指导，造成牧区基层政府或基层干部对治理本职的“口号式”履行现象。而真正落实以牧区群众为中心的牧区基层政府治理本职，就需要从制度环节进行突破创新，建立面向牧区群众满意指标的牧区基层政府或基层干部考核评价机制，以推动牧区基层政府传统政绩观念朝着现代服务理念改变。

二、内容维度：构建以政社合作为目标的治理关系

整体性治理通过充分利用包括政府在内的各利益相关者的比较优势，自发生成多变的网络治理结构形成治理整合力，以快速、高效、低耗的优势为公众提供无缝隙的公共产品与服务。① 在整体性治理框架下，牧区基层政府仍然是多元治理结构的中心，但治理的主体是由包括政府、社会在内的各利益相关者组成的多元结构。之所以说牧区基层政府是多元治理结构的中心，是因为具体治理路径的实施仍然需要政府作为执行机构去推动完成，但这并不意味着政府在多元治理结构中是绝对的权威和主导。作为治理结构中心的政府和多元治理主体之间存在着合作关系，政府治理中心地位的发挥依赖多元治理主体的参与合作。而合作作为建立政府与社会之间联系的一种机制，其存在的根源在于无论是政府还是社会中的任何一方，都不具备独立完成治理目标所需要的充足资源，因而需要通过合作发挥各自比较优势，实现资源互补共享。② 所以，对牧区基层政府而言，要想真正发挥治理中心的作用，就必须实现对社会的吸纳，通过制度性程序的建构建立政社合作机制，实现治理

① 胡象明，唐波勇．整体性治理：公共管理的新范式［J］．华中师范大学学报（人文社会科学版），2010，49（1）：11-15.

② BRINKERHOFF J M. Government-nonprofit Partnership：a Defining Framework［J］. Public Administration and Development，2002，122（1）.

中心对治理主体的引领。而对社会而言，同样要积极主动地参与到牧区基层政府治理合作机制的构建中，以弥补自身在治理结构中的劣势。

政社合作是基于治理中心与治理主体的一种能量互换、资源共享，在彼此原有基础上实现治理量级的增值增效。根据马克思主义的观点，政府治理所依靠的是“自然形成的共同体的权力”①，而这个“自然形成的共同体”可以理解为国家或政治共同体，即来源于社会又凌驾于社会之上的国家权力体。国家权力体是等级社会分化的产物，其形成根源是社会权力的自我让渡，所以政府治理所依靠的这种“自然形成的共同体的权力”，归根结底是社会权力的一种析出。因此，政府治理必须考虑社会因素的影响作用，将社会纳入合作治理对象即成为治理主体，是建立政府和社会良性合作关系的第一步。在以往的治理结构中，治理中心即治理主体，二者并未完全分开，这也就使得政府作为治理实践者往往一家独大，独自垄断治理权，以“一己之力”取代社会等其他相关利益主体在治理结构中的地位。在理性的治理结构中，政府和社会的关系不是依附关系，而是合作关系。政社合作不是提倡让政府自我削减权力，而是让政府在引导吸纳社会参与的基础上，明确社会对政府监督授权的定位关系。

政府的权力源自社会的让渡，政社合作既是一种治理关系也是治理内容，这种关系或内容重申了政府和社会在治理结构中的职责定位，明确了政府和社会在治理活动中的界限，既保证政府治理权限的合法合理，又为社会治理权限的厘定做出了说明。整体性治理之所以特别强调政社合作关系在治理结构中的重要性，最重要的原因是整体性治理本质上是对碎片化问题的一种针对性回应，碎片化是政府行动逻辑与社会实际需求相脱节的一种现象，其深层次原因是政社关系的冷漠化，即政府对社会在治理结构中地位、功能的冷漠化对待。政社合作的目的是加强彼此互动，从结构关系上破解传统管制时代政府与社会、市场等相关利益主体信任基础脆弱的难题，政社合作为弥合政府和社会关系起到了制度性搭台的作用。以政社合作为基础推动牧区基层多元治理结构走向规范化、制度化、常态化，将牧区基层政府的工作下沉一

① 马克思，恩格斯．马克思恩格斯选集：第4卷［M］．北京：人民出版社，1995：479.

线，更加贴近牧区群众的实际需求，消除牧区基层政府行动目标与社会实际需求不匹配的矛盾，重构政府和社会互动合作的信任基础。

三、载体维度：整合政府服务能力的综合组织结构

政府治理现代化既包括治理的理念、内容和技术的现代化，又包括治理载体的现代化。没有现代化治理载体的支撑，政府治理的各个要素和环节就难以推进运行。官僚制组织结构为政府治理提供了支撑载体，但面向治理现代化的牧区基层政府必须要拥有与之匹配的组织结构。官僚制组织结构是工业化分工时代的产物，而牧区基层政府身处产业技术革新的时代，面对着更加复杂多样的社会需求和问题，单纯地依靠按照权力层级排布的官僚制组织结构难以应对。尤其是当前公共治理领域的问题通常表现出全域性的特点，演变出一系列跨界公共事务治理碎片化问题，存在跨界合作解决的趋势。这些跨界公共事务治理问题的解决往往需要借助多个层面、多个领域、多个部门的协调合作，单纯地依靠政府权力层级结构很难去解决这些跨界公共事务治理问题所带来的溢出效应。而综合组织结构作为整合牧区基层政府服务能力的有效载体，通过对官僚制以纵向权力排布为组织逻辑的结构进行再造，拓宽政府自身组织结构的面向范围，建立以横向合作为导向的综合组织结构，在政府（公共部门）内部、政府与外部（社会、市场等私人部门）之间达成合作共识，为完成共同的治理目标或解决共同的治理问题建立合作关系。

这种面向横向合作的综合组织结构摆脱了官僚制层级结构产生的碎片化困境，为更大范围、更大程度整合治理主体、治理资源、治理机制等提供了合作载体。理查德·D.宾厄姆（Richard D.Bingham）等在《美国地方政府的管理实践中的公共行政》一书中指出，政府间关系分为横向和纵向两种，其中横向政府间（同级政府间）关系是一种受竞争和协商动力支配的对等权力的分割关系，而纵向政府间（上下级政府间）关系则是一种命令服从的权力等级结构。[①] 可见横向政府间（同级政府间）关系是一种非命令式的协商竞争关系，而这种协商竞争关系所表现出的协商意识是支配形成横向综合组织的

① 理查德·D.宾厄姆，等.美国地方政府的管理实践中的公共行政［M］.九州，译.北京：北京大学出版社，1997：162.

驱动因素。从整体性治理的定义看，横向综合组织结构是牧区基层政府进行治理合作的一种组织框架，在这个框架内各个治理主体拥有着非权力属性的合作地位，即以竞争和协商来支配的对等权力。横向综合组织结构有利于发挥各个治理主体的积极性、主动性，为解决跨界公共事务治理碎片化问题减少了层级、部门等建立合作的壁垒障碍。

四、技术维度：数字化网络化推动政府整体性治理

有学者认为整体性治理在一定程度上是从技术的角度来解决政府管理难题，所以整体性治理的实现有赖于信息技术的进步发展。① 信息技术的发展对治理方式和治理工具创新具有推动作用，尤其是数字化网络化治理技术的应用能够发挥技术驱动的优势，实现公共治理范式革新。数字化网络化治理对治理方式和治理工具的创新，归根结底都是对政府行政服务能力和行政服务水平的创新。而行政服务能力和行政服务水平对政府治理能力和治理水平建设而言极其重要，牧区基层政府的行政服务能力直接影响着牧区群众的满意度，建设现代服务型政府的首要任务就是提供让牧区群众满意的行政服务，但实际中提供让牧区群众满意的行政服务对牧区基层政府而言并非易事。从牧区人口结构和分布特点来看，牧区基层政府面向广大牧区群众提供的公共行政和公共服务具有线长、面广等特点，这些特点决定了人力治理手段在其中发挥的作用极其有限。而以“互联网+”为代表的数字化网络化治理的应用，促进了牧区社会治理数据信息资源在线上线下的流动融合，为实现农牧民参与基层社会治理、牧区基层公共服务供给效率提升和牧区基层社会协同治理模式创新做出了探索实践。②

习近平强调要以信息化手段感知社会态势、畅通沟通渠道、辅助科学决策，推进国家治理体系和治理能力现代化。③ 数字化网络化治理是采用信息化手段推动牧区基层政府行政服务技术创新的有力工具，也是引导牧区基层政府治理能力和治理水平提升的技术因素。从技术应用创新的角度看，牧区基

① 竺乾威.从新公共管理到整体性治理［J］.中国行政管理，2008（10）：52-58.

② 包娜娜.用好“互联网+”推进牧区治理现代化［N］.中国民族报，2019-11-05（6）.

③ 习近平.在网络安全和信息化工作座谈会上的讲话［N］.人民日报，2016-04-26（2）.

层政府靠人工跑腿的人力治理模式已难以适应现代行政体制改革的需要，必须学习应用新的数字化网络化治理技术来提高行政服务效能，将现代化便捷的行政服务技术推广应用到牧区民生服务保障等领域，以信息数据代替人工跑腿，让信息数据多跑腿、群众干部少跑腿，充分满足多元化的社会公众需求。数字化网络化治理技术的应用有助于实现牧区基层政府公共行政和公共服务的“云端化”，为牧区群众提供智能化、一站式的行政服务体验。通过开发应用便民服务APP、政务服务智能网络终端、政务服务公众号、政务云等一站式“互联网+政务服务”平台，提高牧区基层政府行政服务效能和牧区群众公共服务体验感。数字化网络化治理技术的应用还有一个优势，就是能够最大限度地满足牧区群众向牧区基层政府表达利益诉求的渠道需求，以解决牧区群众和牧区基层政府之间的信息不对称问题。数字化网络化治理技术的应用在为牧区群众提供更多面向政府的沟通渠道的同时，也为牧区群众参政议政、建言献策，以及与牧区基层政府建立互动合作关系提供了开放平台，有助于解决牧区群众制度化参与渠道缺乏、不畅的问题。

第四章

牧区基层整体性治理的生成机理与阻滞因素

第一节　牧区基层整体性治理的生成机理：碎片化治理

一、碎片化治理：牧区基层整体性治理的生成诱因

有学者认为我国地方行政中的碎片化政府问题，是长期按照职能划分实行条块分割管理，所形成的各行政层级之间、垂直部门与地方政府之间、各地方政府之间、政府各部门之间、行政业务之间的分散与分割状态。[①] 碎片化问题是基层政府行政中的常见问题，其产生具有深层次的结构内因。通过Q县的案例，笔者总结出牧区基层政府碎片化问题的三种类型：权力结构碎片化、部门组织结构碎片化、公共服务供给碎片化，这三种是牧区基层政府碎片化问题中常见的类型。由碎片化问题带来的牧区基层政府治理困境，直接造成行政机器运转失灵。牧区基层政府碎片化问题本质上反映的是政府治理能力和治理体系碎片化，而治理能力和治理体系碎片化严重制约着政府公共行政和公共服务的运转，影响政府对治理主体、治理结构、治理机制、治理过程等治理体系要素的整合。

牧区基层政府权力结构碎片化造成不同职能部门之间治理机制的冲突矛

① 曾维和，杨星炜．宽软结构、裂变式扩散与不为型腐败的整体性治理［J］．中国行政管理，2017（2）：61-67.

盾，使得跨界公共事务治理合作机制难以形成，为政策目标本末倒置、权力决策一言堂、政令推行无序化等行政弊病的产生埋下隐患；部门组织结构碎片化问题使得职能部门各自为政、推诿扯皮，严重阻碍政府整体政策目标的实现；公共服务供给碎片化问题为政绩利益观、官本位主义、为官不为等隐性腐败问题提供了发生渠道。牧区基层政府碎片化治理的形成从根源上看，是政府治理能力薄弱、治理体系出现漏洞的一种反映。从理论产生的背景看，碎片化问题是整体性治理理论的生成诱因。针对碎片化问题，整体性治理提出从治理价值、治理内容、治理载体和治理技术四个维度进行整合，强调重塑政府治理能力和治理体系。解决牧区基层政府碎片化治理问题必须提升政府的治理中心地位，加强政府治理能力建设。虽然整体性治理认可多元主体在治理结构中的重要性，但并不以此来否定政府作为治理中心对治理主体的吸纳引导作用。整体性治理理论是强调增强政府整合力的理论，而不是提倡削弱政府力量。所以，解决牧区基层政府碎片化治理问题应从增强政府整合力着手。

整体性治理理论认为碎片化是对政府行政权力的一种分散和浪费，使更多的公共治理问题在碎片化的政府行政中得不到解决。而整体性治理的目的则是建立一个整合行政碎片，实现权力结构、部门组织结构和公共服务供给整合的政府治理体系即整体性政府，这是整体性治理解决碎片化问题的目标方案。从前面章节中对整体性治理和碎片化问题的关系分析中可以看出，整体性政府、整体性治理的提出是碎片化所催生的结果，官僚制和新公共管理所产生的政府行政碎片化弊端，为整体性治理理论的提出和生成提供了问题依据和现实背景，所以碎片化治理构成整体性治理理论的问题意识。牧区基层政府整体性治理这一命题的提出，便是应对牧区碎片化治理问题的解决方案。研究和构建牧区基层政府整体性治理框架需要结合碎片化现象产生的逻辑过程，从牧区基层碎片化治理的外在表现特征和内在形成根源中去理解和认识牧区基层整体性治理问题。

二、牧区基层碎片化治理的外在表现特征和内在形成根源

牧区基层碎片化治理问题在具体的行政事务中表现为权力结构主导下的

行政虚化倾向，即在行政权力的轨道下，牧区基层政府职能更多的是为满足上级任务或命令，具有典型的唯上色彩，是一种官本位主义的行为表现。这种情况直接造成牧区基层政府行政事务的本末倒置，使本该成为基层政府或官员本职工作的务实之举演变为谄媚上级意志、应付检查考核的变相官僚作风行为。久而久之，这种唯上唯虚的不良风气就会上演“劣币驱逐良币”的效应，侵蚀牧区基层政府的行政环境，为基层政府官员权力专断、为官不为、职责扯皮、政绩导向等官僚主义问题的产生埋下隐患。官僚主义问题的产生是权力结构碎片化的结果，权力结构碎片化继而引发部门组织结构碎片化、公共服务供给碎片化。但从官僚制层级结构的特点中可以发现，牧区基层政府碎片化治理问题的产生具有深刻的历史根源和复杂的结构性原因，是长期以来传统官僚制组织结构、压力型体制、指标型晋升机制、威权主义行政文化等交错复合的产物。

在地方政府行政体系中，压力型体制既是政府工作机制的常态，也是主导政府行政事务运行的重要动力。压力型体制能够确保政府层级间政令的上下通达，但压力型体制与官僚制组织结构的结合也会产生负面效应，即政府碎片化治理问题。在压力型体制下，牧区基层政府的行政导向完全归于完成上级任务或命令。牧区基层政府作为熟知并掌握本辖区公众实际需求的一线地方政府，在压力型体制下不能及时回应、满足公众实际需求，反而对上级任务或命令的各种要求采取无条件接受，在压力型体制的影响下，牧区基层政府的公共服务职能让位于行政权力或上级压力。再加上长期以来在地方官员政治升迁环节中存在着晋升锦标赛机制，更加重了牧区基层政府或官员的唯上意志，使得牧区基层政府或官员的行政动机本能地围绕政绩利益而非公共利益进行。

在政绩导向下，牧区基层政府或官员疲于应付上级的各项检查和考核，政绩利益取代公共利益成为牧区基层政府或官员行政活动的主要动力。压力型体制和官僚制组织结构的结合，进一步激发牧区基层政府行政作风中的官僚主义倾向，成为牧区基层政府碎片化治理问题的产生根源。具体来看，牧区基层政府碎片化治理问题的外在特征主要表现为：行政服务职能的本末倒置、权力导向下的职责脱节、官僚主义下的家长作风、政绩驱使下的行政导向和怠政思维下的为官不为。而牧区基层政府碎片化治理外在表现特征的背后，是官僚制组织结构应对压力型体制的一种应激反应，根源于官僚制组织结构自身的结构性矛盾。通过压力型体制和官僚制组织结构解读分析牧区基层政府碎片化治理问题产生的逻辑过程，有助于正确认识牧区基层整体性治理的运行机制。

（一）牧区基层碎片化治理的外在表现特征

1. 本末倒置：唯上唯虚邪气驱逐唯下唯实正气

有学者认为，在我国处于行政体制内的个人与国家资源有着极为紧密的联系，尤其是行政体制内的个人所处的职务级别直接决定着其所对应的获得和支配资源的权力，在一定程度上，个人行政级别与其获得支配资源的能力成正相关。[①] 这种观点反映出地方政府行政体制中人身与权力的依附关系，在这种依附关系中，公共行政资源沦为行政体制内的个人牟取非正当利益的工具或途径。正是由于行政体制内个人职务级别与行政权力、行政资源的密切对应联系，决定了行政体制内存在着对应的唯上意识。从职责内容上看，牧区基层政府治理活动的主要面向对象是牧区群众，牧区群众的实际民生需求构成牧区基层政府行政服务的主要内容。于牧区基层政府而言，无论是实现治理现代化还是建设现代服务型政府，都必须切实履行服务群众的基本职责，以服务民生所需为本是牧区基层政府行政服务的核心原则。这就要求牧区基层政府行政服务面向公众需求，以群众满意度而非上级满意度为标准来衡量评价自身工作。但在实际中，牧区基层政府的行政职能是按照权力层级排布的，在这种以权力为导向的政府层级结构安排下，基层政府的工作核心由服务民生需求转向无条件响应上级任务命令，使得本该以服务民生需求为根本任务的本职工作沦为应对上级检查和考核的形式主义任务。

在一些地方，牧区基层政府或官员的行政动机是面向上级的而不是面向群众的，在工作作风上奉行唯上主义，对于事关民生所需的工作采取放慢进度，而对于上级要求或命令的工作任务则放低姿态无条件全力配合。在一些

① 李路路，李汉林．中国的单位组织：资源、权力与交换［M］．杭州：浙江人民出版社，2000：66.

牧区基层政府或官员看来，那些需要通过上级检查考核或得到上级领导重视督促的工作应该被列入本级政府或部门的重点优先工作，而不在上级考核检查之列或无损官员个人晋升利益的工作则可以被推迟拖延。另外，一些牧区基层政府和官员信奉所谓的“圈子文化”“码头文化”，把谄媚讨好上级奉为“圈子文化”的终极铁律，认为只要应付好上级的要求就算是完成了最重要的本职工作，毕竟这些都是与官员个人切身利益相关的重要工作，而那些真正需要履行的民生服务职责则完全可以放一放缓一缓。如在牧区基本民生服务保障工作的落地落实方面，一些基层政府或官员就表现得鲜有兴趣和热情。

有学者认为官僚系统内自上而下的授权方式使得地方政府与地方社会关联性断裂，地方政府公共性身份的官僚系统授权色彩浓厚。[①] 在这里，与地方社会丧失关联性的地方政府被看作官僚性组织而非服务性组织，这是官僚型政府与服务型政府的明显区别。地方政府与地方社会关联性的断裂不仅仅代表着地方政府对官僚性组织定位的自我沉沦，更意味着地方政府无法真实感知地方社会公众偏好，因此也就不可能真正得出符合公众需求的公共行政结果。地方政府身份属性的官僚系统授权色彩浓厚，表明地方政府很大程度上保持着向上级负责的行动偏好，而非回应社会公众的利益诉求。这种地方政府与地方社会关联性断裂的情况广泛存在于牧区基层政府行政服务职能发挥的各个方面，在牧区一些地方突出表现为基层政府工作职责的本末倒置，典型的特征就是宁肯唯上唯权而不唯下唯实，这种现象是官僚主义心态在牧区基层政府行政服务理念上的直观表现。

牧区基层政府是国家治理牧区的基层政权组织，牧区基层政府的治理能力和治理水平直接关系着国家治理根基的稳固。从现代服务型政府建设的理念看，牧区基层政府的行政服务能力和行政服务水平是评价服务型政府建设的重要标准，而牧区基层政府的行政服务能力和行政服务水平又直接决定着其和牧区群众的关系。在横向间的地方政府治理能力建设水平比较中，牧区基层政府的行政服务能力和行政服务水平直接影响本地区居民群众“用脚投票”的结果。所以，牧区基层政府对自身民生服务职责的履行决定着其行政

---

① 张静. 基层政权：乡村制度诸问题［M］. 上海：上海人民出版社，2007：29.

基础和行政地位。如果说对上级负责的行政倾向或行政动机是牧区基层政府或官员的一种主观需要，满足的是牧区基层政府或官员在考核、晋升等激励机制中的利益需求，那么对牧区群众实际需求负责、履行好本职职责则是牧区基层政府或官员的一种客观需要，它直接关系着牧区基层政权稳定和行政合法性。牧区基层政府的本职工作就是满足和服务牧区群众需要，牧区群众的认可和满意才是评价牧区基层政府工作合格与否的唯一标准。围绕实际民生需求务实政府工作，才能拉近牧区基层政府和群众的距离。相反，唯上不求实，只顾上级任务要求而不顾群众实际需求的媚上作风，只会恶化牧区基层政府和群众的关系，动摇牧区基层政府的行政根基和群众基础。

2. 职责脱节：应付了事思维取代尽职尽责本分

牧区基层政府承担着牧区基层社会公共服务的主要责任，无论是牧区的道路交通、水电气、通信网络等基础公共设施，还是社会治安、教育、环卫、医疗等基本公共服务都离不开牧区基层政府，牧区基层政府充当着社会公共服务守护者和供给者的角色。但实际中，一些牧区基层政府对自身所承担的社会公共服务职责并不清楚，最突出的表现就是牧区基层政府对自身承担的各项工作职能习惯性地采取应付了事思维，而缺乏尽职尽责的态度。这种职责脱节的表现最容易造成牧区基层社会公共服务供给碎片化的问题。如一些牧区基层政府或官员存在使用“八九不离十”“差不多”“大概”等缺乏精确度的词汇来对待具体的工作落实情况。还有一些牧区基层政府对辖区扶贫对象的具体家庭境况了解得不够准确，对贫困户的建档立卡工作疲于应付了事，对入户填表等工作浮于表面，主要责任部门和责任人下沉一线的意愿和行动有所缺失。牧区基层政府对应尽的职责落实不到位，反倒是一些形式化的举措大行其道，成为掩盖自身工作缺陷应付上级检查的惯用方法。

应付了事思维还具体表现在牧区基层政府的日常工作机制中，如一些牧区基层政府对上级工作检查中所提出的问题和整改要求缺乏长远解决方案，只是按照整改要求所圈定的条框内容进行，而对上级未提到的或超出现阶段任务之外的问题则视而不见或执行缓慢、主观拖延，存在被动整改、不提不改等敷衍心理，缺乏雷厉风行、马上就办的气魄，这种官僚主义的敷衍了事作风严重影响了牧区基层政府工作整改落实的进度和成效，使基层政府的整体行政效能大打折扣，为懒散慢等隐性腐败问题的产生埋下隐患。应付了事思维会麻痹一些牧区基层干部的做事心态，久而久之消磨掉基层干部的工作积极性，长此以往会影响到整个集体风气，造成牧区基层政府集体意志涣散、组织松散、战斗力薄弱、行政效能低下等问题。

对牧区基层干部而言，应付了事思维更具体地表现在个人处事态度等方面。如牧区基层政府的一些窗口单位，面对群众来访和日常办事习惯性摆出一副“脸难看事难办”的姿态，对待群众反映的问题和提出的诉求搪塞应付，明显表现出不重视、不积极、不待见的工作态度。相反，对待上级的任务命令或关系个人利益得失的事项则毕恭毕敬，唯恐有丝毫怠慢。这种对待群众需求匆匆应付了事，对待个人利益得失锱铢必较的心态思维，属于典型的利己主义。应付了事思维是对尽职尽责要求的一种挑战和威胁，这种思维模式所造成的结果是牧区基层政府职责脱节，使得牧区基层政府的行政价值取向偏离以公众为中心的原则。

3. 家长作风：权力专断作风僭越民主集中原则

压力型体制和官僚制组织结构的结合，直接造成政府权力向某些岗位和部门的集中，这种权力的集中现象在官僚制专业化职能分工模式的配合下，就会形成权力的垄断甚至专断。另外，在不同的职能部门之间权力的分配也不均衡，使得一部分岗位或部门成为具有绝对话语权和决定权的强势岗位或部门，行事风格体现家长制的特点。最常见的权力专断现象就是牧区基层政府中一些重要或关键岗位和部门的责任人利用手中掌握的权力，僭越民主集中制原则，进行家长式决策。通常拥有这种权力专断作风的岗位或部门不受来自政府内部的监督制约，而除政府内部监督之外，社会监督对其而言又表现出虚弱无力。牧区基层政府中的这些家长制作风表现有其深厚的根基和传统，是官僚制组织结构下政府集权式活动的一种反映。但作为现代服务型政府，牧区基层政府的立足根基是坚持人民民主原则，进行民主协商、民主决策，民主作为制约权力的一种有效形式限制着权力在决策中的扩张和任性。在地方政府的行政话语中，所谓民主集中制原则，即在民主基础上的集中和集中领导下的民主，确保民主运行的高效性。但无论是哪一种类型的民主运作形式，都要求政府权力在民主的监督和制约下行使，权力并不能僭越或代替民主而沦为某种专断行为的工具。

另一种以专断权力代替民主决策的行为，主要发生在牧区基层领导干部的行为中。最明显的表现就是一些牧区基层官员盲目迷信和崇拜个人手中的权力，将手中的权力视为实现个人欲望或意志的一种手段，而不是履行岗位义务和领导职责的工具。在权力崇拜观念作祟下，一些牧区基层官员将自己主管负责的领域当作个人的自留地或追逐利益的名利场，垄断自己所负责领域或部门的话语权和决策权，以个人利害得失来决定权力的行使，将岗位职务所赋予的行政权力视为个人专属的特权，对他人的意见或建议避而不听，肆意干扰决策程序，违规操作个人意志，破坏民主协商精神，践踏民主集中制原则。个别牧区基层官员的权力专断行为严重抹黑了领导干部应有的模范带头形象，给牧区基层干部队伍建设造成不良影响。党的十九大报告提出各级领导干部要增强民主意识，发扬民主作风。[①] 民主是牧区基层政府治理的宝贵资源，对权力使用的规范化是牧区基层政府民主化法治化建设的关键，没有一个正确的权力使用观念就会造成整个行政体系的混乱和崩溃。尤其是对牧区基层政府或官员而言，拥有操控牧区基层公共服务和社会公共利益的法理权威，如果其不能合理规范地使用和约束自己手中的权力，而是任由权力专断之风践踏程序正义、破坏制度原则，制造以权压法、以权代法、以权谋私等为政乱象，那么就会造成牧区基层政府民主法治建设的倒退，更严重的会造成牧区基层政权公信力和合法性的丧失。

4. 政绩本位：为民谋利宗旨转为与民夺利动机

在牧区基层政府执政话语表态中，“权为民所系，利为民所谋”的价值原则是其行政服务所遵循的根本。在我国古代政治思想史中也有过类似的表述，提出“食禄者不与民争利”的主张。这一价值原则的行动逻辑或出发点是以公众为中心，充分体现了公共利益在牧区基层政府行政服务中的导向意义。基层政府行政服务的导向决定着基层政权的性质，基层政府以公众为中心的行动话语就是为人民服务，而践行为人民服务宗旨是政府合法性的基础。[②] 作

① 习近平 . 决胜全面建成小康社会 夺取新时代中国特色社会主义伟大胜利［N］. 人民日报，2017-10-28（001）.

② 燕继荣 . 服务型政府建设：政府再造七项战略［M］. 北京：中国人民大学出版社，2009：22.

为一项价值原则，为人民服务宗旨的意义在于指导引领牧区基层政府或官员的日常工作实践，确保其执政动机、政策目标和行政过程具备公信力和合法性，朝着符合人民群众根本利益或社会公共利益的方向进行。然而在实际中，驱动政府行政活动的核心因素并非公共利益，而是政绩利益。美国政治学家李普塞特（Lipset）在其代表著作《政治人：政治的社会基础》中提出“政治的有效性是指实际的政绩”[①]这样一种观点。根据这一观点的解释，政府为实现有效的政治目的必然将行动的最终结果导向政绩而非公共利益。

在实践中政绩观念融入政府行政动机的灵魂深处，占据着基层政府或官员行政动机的主要内容。反映到现实中就是一些牧区基层政府或官员存在着根深蒂固的政绩倾向，将手中的权力、职能或职务等为民谋利的工具，变相为捞取个人政治资本或名利的手段。在贫困牧区，一些基层政府或官员宁愿顶着贫困的帽子大肆举借外债，无视地方政府债务红线，搞一些“周期短见效快”且能够标榜个人政绩的形象工程、面子工程，却对解决本地区贫困人口的实际生活困难缺乏责任和担当。在政绩利益的诱导下，一些官员任性使用手中的权力以谋取个人职务晋升，并反过来通过职务便利、权力便利为自己或他人捞取利益好处，置群众利益于不顾，名为为民谋利实则与民夺利。一些地方政府热衷于搞政绩工程，建一些与牧区社会风貌格格不入的建筑或场馆设施，盲目攀比政府办公排场，在明知地方政府财力不足的情况下仍然违规超标营造政府办公大楼，寻求一种衙门气派、炫富心态，而对待群众的基本民生需求则态度相对冷淡。

对牧区基层政府而言，压力型体制决定了其必须遵从自上而下行政任务导向的考核体系，而这种自上而下行政任务导向的考核体系必然会对牧区基层政府的行为动机构成直接或潜在的干预影响。在牧区基层政府行政服务的价值导向中，行政权力主导色彩相比于群众需求主导色彩更加浓厚，以至于牧区基层政府无奈将自身行政精力和行政资源集中投入回应上级检查考核的工作任务中，而无暇顾及辖区群众的实际需求。再加之自下而上的社会监督对牧区基层政府缺乏实质性的干预和影响，社会公众难以通过制度化渠道纠正牧区基层政府行政服务的价值偏离行为。在这种缺乏有效性社会监督的

① 李普塞特．政治人：政治的社会基础［M］．刘钢敏，等译．北京：商务印书馆，1993：53.

情况下，以自上而下行政任务为主导的基层政府有可能成为地方利益的攫取者。[①] 相比于社会公共利益，政绩利益更容易占据主导牧区基层政府行为的有利地位。在牧区基层治理结构中，牧区基层政府扮演着政治上的“代理型政权经营者”角色。除此之外，牧区基层政府还是地方经济社会发展的主导者，但牧区基层政府要想将手中的地方政权代理权转化为执政合法基础，就需要将地方政权代理权转为地方发展经营权，将自身权力运用到服务牧区地方经济社会发展上。所以，从执政合法基础和地方发展经营权关系的角度看，牧区基层政府也必须纠正政绩利益导向转向回应社会公共利益的价值原则，以便更好地承担“代理型政权经营者”的角色。

但在经营地方经济社会发展利益的实际过程中，牧区基层政府更倾向于保全自身利益以稳定政绩目标，这时的牧区经济社会发展利益和牧区基层政府利益并非相容不悖，牧区基层政府的角色由“代理型政权经营者”转化为“谋利型政权经营者”[②]，而“谋利型政权经营者”的本质行政动机是政绩利益而非公共利益。从行政职业道德上看，这种以政绩利益为驱动因素的行为是缺乏公共服务精神的表现。在“谋利型政权经营者”看来，用自己个人的辛苦付出换取群众的认可满意，远不如换取上级的赏识奖励更为实在。在社会公共利益让位于官员政绩利益的现实下，基层政府或官员背弃为人民服务的宗旨，选择以手中的权力、职能或职务谋求上级激励，为确保政绩过关不惜牺牲群众利益。公共选择学派的理论奠基者之一——美国学者戈登·塔洛克在其寻租理论专著《寻租：对寻租活动的经济学分析》一书中指出：“拥有政治职位便意味着拥有与之相随的一种‘产权’，这种产权不仅可以用来立法创租，还可用来增加他人成本。”[③] 行政官员拥有政治职位意味着拥有了利用公权力实现对公共资源占有分配的条件和可能，而行政官员利用职位之便所获得的“产权”收益，即是利用权力寻租实现自身利益最大化的一种变相交易，

① 汪锦军．从行政侵蚀到吸纳增效：农村社会管理创新中的政府角色［J］．马克思主义与现实，2011（05）：162-168.

② 荀丽丽．“失序”的自然［D］．北京：中央民族大学，2009.

③ 戈登·塔洛克．寻租：对寻租活动的经济学分析［M］．李政军，译．成都：西南财经大学出版社，1991：91.

这种堂而皇之的权力寻租逐利行为为政府失灵埋下伏笔和隐患。

有学者认为政治家或行政人员在公共领域中即便存在着“经济人”表现的事实，也必定是不具有合理性的、违背公共领域存在的原则的事实。[①] 由此来看，行政人员必然是不应该和“经济人”身份联系起来的，然而现实中却可以看到理性经济人的某些表现特征依然存在于一些官员的行为动机当中，最明显直接的表现就是一些官员追求个人利益最大化的行为。在这种逐利行为中，官员将个人对公共行政价值的追求沦为谋取个人利益最大化的工具或手段，违背职业道德操守造成事实上的“经济人”政治家或行政人员的存在。在政绩利益驱使下，地方政府或官员将市场经济中经济人的趋利性表现引入公共领域，造成公共领域利益的受损。如一些官员看重官位和权力，把公仆意识、奉献精神抛却脑后，将人民赋予的权力视为个人的特权，将个人负责的岗位看作自己的自留地，侵占损害群众利益而不自觉，全部工作围绕政绩评价和晋升考核展开，把为人民服务的宗旨偷换成为政绩服务的理念。在这种政绩本位下，基层政府名为为民谋利，实则沦为了“谋利型的政权经营者”[②]。

5. 为官不为：消极怠政心态迟滞日常行政效率

为官不为现象是一种变相的腐败行为，即不为型腐败。而不为型腐败相比于显性腐败属于“隐性失职”行为[③]，是一种不容易被制裁的腐败问题。相比于贪污受贿等显性腐败行为，为官不为行为更加隐晦且危害更为持久。牧区基层政府或官员的为官不为行为严重消磨了自身的服务意识，疏远了同牧区基层群众沟通联系的距离，对牧区基层政府行政服务能力和行政服务水平建设而言是一种极大的危害。为官不为现象的背后是牧区基层政府或官员消极怠政心态的外在行动延续，对日常行政工作产生负面干扰和阻滞效应。为官不为行为是高压反腐态势下基层政府或官员为求职业生涯自保而采取的“委曲求全”策略，其核心原则是“不干事就不出事”“无过便是功”。所谓官场

① 张康之. 寻找公共行政的伦理视角［M］. 北京：中国人民大学出版社，2002：150.

② 杨善华，苏红. 从“代理型政权经营者”到“谋利型政权经营者”——向市场经济转型背景下的乡镇政权［J］. 社会学研究，2002（01）：17-24.

③ 张健. 问责“为官不为”就是为稳增长加把火［N］. 辽宁日报，2015-06-15（002）.

职业风险在中国持续推进全面深化改革和全面从严治党等政治体制改革措施的刺激下变得异常敏感，尤其是在中央高压反腐态势下一系列规范公职人员行为的法律条例陆续出台，进一步迫使官员提高对规范个人权力活动范围的认识。一些官员越发感觉“官难做事儿难办”，萌生“遇事儿就躲，遇困难就撤”的心态，对待日常工作消极搪塞得过且过，缺乏责任意识和担当勇气。

在这种状况下，一些官员认为当前从政做官处于一种极度不易风险极高的阶段，为求自保和职业生涯的平稳转而开始信奉起“不干事就不出事”的官场中庸哲学。在官场中庸哲学的灌输下，一些官员变得“怕事儿躲事儿”，对职责范围内的工作抱着“睁一只眼闭一只眼”“当一天和尚撞一天钟”的消极态度，能推诿躲避绝不积极靠前，毫无工作热情和创新精神。一些官员对职责分内该管的事儿懒得管，对该承担的责任怯于承担，生怕因为自己个人工作上的纰漏或失误而出岔子，进而影响到自身政治前程和利益得失。还有一些官员全然不顾自身所承担岗位职责的重要性，以一副局外人的心态对待自己所承担的岗位职责，遇到问题将自身责任推脱得一干二净。这种明哲保身的处事态度，归根结底是对个人既得利益的一种自保和贪婪，属于典型的为官不为隐性腐败行为。

一些牧区基层干部尤其是一些临近退休年限的领导干部，认为自己在官场的晋升通道不畅，在职业生涯的尾声更进一步获得提拔无望，进而工作激情受挫，对个人未来的发展前景产生悲观和消极的想法，认为与其勤勤恳恳辛劳付出不如退守清闲逍遥自在，常常抱着“船到码头车到站”的想法，对待工作习惯自由放任缺乏责任投入，热衷于看材料、听汇报，缺乏深入基层一线调研了解群众实际情况的行动。还有一些牧区基层干部自认为在长年的牧区基层工作中积累了丰富的经验，不关注时事变化不求上进创新，认为凭借经验就能够履行好本职工作确保所负责环节不出问题。在这种对自身工作能力盲目自信的心态促使下，一些牧区基层政府或官员对上级政策文件的学习贯彻落实不踏实不认真，或者干脆脱离上级指导精神，按照自己“轻车熟路”的一套进行，但实际工作中这种吃老本的做法往往无法应对新情况新变化新问题，遇到突发状况只能踌躇无措。为官不为行为的背后是一些牧区基层政府或官员长期养成的懒惰怠政习气，对付问题习惯浅尝辄止，对待工作妄图一劳永逸，不求思想进步和能力提升，缺乏与时俱进的精神和开拓创新的勇气。这种懒散慢的隐性腐败风气破坏了牧区基层政治生态环境，严重影响到牧区基层干部队伍能力素质建设。

（二）牧区基层“碎片化”治理的内在形成根源

1. 压力型体制下官僚弊病的矫治乏力

在中国各级地方政府组织中，基层的县、乡镇两级政府占据着独特的位置，承担着消化吸收上级政府或部门各项方针政策的最终角色。而在地方政府的行政环境中存在着压力型体制的影响，压力型体制通过向各级地方政府推行以政治压力、行政压力及经济压力等多重控制参数为属性的目标责任制，实现各级地方政府的良性运转。[①] 特别是在党的十八大之前，在基于“四个全面”为导向的科学政绩考核评价体系尚未构建完善之前，压力型体制及其所产生的“政绩崇拜”心理对基层政府政绩导向行为的产生构成重要影响。在压力型体制控制下的基层政府承担着过载的政治、行政、经济等方面的责任，而一旦政策执行过程出现问题，上级往往拿基层政府是问。如中央政府的政策目标通过地方各级政府的层层加码后传递到最基层的县、乡镇两级政府，最终由县、乡镇两级政府所承担的责任是经过体制内各级层层加码后的结果，而一旦县、乡镇两级政府在政策的贯彻执行环节出现问题，往往由自身承担后果。压力型体制下的基层政府与上级政府形成了所谓的“非均衡的交换关系”，在这种“非均衡的交换关系”中，上级政府凭借着“权力优势”对基层政府形成“单边垄断”[②]。处于压力型体制传递终端的牧区乡镇政府，其主要责任是无条件地接受并完成上级所交代的各项任务命令，而对上级的政令不具备反驳或者拒绝接受的资格，这种情况下牧区基层政府的行政灵活性自主性受到很大的限制。

压力型体制使得牧区基层政府为完成上级安排的任务而工作，基层政府的权力是在上级政令捆绑下行使，缺乏自主决策的能力和权力，进而催生出

---

① 刘建军．单位中国：社会调控体系重构中的个人、组织与国家［M］．天津：天津人民出版社，2000：274–277.

② EERSON R. Social Exchange Theory［M］.Columbi–a：Columbia University Press，1969：335.

牧区基层政府唯命是从、消极被动、懒散懈怠等官僚化特点，久而久之这些特点演变成为牧区基层政府官僚化执政的惯习。长期以来，基层政府对上级政令的传达、贯彻和落实都是依靠官僚制层级组织和压力型体制的驱动才得以快速高效的运行。离开了压力型体制的推动，基层政府对上级政令的执行效果就会出现反弹，进而逆向制约整个政府层级的政策执行效果。压力型体制给了地方政府政策执行的高效率，同时也对地方政府的执政传统进行着塑造。对牧区基层政府而言，压力型体制成就了基层政府或官员执政行动中“立军令状”的战时动员形象。在压力型体制的迫使下，牧区基层政府的工作以圆满完成上级指示和命令为标准，一切行动以上级意志为服从。牧区基层政府所扮演的角色是一个老老实实的命令执行者，缺乏对辖区事务的完全自主性，进而对辖区事务的决策投入也仅是为配合上级的命令或要求而进行。这种行动逻辑的出发点是官僚化程序部署机制，直接影响并塑造着牧区基层政府的工作运行常态，所以在压力型体制下牧区基层政府出现政绩导向的逐利行为也就不足为奇。

压力型体制有着自身赖以生存的制度环境、组织结构和实践基础，如官僚文化传统的存在、法治行政理念的缺失、制度化行政程序不足等都会造成压力型体制。压力型体制催生出基层政府官僚主义的作风习气，同时基层政府官僚组织结构的特点又会反过来固化压力型体制的运行模式。在压力型体制层层加码的施压下，上级政府或部门为实现牧区各项经济社会发展目标而制定的各项政策措施，以目标责任制的形式通过各级政府层层下压，实现由县到乡镇、由乡镇到村、由村到户的层级派发。压力任务同每一层级地方政府以及官员的利益得失相“捆绑”，而基层政府和基层干部则承担着最终累加的压力。在压力型体制下牧区基层政府形成县、乡镇、村三级捆绑的压力承担团队，而这三者又在基层社会长期的制度环境、文化环境、社会环境的熏陶下成为官僚惯习最为集中发生的结构共同体。在压力型体制下，牧区基层政府要想落实好本级所承担的目标责任制，就必须强化对下级政府的人事、财政等政治和经济资源的控制。如牧区县政府牢牢掌握着乡镇政府的人事任免权和财政管理权等政治和经济资源，以确保乡镇政府对县政府政令措施的听从调度。

在压力型体制下牧区基层政府对上级政府的命令任务只有遵从，而没有讨价还价的余地，这样才能确保上级政府目标责任制的落实。然而作为地方政权经营代理人的地方政府，在多重任务委托中更容易关注那些显性绩效的工作，而忽视其他工作。① 显性绩效的工作关乎政府政绩，因而也更容易成为地方政府努力工作的方向。地方政府追求显性绩效工作的行动满足了上下级政府之间的绝对服从关系，确保了上级政府对下级政府的权威控制和下级政府对上级政府意志的贯彻执行，但也制约了下级政府尤其是基层政府自主行政能力的发挥，使得基层政府或官员为通过晋升考核而曲意迎合上级盲目崇拜政绩效应，重政策执行结果而轻政策执行过程，造成群众利益或公共利益的损失。作为保障人民群众当家做主权利的自下而上的社会性授权，如果在基层政权建设过程中得不到贯彻落实，那么就会造成地方基层政府只对上级政府负责而不对基层群众负责的行为逻辑。② 本着对上级政府负责的行为逻辑，下级政府在“资源往上流、压力向下走”的效应影响下对上级政府的任务命令抵制无门，只能转而向下进行责任摊派以分解自身所承担的压力任务，实现压力分解的目的。这种情况造成越是最基层的政府越是要承担过重的压力责任，而最基层政府有限的权力和能力无法应对过重的压力责任，压力型体制所造成的“责能困境”矛盾在最基层政府中表现得最为明显。

诚然压力型体制在提升地方政府执行效率方面起到了催化作用，但从社会治理层面而言，压力型体制扮演着侵蚀社会的角色。③ 压力型体制造成行政干预下的社会矛盾激化，损害基层政府的社会形象，是导致基层政府公共服务职能虚化弱化、官僚主义作风等失责失范行为的不良诱因。如牧区一些乡镇政府出于对本级行政利益的考虑，将自身所承担的目标责任转嫁到村或群众个人，使得村两委、村干部或群众个人承担着超出能力职责范围的过度负担，加大了村两委、村干部或群众个人的工作量，造成干群关系紧张，引发

---

① HOLMSTROM B，MILGROM P . Multitask Principal-Agent Analyses: Insentive Contracts，Asset Ownership，and Job Design [J] .Journal of Law，Economics，and Organization，1973（7）：24-52.

② 任宝玉 . 乡镇治理转型与服务型乡镇政府建设 [J] . 政治学研究，2014（06）：84-96.

③ 汪锦军 . 从行政侵蚀到吸纳增效：农村社会管理创新中的政府角色 [J] . 马克思主义与现实，2011（05）：162-168.

基层干部群众的抵触和不满情绪。压力型体制下目标责任制的压力摊派形式使得牧区地方上下级政府间形成高度的权力依附关系，严重削弱了下级政府尤其是基层政府的行政自主性，同时也为基层政府滋生权力腐败、行政不作为甚至“苛政”等行为制造了可能，不利于牧区基层政府充分调动运用本级行政资源服务辖区群众需求，也不利于改善牧区基层政府的行政风气和塑造牧区基层政府的依法执政环境。

2. 晋升锦标赛机制下公私利益的易位

晋升锦标赛机制是改革开放以来中国市场经济发展对行政体制影响的产物，作为促进地方政府行政作为的一种激励手段，晋升锦标赛机制通过对官员职位晋升评价标准的设定，来激励提升官员执政绩效，确保官员在竞争上岗晋级的评价规则下实现优胜劣汰，激发官员队伍干事活力。特别是在基于“四个全面”为导向的科学政绩考核评价体系尚未构建完善之前，晋升锦标赛机制对地方政府和官员的激励作用明显。晋升锦标赛机制是改革开放背景下行政考核体系的一种应变模式，改革开放以来以经济建设为中心的晋升考核体系，使得地方官员难以摆脱唯GDP的政绩冲动和竞争压力下的政绩焦虑[①]，政绩冲动和政绩焦虑驱动地方官员确立以实现晋升考核为目标的行为动机，以期为通过晋升锦标赛赢得先机。从地方官员晋升考核的评价标准看，地方官员晋升涉及诸多硬性指标，如地方经济增长率（GDP）、生态环境治理状况、脱贫攻坚考核验收等。晋升锦标赛机制的评价标准涉及官员的核心利益，为达到个人晋升的目的，官员必须通过各种手段来满足政绩冲动或缓解政绩焦虑，使自身运用权力的过程如同掌握一门“艺术”，充分发挥权力兼具“掠夺之手”和“协助之手”的双面特性，以完成个人晋升“艺术”的完美创作呈现。在晋升锦标赛机制的影响作用下，官员既可以为实现公共利益而获得激励，也可以为实现个人利益而将权力倒向与自身利益攸关的一边，在实现公共利益的过程中运用权力掠夺个人利益。

晋升锦标赛的考核评价标准影响着官员的行政动机，在这种动机驱使下，一些妨碍官员自身考核评价的工作事项尽可能被排斥在外或进行权衡置换，

① 伍彬.政府绩效管理：理论与实践的双重变奏［M］.北京：北京大学出版社，2017：408.

以确保官员自身在晋升锦标赛机制中获得竞争优势或晋级筹码。如一些牧区地方政府在未对市场准入标准和销售流通环节等因素进行详细考察的基础上，就盲目引进发展一批草原肉制品生产加工产业，期望短期内快速摆脱牧区农业产业化短板，以充实牧区地方政府手中掌握的重点大项目资源，弥补地方优势产业发展不足的劣势。但这种贪快冒进的招商引资行为，不仅不能带来当地畜牧产业的转型升级，相反会造成产业布局紊乱和产业竞争力不足，使匆忙上马的项目在与市场同类型成熟产品的竞争中缺乏核心优势，进而影响当地产业结构的合理发展，打击本地发展特色优势农畜牧产业的信心和积极性。晋升锦标赛机制的初衷是通过一系列的考核评价标准和职务晋升规则，使官员的晋升利益与地方经济社会发展的目标需求挂钩，激励地方官员干事的意愿和潜能。但基层政府或官员所承担的职责特点，又决定了晋升锦标赛机制的激励效应为官员进行利益交换提供了便利和条件。

在晋升锦标赛机制激励影响下，官员只关心自己任期内各项显性政绩目标的实现，而对隐性政绩目标和自己任期之外显性政绩所造成的副作用等全然不顾。官员为实现个人晋升目标，甘愿冒政治风险利用公权力为自己的政绩成本买单，如一些地方官员在任期内为宣扬个人政绩，提高晋升筹码，大肆违规营造形象工程，造成地方财政赤字亏空和地方政府债务负担。当主政官员的晋升目标得以实现时，这些政绩工程所留下的烂摊子以及所欠下的地方政府债务等政绩成本，又转嫁给下一任政府和地方财政承担。而中央财政兜底地方政府债务的做法，又会反过来刺激地方政府无所顾忌的大肆举债行为，无益于地方政府债务风险的收敛，造成政绩成本作用下的地方政府债务负担恶性循环。在牧区一些地方由于存在个人威权主义的传统，一些基层干部行政权力过大而又缺乏有效的监督约束。在这种情况下，晋升锦标赛机制很容易对官员的行为构成逆向激励，在一定程度上扭曲官员行政作为的主观倾向。如在一些经济发展极为落后的牧区，地方官员为实现 GDP 目标盲目更改经济社会发展规划，以经济建设指标替代民生发展指标，重经济发展效率轻经济发展质量，置本地区落后的经济社会发展现状于不顾，热衷于超出地方财力允许范围推进大规模城镇化建设，在明知不可的情况下仍然以国有自然资源等为抵押大肆借债搞圈地建设，严重破坏当地自然生态环境，威胁地方经济社会长远发展利益。

为了晋升利益，一些地方官员本末倒置视政绩工程为工作首位，而对改善民生状况、解决城镇贫困人口生活问题等实际工作视而不见。晋升锦标赛机制作用下的官员政绩倾向是行政体制内引入经济效率观念的体现，在罗伯特·B. 登哈特（RobertB . Denhardt）看来："当经济效率成为唯一的讨论议题的时候，协商的、沟通的以及参与的功能都将失去其重要性。"① 牧区基层政府以经济效率优先的政绩观、发展观，是对晋升锦标赛机制的一种应激反应。而当政绩主导下的地方经济效率发展指标成为牧区基层政府讨论的唯一议题时，地方经济效率发展指标的负面效应就会覆盖并影响其他发展指标。面对上级考核监督的压力和职位晋升的诱惑，牧区基层政府或官员有了更为充足的客观理由来回避这种地方经济效率发展指标掩盖其他发展指标的后果。而自上而下的考核监督迫使地方政府为顺应上级要求、完成上级考核置社会利益诉求于不顾②，地方经济效率发展指标在牧区基层政府或官员利益评判体系中的唯一性再次得到论证。在这种被晋升锦标赛机制扭曲了的行政目标驱使下，牧区基层政府或官员只关注与晋升考核挂钩的政绩任务，而对那些被排除在晋升考核评价指标之外的社会实际需求缺乏重视。

晋升锦标赛机制是市场经济时代激励竞争原则在政府绩效改革中的体现，晋升锦标赛机制旨在激发官员为实现辖区经济社会发展目标而采取行动的意愿和潜力，以换取官员在职位晋升竞争中的优势与筹码。从晋升锦标赛机制产生的内在渊源背景看，反映出改革开放以来中国在市场经济探索发展阶段存在的市场机制与行政体制衔接矛盾。在晋升锦标赛机制的诱导下，一些地方政府或官员为了快速获取在晋升锦标赛中胜出的筹码，采取各种方法手段促使地方经济增长目标在短期内迅速实现，如不顾生态环境恶化风险放任高污染、高耗能、低产值的粗放型产业发展，以确保短期内 GDP 增长目标的顺利完成。这种不顾市场经济规律和市场监管法律的违规违法经济发展行

① 罗伯特·B. 登哈特. 公共组织理论［M］. 扶松茂，丁力，译. 北京：中国人民大学出版社，2011：128.

② 汪锦军. 纵向政府权力结构与社会治理：中国"政府与社会"关系的一个分析路径［J］. 浙江社会科学，2014（09）：128-139，160-161，2.

为，对地方经济社会的可持续发展造成严重破坏。晋升锦标赛机制“赢家通吃”和“零和博弈”的规则，使政府官员为了实现个人政治收益而进行不计地方经济发展代价的恶性经济竞争[①]，这等于是拿地方经济社会发展的长远利益换取地方政府或官员的政绩利益，对地方公共利益而言是一种极大的侵占和损害。同时，这些不计地方经济社会长远发展利益的GDP政绩追逐行为，为政企利益共谋、地方保护主义、官员利益寻租等违法违规行为提供了滋生空间。

3. 一元主导下协商参与主体发育不足

西方现代公共管理理论倡导多元主体参与治理的模式，强调发挥多元治理主体的组织优势和行动积极性以解决政府治理的威权主义决策倾向，这也就是所谓的“多中心治理”理论。“多中心治理”理论是西方资本主义生产关系背景下的产物，具有西方政治模式的特点，符合西方政治行为逻辑。单纯采取拿来主义套用“多中心治理”理论，来分析解决中国政府治理结构问题并不能达到理想效果。在西方社会的治理情境中，市场机制的发育成熟度决定了西方政治体制中的政府面对的是一个拥有足够政治自主性的社会，即政府行为受到各种政治利益团体制衡的所谓公民社会。甚至从某种程度上讲，在公民社会中，社会所发挥的一些治理职能完全可以取代政府，这种有“小政府—大社会”或“强政府—强社会”之称的政府和社会关系模式是西方政治体制中多元治理的结构特点。在中国治理情境中倡导多元治理必须要认清和把握中国社会结构的特点，中国的地方政府在一定意义上是社会治理权力的全权代理者，尤其是一些基层政府把持着社会发展的各项权力，社会作为名义上独立的治理主体缺乏实质上的自主性。

在这种情况下形成的政府主导多元协商治理机制，使作为多元协商治理参与主体之一的政府兼具了参与者和引导者的角色，即政府“既当裁判员又当运动员”。但实际上政府更多的是扮演一种引导者和裁判员的角色，引导并裁决其他治理主体的协商参与进程。由于政府拥有操作协商议题的裁判权和决议权，很容易产生“以权代商”的问题使多元协商治理过程流于形式、名

① 周黎安 . 中国地方官员的晋升锦标赛模式研究 [J] . 经济研究，2007（07）：36-50.

不副实，因此造成多元协商治理难以达到理想效果。这种情况的产生与政府一元主导下多元协商治理参与主体自身发育成熟度不足有很大关系。政府既是多元协商治理参与主体，又是多元协商治理的推动者和组织者。但政府掌握着对权力、制度、财政、信息等资源的支配权，所以在多元协商治理中政府拥有着绝对的话语权，并能够借助多元协商治理机制发挥自身影响力，间接控制着整个多元协商治理机制的结果走向。政府在多元协商治理机制中的一元主导地位，使得其他治理主体话语权式微，并直接制约着整个多元协商治理机制的实践效果。

从实际角度讲，党领导下的牧区基层政府对牧区基层群众自治组织和牧区群众而言享有绝对的权威，且二者作为协商治理参与主体的地位与牧区基层政府相比并不对等，因而二者也就无法通过平等协商对话实现对牧区基层政府权力运行和决策制定的影响制衡。究其原因，在广大牧区基层社会长期形成的威权主义传统，对牧区基层群众自治组织和牧区群众的政治参与自主性造成一定程度的限制，使得牧区基层群众自治组织和牧区群众只能顺从于牧区基层政府的权威而不能有所自主作为。同时作为多元协商治理参与主体的牧区社会组织和牧区群众，缺乏现代社会组织和公民应该具备的政治素质和政治参与能力。在我国大部分牧区农村，基层政府、社会组织以及普通群众对协商治理机制的精神内涵缺乏基本认知，构建牧区基层政府和社会协商治理的渠道并不通畅。一些牧区基层政府认为让群众参与社会事务治理，或给予社会组织和群众参与协商治理的机会只能是给政府自己添麻烦，且费力不讨好，增加政府的行政成本和工作负担。与积极引导并支持牧区基层群众协商治理参与活动的做法形成鲜明对比的是，一些牧区基层政府面对社会组织和群众的协商治理参与诉求，拒绝提供法律、政策、资金、场所、设施等方面的保障支持。所以实际中牧区社会组织、牧区群众等的政治参与意识和政治参与能力，远远达不到作为协商治理参与主体同牧区基层政府进行协商共治的条件水平。

同时，牧区基层社会多元协商治理参与主体发育不足还与中国乡土社会的政治文化传统有关。当代中国乡村虽然经历了大规模的城市化进程逐步实现了生活条件的现代化，但在思想观念上中国农村仍然摆脱不了传统农牧业文明的影响。特别是随着农村人口的流动流失，乡村社会逐步走向空心化、老龄化，能留在牧区农村生活的大都是中老年群体，而这部分人员受传统观念和生活方式的影响，个人权利意识淡漠，公共精神培养不足，对乡村公共事务缺乏参与的能力和意识，因而造成牧区乡村社会政治参与力量的松散虚弱，不利于协商治理机制的社会自主性培育。即便是有一些牧区群众具备政治参与的能力和意愿，但又面临着政治参与机制不足和利益诉求表达渠道缺乏等问题。另外，多元协商治理参与主体发育不足还和政府引导责任缺失有关。牧区基层政府在引导推动牧区农村协商民主建设过程中缺乏主体责任意识，不能正确认识理解发展基层协商民主的价值和意义。牧区基层多元协商治理参与主体的发育需要一定的政治、经济、社会和文化等环境，既需要包括牧区基层政府、牧区基层群众自治组织、牧区社会组织和牧区群众等在内的各类协商治理参与主体的加入配合，也需要在外部构建牧区基层协商民主建设保障机制，如从现代法治社会公民教育培养建设入手提升牧区群众的社会责任感和主人翁意识，逐步树立牧区群众政治参与的能力自信和素质自信。

4. 经验主义压制下技术人才成长缓慢

经验主义是牧区基层政府或官员在行政活动中所采取的一种中庸化策略，其目的是减少试错成本，确保决策风险的可控性。在经验主义导向下一些牧区基层政府或官员过分自信于个人行政经验的积累，凡事依赖既有经验，而一旦遇到新情况新问题新变化就开始畏缩不前、不知所措。在经验主义头脑看来，坚持老一套的应对方法以确保政策执行效果掌控在计划范围之内，尽可能确保政策执行不跑偏、不出事才是最重要的。经验主义助长了不作为、懒政怠政等隐性腐败行为。在经验主义指导下，一些牧区基层政府或官员宁肯多走一些决策弯路、多造成一些公共利益损失，也绝不敢求变创新，生怕出了乱子影响政治前程和个人利益。承担公共利益责任意味着承担部门或个人的政治风险，在一些牧区基层政府或官员看来政治风险意味着要面对丢官下台的可能。而采取经验主义策略照葫芦画瓢能够确保职业生涯的低风险，哪怕这种经验主义的做事风格不能实质性地解决问题，但对官员而言只要能够确保个人承担责任的风险在可控范围内就是一种最优选择。经验主义执政思维有着一定的制度环境基础，特别是在牧区基层地区，基层政府长期承担着维稳压力，使得基层政府的一切行动都要以“维稳”红线为准绳进行。稳定压倒一切的思维意识促使牧区基层政府或官员在实际工作中更加讲求经验理性，恪守风险最低的保守行事风格以确保工作不出意外。

在经验主义头脑看来，任何标新立异或突破现状的创新动作都有可能招来对官员个人政绩的非议，所以按照经验办事满足于完成“规定动作”更加符合牧区基层政府或官员的利益选择。“创新”在牧区基层政府或官员中缺乏稳定市场，一些牧区基层政府或官员“宁肯不办事也绝不担风险”的态度使得“创新”被认为是一项政治高危动作。即便是在原则框架内寻求执政策略优化，也远比墨守成规依照经验办事更容易被认定具有危险性。“创新”所带来的风险对牧区基层政府或官员而言，意味着拿政绩利益或个人仕途做赌注，显然这是不明智的。由经验主义所主导的牧区基层政府或官员策略选择，对牧区基层政治生态环境构成了负面消极影响，造成不同年龄阶段的基层干部在意见和行动上的分歧矛盾。一些年长且占据牧区基层工作经验优势的干部更青睐于采取经验主义策略，而年轻且具有一定思想学识技能的干部则更善于发挥能力专长采取创新多样的工作方法。不同年龄阶段的牧区基层干部在成长背景、工作经验、专业技能等方面的差异，造成对待处理工作的策略选择差异，而这种策略选择差异成为牧区基层干部发生意见分歧和行动矛盾的一个重要原因。

既然循着经验主义原则做事的风险更低，那么求变创新的做法就显得不理智不可取。一些占据经验优势的保守型官员为了寻求个人权威和地位的稳固，拒绝听取采纳年轻干部的创新思路和方法建议，对待年轻干部的专业技术和工作能力不肯放下姿态和面子去讨教学习，对待年轻干部改进基层工作方式、创新基层工作方法的观点建议不加理会和接纳，不承认自己工作经验上的短板和思维认识上的缺陷，不主动接受研究新生事物。并且对年轻干部工作中的创新做法进行限制，对年轻技能型干部的培育和发展设置障碍。如在牧区一些偏远落后的地方很难引进培育和留得住大学生干部，其中一个重要原因就是一些基层政府或官员对大学生干部的工作想法和创新建议缺乏认可重视，认为新进的大学生干部刚出校门缺乏实际工作经验，只会纸上谈兵难以委以重任，因而造成大学生干部的个人才华和能力在牧区基层工作中得不到发挥施展。不可否认经验主义的工作方法在一定时期和情况下存在着稳妥管用等优点，但对寻求职能转变和行政效能提升的现代服务型政府而言，仅靠工作经验的积累不足以应对复杂多变的牧区基层治理问题，必须要推动牧区基层政府治理工具和治理方式创新。而培养建设一支年轻技能型干部队伍能够为牧区基层政府思想解放和工作创新输入新鲜血液和持续动力，避免牧区基层政府因固守经验而变得思想僵化、行动裹足。

5. 传统管制套路下治理技术创新滞后

西方经济学的鼻祖亚当·斯密（Adam Smith）在其代表作《国民财富的性质和原因的研究》一书中写道："如果政治家企图指导私人资本运作是自寻烦恼……管制必定是无用的或有害的。"[①]在这段文字表述中亚当·斯密将政府或者决策者的管制手段看作干扰市场机制正常运行的非理性行为。管制手段的实施是政府与市场或社会在边界混淆状态下的一种惯用措施，其结果导致政府行为与市场行为界限的模糊，为政府行为越界留下空间，无益于政府权限走向规范化、合理化。从人类社会历史发展的视野看，管制是非市场经济时代的产物，被看作一种缺乏现代法治和民主精神的政府处理同社会、市场关系的措施或手段。政府发挥行政职能管理社会活动最常用的行政措施就是管制，管制措施之所以成为政府行政活动中的惯用手段，除与长期的人治传统有关外，还跟管制措施的技术门槛有关。相比于其他具备现代治理理念和技术的行政手段，管制手段的技术成本较低、入门快、易上手。但管制手段的出发点是确保政府权力的贯彻执行，带有强制性和专断性的特点，缺乏对社会公众利益诉求的柔性回应，常常引发社会公众对政府政策执行过程的抵触和抗拒，容易造成社会公众对政府行政活动的不满，导致政社关系状态紧张的结果。

尤其是在管制手段的使用过程中，常常存在人性化考虑不足、规则意识淡薄、法治精神欠缺等问题。这些问题既是管制手段的缺陷，又从侧面反映出管制手段较低的行政成本。管制手段在实际使用过程中容易造成极具危害

---

① 亚当·斯密.国民财富的性质和原因的研究：下卷［M］.郭大力，等译.北京：商务印书馆，1997：28.

性的后果，一些牧区基层政府缺乏对现代法治政府内涵的认识理解，盲目追求政府行政效率而忽视公众的政策满意度，在采取管制手段实现政策目标的过程中只注重结果而不求过程，为达到预期目标而不顾忌执行过程中出现的矛盾。管制手段在实现牧区基层政府强制执行力和执行效果的同时，也衍生出牧区基层政府暴力执法、以权代法、越界执法等行政乱象，使得牧区基层政府的一些行政作为广受诟病和批评，严重损害牧区基层政府的公信力和执政权威，激起牧区群众的抵触心理和不满情绪，给牧区基层政府进一步开展工作增添了难度，也给牧区基层政府法治建设制造了人为干扰因素，不利于树立现代服务型政府的形象。官僚制本身所存在的行政成本、繁杂的行政程序，以及政府决策通常滞后于市场反应而导致的政策低效性，都注定了管制手段会产生巨大的效果偏差。R.H. 科斯等新制度经济学派代表人物在《财产权利与制度变迁》一书中指出："直接的政府管制未必带来比市场和企业更好的解决问题的结果。"[①] 所以，政府管制手段必须收敛在合理范围之内，才能发挥调节社会利益矛盾和修正市场失灵弊端的功能。

在传统人治因素的影响下，牧区基层政府所采取的行政管制手段具有强权色彩，是由强大政府话语主导的一种硬性手段。管制手段代表着一个时期以来牧区基层政府行政逻辑中的"维稳情结"，在稳定压倒一切的政治原则底线倒逼下，一切行政手段围绕稳定大局、服务大局进行。为了确保牧区基层社会的稳定，管制手段作为最易复制的手段成为牧区基层政府的行政策略首选，管制手段简单粗暴的行事风格相比于柔性执法、协商治理更显得富有成效。在牧区基层社会长期的"维稳任务"和"维稳压力"下，基层政府变得越来越不懂得如何去贴近群众、了解群众和服务群众。牧区基层政府和群众之间变得只有服从与被服从的管制关系，而无沟通对话、协商合作的鱼水关系。在管制手段的运用过程中，牧区基层政府的行政活动不再需要充分考虑群众的态度和意见，也不再需要法律程序和配套制度的跟进，管制手段背后反映的是牧区基层政府执政理念中的强权思维和保守心态，延续传统管制套路的行政手段并不能解决牧区基层治理问题。

① R.H. 科斯等 . 财产权利与制度变迁［M］. 刘守英，等译 . 上海：上海三联书店，1991：56.

管制手段在一定时期范围内能够起到预期效果，为政府政策推行畅通路径。但管制手段或多或少体现着非人性化的特征，并伴有民主成分不足、协商程度不高等缺陷。管制手段的人为干预色彩明显，是一种政府权力超限越界的行为表现，反映出政府与市场、社会权力边界的不明晰，违背了现代法治化服务型政府的执政服务理念。牧区基层政府的服务对象是牧区群众，牧区群众不仅是政府政策命令的被动接受方，还依法享有对政府进行民主监督和批评的权利。而管制手段作为一种单向度的权力支配措施，满足的是牧区基层政府自身的行政偏好，不一定符合牧区群众的现实利益需求。尤其是管制手段极易造成牧区基层政府对社会、市场等私人部门的过度行政干预，模糊了公共部门与私人部门的边界，侵犯了社会公众的法律权利和自由空间，不符合民主法治精神和现代法治化服务型政府的行政理念。管制手段作为牧区基层政府的一种行政措施是威权主义行政的象征，带有浓厚的人治色彩，并不能解决市场经济背景下牧区群众日益强烈的政治参与意愿和牧区基层政府协商民主精神践行不足的矛盾。随着牧区基层政府所面对社会治理问题的发展变化，必然要有与之相匹配的治理工具和治理方式加以应用。牧区基层政府只有与时俱进地推进治理工具和治理方式创新，才能胜任日益复杂的牧区基层治理任务，而抱守管制套路拒绝接受新鲜事物只会重新激化矛盾，造成牧区基层政府和牧区群众的对立，无益于纾解矛盾和解决问题。

第二节　牧区基层整体性治理的阻滞因素

从对牧区基层政府碎片化治理的外在表现特征和内在形成根源的分析中可以看出，碎片化治理既是提出牧区基层整体性治理命题的诱导因素，又是牧区基层整体性治理的问题意识。整体性治理反对的是碎片化，基于对碎片化问题的认识，整体性治理提出解决方案将牧区基层政府从碎片化治理的困境中解脱出来，重新定义其治理范式和行动取向。牧区基层政府碎片化治理突出地表现在行政权力碎片化、行政组织碎片化、行政职能碎片化，其内在形成根源是中国传统官僚制惯习的矫治不足、政府整体性服务供给脱位、协商民主参与主体发育不足、技术型公务员队伍成长缓慢，归纳起来这些根源性问题背后有着深刻的制度因素、文化因素和社会因素。而这些因素构成了牧区基层政府碎片化治理的客观生长环境，同时也是制约牧区基层整体性治理运行机制发挥作用的阻碍。

一、制度因素：压力体制制约合作机制

地方政府行政体系中存在的压力型体制，造成地方政府为完成期限内的责任目标而展开辖区地方政府之间、政府各职能部门之间的横向竞争。尤其是当面对一些跨行政区划或跨政府责任边界的公共事务治理时，地方政府之间、各职能部门之间的竞争关系常常造成合作障碍，而缺乏合作机制则难以应对解决跨界公共事务治理问题。压力型体制广泛存在于自上而下的命令型行政权力体系内，其核心原则是下级政府对上级政府负责、下级部门向上级部门负责。所以在这种向上负责的原则要求下，地方政府或各职能部门为按规按时完成上级交代的工作任务，以提升自身在晋升锦标赛中的竞争优势，必然要同其他地方政府或职能部门展开竞争，而地方政府间竞争关系的形成则会进一步导致地方保护主义、地方资源壁垒等问题，限制地方政府之间或各职能部门之间的合作意愿和合作行动。

同时，压力型体制也造成了政府和社会合作基础的削弱，由于责任目标压力下地方政府高度集中于应对上级工作任务的摊派，造成地方行政资源大幅度倒向政府政绩利益的一侧，而社会多元化的利益需求得不到地方政府的足够关注和满足，由此使得政府和社会之间难以形成政策共识，政府政策制定和执行缺乏公共代表性和广泛的民意基础。在地方政府对社会利益需求感知失真的状态下，地方政府政策制定和执行很难体现出真实的民意所需，在这种情况下地方政府政策对社会利益需求的失真反映将直接影响到二者之间的信任基础和合作基础。所以，压力型体制作为制度因素不利于牧区基层整体性治理合作机制的实现。

二、文化因素：官僚文化压制协商精神

我国有着深厚的官僚文化传统，一度拥有着高度发达的官僚文化。而相比于官僚文化的高度发达，我国协商民主精神的发育程度则相对滞后。官僚文化作为长期官僚制组织结构所孕育的一种职业行为风气，在政府权力结构、政府权力运行等方方面面都能充分体现出来，官僚文化在一定程度上构成影响政府行政逻辑和行政动机的深层次文化因素。尤其是在地方基层政府中，官僚文化传统表现得更为突出。在一些基层政府的日常行政行为中，常常能够看到官僚文化所隐藏的为官不为、官本位主义、怠政懒政等行政职业道德失范行为。官僚文化作为威权主义文化的衍生品，在维护官僚组织权威的同时也解构着官僚制内在的行政理念内涵。官僚文化在性质上属于一种代理人文化，培养的是政府、官员和社会公众对权力尊崇的思想心态。官僚文化不利于政府公共服务意识和协商民主精神的培育塑造，对整体性治理以公众为中心的价值原则和以政社合作为内容的建设目标而言，官僚文化属于典型的私利文化。

官僚文化对官僚组织成员服从意识和权力意识的引导塑造，使得公共行政价值内涵和协商民主精神无法顺利导入政府行政伦理观念的改造中。对牧区基层整体性治理而言，官僚文化在一定程度上对多元主体协商治理机制构成压制。官僚文化的本质是对权力的崇拜和保守，而整体性治理所强调的政社合作、横向综合组织结构等都是建立在开放合作的基础上的，需要形成多方协商合作的模式，这些都要求满足协商民主精神的要求。官僚文化和协商精神在内涵实质上是不相兼容的两种概念，协商精神是一种民意融和的精神，协商的过程必然要求政府重新定义自身的代理人角色，而协商机制对政府行为起到了一定的监督和制约作用。

三、社会因素：人情意识超越法治意识

中国传统的乡村社会很大程度上是围绕人情因素展开社会伦理关系的建构，所以人情特征是中国乡村社会的一个最基本特征。作为传统乡村社会的鲜明标签特征，人情因素在建构乡村社会基本道德伦理关系的同时也制约着乡村社会向着现代性的一面转变。在人情因素贯穿下的乡村社会结构体系中，

存在着“人情大于法理”“人情意识超越法治意识”等人情过重现象。乡村社会的人情社会本质，使得乡规民约作为规范乡村社会道德伦理秩序的手段能够大行其道，且常常突破法治界限、僭越法律条规而不自知。人情社会提供了乡规民约畅行的社会环境基础，且为乡规民约抵触国家法规提供了隐性助力功能，对比之下国家制度层面的法治体系则被压抑于人情因素所建构的社会伦理关系中。人情因素是制约乡村社会治理走向现代化的重要社会因素，人情意识浓厚的乡村社会往往也是法治意识薄弱缺失的地方。所以，人情意识和法治意识作为迈向现代文明进程中乡村社会必须要加以选择割舍的两个选项，必然要在交织碰撞中实现对立统一。

对我国广大牧区乡村而言，人情化社会生活模式意味着人们所生活的社会结构体系，围绕政治、经济、社会、文化等内容进行饱含人情因素的掺杂渗透，最终使之形成所谓人情味儿浓重、法治意识薄弱、契约精神不足的“人情社会”。人情意识对法治意识和现代精神造成强烈冲击，使得国家意志和法律制度很难在牧区基层社会治理中畅通有效地贯彻执行。如在牧区一些地方浓郁的人情味儿社会风气对基层政府法治化建设造成严重干扰和破坏，各种托关系、走后门的“人情牌”大行其道，使得有法不依、违法不究、执法不严的现象成为常态。人情社会背后充斥着各种变相腐败、权力扭曲等不法行为，人情意识的泛滥泛化使得正常的政府执政执法工作失去公正、公平、民主、法治等原则规范而沦为私人权力工具。人情因素对法律制度、法治精神的干扰、操纵和破坏，严重阻碍了牧区基层政府、牧区群众等相关利益主体法治精神的塑造和法治意识的培育，对牧区法治社会建设产生抵制冲突。

第五章

牧区基层整体性治理的前提基础与总体目标

第一节　牧区基层整体性治理的前提基础

任何一种治理模式都需要适应并依存于一定的环境条件中，脱离了具体的环境条件来应用治理模式无异于盲目嫁接，只能取得适得其反的效果。所以，牧区基层整体性治理的实施需要借助一定的环境基础，只有充分培育适合整体性治理应用运行的基础条件，才能确保整体性治理在牧区基层治理情境中适用适应。牧区基层整体性治理所提出的价值维度、内容维度、载体维度和技术维度的建构目标，需要借助牧区服务型政府建设、牧区基层群众权利意识培养、牧区网络化行政技术的应用、牧区社会自主性培育，以及牧区基层公务人员队伍建设这些基础条件来加以实现，即牧区基层整体性治理的实现前提是满足一定的行政基础、群众基础、技术基础、社会基础和人才基础。整体性治理在牧区基层治理中的应用需要行政基础、群众基础、技术基础、社会基础和人才基础的支持，脱离了牧区基层整体性治理的前提基础，整体性治理模式在牧区基层治理中的应用就无法达到理想效果。

一、行政基础：牧区基层政府服务职能建设

牧区基层政府在地方政府行政体系中的基础性地位决定了它是国家治理的基础环节和支柱根基，是实现国家治理现代化目标的基本行政单位。牧区基层政府的性质是服务职能和政治职能并重的一线政权组织，而服务职能建

设的根本目的是支撑政治职能，因此牧区基层政府的服务职能建设是巩固和改善自身执政根基和执政力量的必然措施。同时，建设服务型牧区基层政府，提高牧区基层政府公共服务职能，也是治理现代化背景下牧区基层政府职能转变的发展趋势。尤其是随着治理现代化概念的提出和推广，必然要求牧区基层政府转变政府职能，朝着改进创新公共服务职能的方向履行执政职能，以提高自身公共行政能力和水平。服务职能既是牧区基层政府的一个基本职能，也是其最主要的职能。

牧区基层政府是地方政府行政体系中最一线的政策执行者，处于地方政府行政结构的末梢和下端，承接来自上级各个政府和部门的任务工作，以及牧区基层绝大部分的基础设施和公共服务设施建设任务，是直面广大牧区群众提供基本公共服务和公共产品的基层政府，也是与广大牧区群众联系最为紧密的最直接一线政权组织。因此，牧区基层政府的公共服务能力和水平直接决定了其执政能力和治理水平。牧区基层政府作为践行“全心全意为人民服务”宗旨的党的基层政权组织，其核心工作大局围绕服务牧区群众展开，践行宗旨理念建设服务型政府是牧区基层政府所明确的根本政治目标。牧区基层政府整体性治理的价值理念是以公众为中心，而以公众为中心的基础是实现行政服务职能的公共性，公共性最鲜明体现在基层政府的服务职能中。对牧区基层政府而言，要实现整体性治理以公众为中心的目标就要在服务职能建设上下功夫，确立为民服务的宗旨意识和服务职能的行政基础。

二、群众基础：牧区基层群众权利意识培养

牧区基层整体性治理的目标是建立整体性政府，而整体性政府要求具备现代公民精神和权利意识的社会力量来对政府建设形成辅助和监督。这其中最根本的措施就是要激发牧区群众政治参与的自主性和积极性，培养牧区群众的权利意识和主人翁意识，引导牧区群众参与到政府治理的各项活动中。整体性治理提出的政社合作需要社会主体发挥参与的积极性，而从当前牧区基层群众的治理活动参与状况来看，广大牧区基层群众普遍缺乏基本的治理参与主动性和自觉性，大多数人认为治理活动应该是由基层政府承担的工作和任务，作为群众个人只是被动的接受者，因而对其主动参与的积极性不强。

另外，牧区基层政府在引导群众治理参与方面缺乏具体的制度性措施，尤其是在对牧区基层群众权利意识的培养和教育方面缺乏投入。

牧区基层群众是协商治理的重要参与主体，是辅助和监督基层政府实现整体性治理的有效力量。对牧区基层政府而言，整体性治理不仅需要从政府自身着手发挥主观能动性创新提升行政服务能力和行政服务水平，更需要从基层群众的需求和认知着手，培养牧区群众的政治参与热情和兴趣，引导牧区群众以主人翁身份参与到牧区基层政府的治理活动中。牧区基层整体性治理的根本途径是依靠群众，只有引导和培育基层群众治理参与的积极性和主动性，奠定社会公众参与政府整体性治理的群众基础，才能确保牧区基层政府整体性治理的公共利益方向。

三、技术基础：牧区网络化行政技术的应用

整体性治理所倡导的网络化治理工具和治理方式的应用，对牧区基层治理现代化具有创新驱动的作用。网络化治理所要解决的是由信息、机制和组织结构等造成的牧区基层政府碎片化行政问题，网络化治理有助于加快牧区基层政府网络化行政技术的应用水平，改善牧区基层政府信息技术应用发展的软肋。从技术角度讲，大数据技术驱动下的整体性治理有助于解决“数据孤岛”“原子化个体”等社会治理问题①，而这些问题也是目前牧区基层治理中所面对的主要问题。结合当前牧区基层政府行政服务信息化建设的滞后性特点，必须加快网络化治理工具和治理方式的应用，推进网络化行政技术在牧区基层政府行政服务中的普及。尤其是要推进以“互联网＋政务服务”等技术应用为代表的新型智能终端平台在牧区基层政府民生服务领域的应用，消除因信息壁垒和信息碎片化造成的地方行政障碍，引导牧区基层政府学会使用信息化技术手段获取感知社会态势信息，拓展牧区群众“一站式”网上办事的渠道，建立在线政社互动沟通机制，从更大程度上方便牧区群众。

整体性治理本身是一项技术要求很高的治理模式，而牧区基层政府治理技术的落后水平则难以对接整体性治理的各项要求。所以，推进牧区基层整

① 张海波．大数据如何驱动社会治理［N］．新华日报，2017-09-13（018）．

体性治理建设必须确保网络化行政技术手段的推广应用，为整体性治理的实施提供技术环境支持。牧区基层整体性治理的技术平台基础是电子政府，而电子政府运行需要完善的信息基础设施支持，单纯的互联网络不足以建立起政府和公众的连接。[①]针对地区信息基础设施建设的差异性特点，要结合牧区基层政府行政业务现状，从基础硬件设施（网络通信设备、智能终端设备等）和软件设施（网络信息系统应用、人员培训等）等方面加快牧区基层政府网络化行政技术建设，确保网络化治理技术的应用能够快速推动牧区基层政府行政服务效能变革，提高牧区群众对政府行政服务的满意度。网络化治理技术基础是整体性治理运行的保障，网络化治理技术优势是整体性治理模式相比于其他治理模式的优势所在。因此，发挥好整体性治理的技术优势，才能确保整体性治理模式在牧区基层政府行政活动中得到良好应用。同时，网络化治理技术基础作为牧区基层政府行政服务能力和行政服务水平创新的一项基本要求，对于加强牧区基层干部能力素质建设具有催化作用，有助于牧区基层政府行政业务精干力量的培育，是牧区基层政府建设专业化、技能型职业公务员队伍的必要措施。

整体性治理是以网络化治理技术为支撑的一种治理形态，其本质内涵是以技术创新驱动治理变革。整体性治理对技术的强调反映出信息时代治理工具和治理方式的变化趋势，掌握、整合和利用信息资源在整体性治理中变得更加重要，整体性政府建设需要依赖信息网络技术搭建政府管理服务平台、改进政府内部业务流程。从政务服务信息化建设的角度看，大数据等信息网络技术的应用使得政府能够依托专业数据库发挥公共服务职能，方便政府根据个性化的社会需求提供有针对性的公共服务。[②]网络化行政技术的应用是牧区基层政府建设整体性政府的客观需要，也是牧区基层政府提供优质高效的公共服务的必然选择。整体性政府从技术革新应用程度层面又可以称为网络化政府，即一种以信息网络技术为行政技术支撑的政府形态。倘若缺失行政技术改革提升的环节，而仅实施行政管理体制改革，则难以实现整体性政府

① 简·E. 芳汀. 构建虚拟政府：信息技术与制度创新［M］. 邵国松，译. 北京：中国人民大学出版社，2010：5.

② 陈潭. 大数据时代的国家治理［M］. 北京：中国社会科学出版社，2015：67.

建设目标。结合牧区基层政府实际，在推进行政服务能力和行政服务水平建设的过程中，要适应信息化背景下行政技术发展规律，充分发挥网络化治理在牧区基层政府建设中的作用。

四、社会基础：牧区自主性群体组织的发育

有学者认为群体性的利益及其表达相比于个体更容易引起政府决策的重视和回应。[①] 所以，相比于社会个体成员，群体组织的意见表达或政治参与能够将分散的个体成员利益凝聚起来形成群体利益，而群体利益及其表达更具社会影响力，也更能引起政府决策的重视和回应。群体组织能够形成并代表大众主流意见影响或左右政府决策，而群体组织本身就是一种群体性力量，反映了社会自主性和群体意志联合。牧区基层整体性治理需要建立稳定有力的社会基础，即培育具有自主性的群体组织。群体组织是牧区基层政府整体性治理的依靠力量，也是整体性治理的重要参与主体和服务对象。对牧区基层政府而言，群体组织积极自主地参与公共事务治理象征着协商治理机制公平、民主、法治等价值目标的实现。同时，拥有自主性的群体组织对牧区基层政府的行为能够起到监督和制约的作用，群体组织是牧区基层政府民主法治建设的良性压力。牧区自主性群体组织的发育代表着基层社会自发性民主力量的建设和进步，相比于带有体制因素特点的基层群众自治组织，拥有自主性的群体组织更能全面真实地反映社会公众的利益诉求，也更能客观理性地表达基层群众的政治参与意愿和态度。

对牧区基层政府而言，培育引导自主性群体组织能够起到有序推动基层社会协商民主建设的作用，激发社会公众的参政精神和权利意识，提高社会公众的治理能力。而一个具有良好公民治理能力的社会反过来又可以提升政府的能力[②]，所以社会公众的治理能力和政府的治理能力具有互相促进、互相补充的作用。自主性群体组织的发育代表着成熟的社会力量开始参与并影响政府决策，但群体组织的自主性仍然要在合乎法律规定的框架内进行，其活

① 刘伯龙，竺乾威．当代中国公共政策［M］．上海：复旦大学出版社，2000：18.

② MIGDALJ S，KOHLI A，SHUE V，eds. State Power and Social Forces：Domination and Transformation in the Third World［M］.Cambridege：Cambridge University Press，1994：276.

动边界并未超出法律规定所允许的范围。牧区自主性群体组织是对传统行政权力附庸型社会组织的一种颠覆，自主性的培育使得群体组织能够以对等的权力地位参与到同地方政府政策制定和执行的谈判协商中，确保了社会参与的公平性和民主性。对牧区基层政府而言，良好的社会参与氛围是促进政府行政服务改革的驱动力。而自主性群体组织能够对权力任性行为进行合理有效的监督制约，构成牧区基层整体性治理的社会基础。

五、人才基础：牧区基层公务人员队伍建设

党的十九届四中全会提出把提高治理能力作为新时代干部队伍建设的重大任务。[①] 牧区基层整体性治理对行政技术创新的要求，势必会影响到牧区基层政府公务人员队伍建设，只有具备一定的职业技能和职业素质的公务人员才能胜任牧区基层整体性治理工作。所以，牢固树立人才基础，建设职业化的牧区基层公务人员队伍，提高牧区基层干部队伍的治理能力，才能保障牧区基层整体性治理的成效。牧区基层工作是一项考验基层公务人员能力素质和理想信念的持续性工作，对牧区基层政府而言，必须建设一支具备优良职业技能和职业素质的公务人员队伍来承担完成这项工作。牧区基层工作的性质决定了承担完成这项工作的基层公务人员必须是一群对牧区生活牧区群众富有情怀和理想的人，基层公务人员只有建立一定的情感认同基础才能在牧区基层平凡的岗位上耐得住寂寞、守得住清贫，脚踏实地践行为牧区群众服务的本职工作。能力素质和理想信念对牧区基层公务人员而言同等重要，二者互为补充构成牧区基层公务人员队伍建设的基本要素。

长期以来，广大牧区基层政府和农区基层政府同样存在引进不来、培育不了、留不住有能力的年轻干部的问题，而干部队伍是牧区基层政府治理的基础。尤其是干部队伍的能力素质和理想信念决定着牧区基层政府的行政服务能力和行政服务水平，没有好的干部队伍就不能带领牧区群众实现脱贫致富和现代化建设。人才意味着优质的公务人员队伍，而公务人员队伍的能力素质和理想信念又直接关系着牧区基层政府“全心全意为人民服务”宗旨的

① 中共中央关于坚持和完善中国特色社会主义制度 推进国家治理体系和治理能力现代化若干重大问题的决定［N］. 人民日报，2019-11-06（001）.

践行和实现。党的十九大报告提出要注重在基层一线和困难艰苦的地方培养锻炼年轻干部[①]，广大牧区基层是年轻干部成长锻炼的重要舞台，推进牧区基层整体性治理必须要善于培养锻炼年轻干部，尤其是要建设一支作风优良、能力突出的年轻公务人员队伍作为后备支撑力量。只有打牢牧区基层政府的人才基础，才能维护牧区长期稳定可持续的发展和牧区基层政府治理的有效性。

第二节 牧区基层整体性治理的总体目标

整体性治理坚持以公众为中心的价值原则，倡导多元主体协商治理机制，在充分利用改造官僚组织结构的基础上，提出构建横向综合组织结构整合资源要素，引导多元协商治理主体建立跨界公共事务治理合作，整体性治理通过应用网络信息技术提高治理技术，致力于发挥分布式治理资源在应对跨界公共事务问题时的整体性优势。[②] 概括起来整体性治理所要达成的总体目标就是增进政府治理价值、提升政府治理能力，即价值目标和能力目标。具体来讲，价值目标即实现以公众为中心的原则，增进政府治理价值；能力目标即增强政府整合力，提升政府治理能力。就价值目标而言体现的是政府的公共性，而能力目标体现的是政府的整合力，即行政能力。据此，牧区基层整体性治理的总体目标也可以划分为价值目标和能力目标两个层面，其中价值目标即重塑牧区基层政权公共性，行政目标（能力目标）即增强牧区基层政府整合力。价值层面的目标是牧区基层整体性治理的终极意义所在，它强调了政府作为凌驾于社会公众之上的公共部门的存在价值及意义，行政层面的目标旨在说明牧区基层整体性治理所要达成的政府治理能力的状态，即增强牧区基层政府整合力，消除碎片化对牧区基层行政的影响。

① 习近平．决胜全面建成小康社会 夺取新时代中国特色社会主义伟大胜利［N］．人民日报，2017-10-28（001）．

② 杨博．论政府有效性［D］．武汉：华中师范大学，2015.

一、价值目标：重塑牧区基层政权公共性

对牧区基层政府而言，公共性是其作为基层政权所应达到的基本价值目标。基层政权公共性体现的是基层政府行政活动符合公共利益，着眼于社会公众的利益需求而非政府自身的行为偏好。公共性目标是牧区基层整体性治理的价值所在，其价值内涵在于塑造基层政权的公正、法治、民主、奉献等现代行政理念。公共性作为牧区基层政府建设的一种价值观，体现的是基层政权“权为民所系，利为民所谋”的执政宗旨和服务理念。在中国治理情境中，全心全意为人民服务的宗旨是中国共产党作为执政党的政治目标和价值追求，这一宗旨决定并赋予了基层政权“为民执政为民服务”的行政价值目标，而这种“为民执政为民服务”的行政价值目标从内涵解释上所表达的正是基层政权的公共性问题。由执政党的执政宗旨和服务理念所引申出的政府行政价值目标，与整体性治理所提出的以公众为中心的价值原则在内涵实质上表现出一致性，其最终指向的都是作为执政方的政府的社会存在意义与价值。

整体性治理提出的以公众为中心的价值原则，是对牧区基层政府行政服务理念的一种重塑和诠释，其出发点同执政党“为人民服务”的政治目标和价值追求具有内涵相似性。“为人民服务”宗旨的出发点是发扬人民群众在执政方（政府）行政中的主体地位，侧重于突出表现政府之于人民群众所应体现的服务价值；而整体性治理所提出的以公众为中心的价值原则，是从公共行政价值出发强调政府行政所体现的公共性，即政府的行政活动要符合公共利益体现公共性；二者在内涵表述上是一致的。公共性目标通过具体的改革措施从价值维度激发牧区基层政权行政服务理念的变革，体现的是从行动层面对现代服务型政府建设形成激励效果，其目的是塑造政府的行政价值、引导政府的行政目标、影响政府的行政结果。公共性问题的提出从行政价值目标的角度激发牧区基层政权对自身责任、使命和意义的思考，推动牧区基层政府公共行政价值与执政党宗旨原则实现衔接融合、交叉共鸣。

二、行政目标：增强牧区基层政府整合力

牧区基层整体性治理的目的在于消除碎片化行政的影响，增强牧区基层政府整合力。整体性治理反对的是碎片化，而碎片化问题也是牧区基层政府

行政中最常见的问题。对牧区基层政府而言，行政服务能力和行政服务水平体现在政府行政执行力上，而行政执行力本身是由牧区基层政府整合力决定的。整合力强的政府，行政执行效果也会比较明显，而整合力弱的政府，行政执行力极易走向松散、虚弱。碎片化的实质是对牧区基层政府行政执行力的分解和削弱，牧区基层政府行政执行力主要依靠集中的权力运行结构、完善的部门组织网络和规范的制度机制体系来进行，而碎片化使得政府内部权力、职责、组织等呈现出离散化分布状态。碎片化制约了牧区基层政府行政服务能力和行政服务水平的提升，而碎片化和官僚制的结合又进一步衍生出职责混乱、部门本位主义、行政推诿扯皮等一系列问题。碎片化行政产生的不良后果，消解了牧区群众对牧区基层政府的信任感，严重动摇了牧区基层政府的执政根基，造成牧区群众对基层政府行政服务能力和行政服务水平的不满情绪。

高效、廉洁的政府是人民群众根本利益的保障，也是整体性治理的建设目标。牧区基层整体性治理的行政目标就是增强基层政府整合力，建设高效、廉洁具备较强行政执行力的政府，全面提升牧区基层政府行政服务能力和行政服务水平。增强牧区基层政府整合力是弥合碎片化行政漏洞的必要措施，通过增强整合力牧区基层政府实现职权责的统一，行政权力运行变得更加富有效率，政府之间、职能部门之间、政府与社会之间的合作变得更加成熟体系。整合的目的在于修复碎片化的权力结构、组织结构和公共服务结构，使牧区基层政府在完善职能分工的基础上，实现政府运转的高效、精简，最大限度突出和发挥牧区基层政府的社会服务职能。通过健全和完善社会服务职能夯实牧区基层政府的执政根基，以便更好地服务于牧区群众，增强牧区群众对基层政府的信任感和支持感。牧区基层政府整合力的增强，是从行政服务能力和行政服务水平的角度提升政府治理能力，而非提高政府在治理结构中的权力占有地位。相对行政权力而言，整合力是一种政府治理能力而非行政控制能力，整合的基础在于建立政府内部、政府与外部（社会组织、私人部门等）的信任与合作，通过信任与合作规范牧区基层政府行政活动的方向和范围，确保牧区基层政府行政服务能力和行政服务水平朝着公共利益的价值目标改善提升。

第六章

牧区基层整体性治理的运行机制

碎片化现象构成牧区基层整体性治理的问题意识，碎片化治理既是牧区基层整体性治理的生成机理，也是牧区基层治理模式导向整体性治理的问题溯源。碎片化现象的外在表现特征和内在产生根源为整体性治理提出具体的应对策略确立了方向，从反面反映出牧区基层整体性治理的运行依据，即牧区基层整体性治理的策略都是建立在对碎片化问题进行根源剖析的基础上，归纳总结碎片化问题的产生根源就是从反方向提出整体性治理的应对策略。因为碎片化治理的反面就是整体性治理，对碎片化治理产生根源的否定就是对整体性治理运行策略的肯定。碎片化治理的问题所在就是整体性治理针对解决的对象，所以由牧区基层碎片化治理的外在表现特征和内在形成根源可以直接导出牧区基层整体性治理的运行机制。牧区基层整体性治理的运行机制，既是针对解决碎片化治理的一种回应，也是整体性治理的实现过程。

在对牧区基层碎片化治理的问题扫描中，结合整体性治理所提出的四个解析维度以及牧区基层整体性治理所面临的阻滞因素，可以将牧区基层整体性治理的运行归纳为行政服务价值引导、公众利益表达反馈、多元主体协商参与、跨界公共治理合作、基层人才队伍培养五个机制，这五个机制既是牧区基层整体性治理的运行过程，也是实现牧区基层整体性治理所依赖的条件。牧区基层整体性治理四个维度的目标需要依靠运行机制来实现。整体性治理的四个维度（以公众为中心的治理价值、政社合作的治理内容、综合组织结构治理载体、数字化网络化治理技术的运行与实现）需要借助五个机制来完成。所以，四个维度和五个机制是牧区基层整体性治理原因结果的一种对应关系。

一、行政服务价值引导机制

国内有学者认为现代公共行政体系面临的最大挑战是公共精神的式微[①]，公共精神是政府公共行政的价值所在，确立牧区基层政府整体性治理目标，首先要在价值导向上进行氛围培育和环境塑造，提升政府公共精神。整体性治理所提出的以公众为中心的治理目标正是践行政府公共精神的一种新的理念倡导，而以公众为中心既要体现在牧区基层政府行政服务理念上，也要嵌入牧区基层政府治理行动的各个实践环节，这就需要建立面向公共精神的行政服务价值引导机制，通过行政服务价值引导以公众为中心的公共精神体现践行到牧区基层政府行政服务的各个领域。行政服务价值引导机制着眼于对牧区基层政府行政服务理念的培养和塑造，增强对牧区基层政府的公共性塑造和公共行政价值引导。美国公共行政学者乔治·弗雷德里克森在其著作《公共行政的精神》一书中谈道："公共行政的精神意味着对于公共服务的召唤以及有效管理公共组织的一种深厚、持久的承诺。"[②]从价值层面看，行政服务价值引导对牧区基层政府等公共部门的公共服务行为具有规范约束的作用，是凝聚公共部门公共服务精神的一种价值契约。行政服务价值引导是从根本上推动牧区基层政府治理变革的一项基础性价值伦理工作，在牧区基层政府公共行政活动的各个环节发挥着价值规范和价值制约的功能。

受传统行政理念的影响，牧区基层政府行政中普遍存在着官僚制行政意识，而官僚制行政意识是官僚制时代的产物。传统的官僚制行政属于统治行政的范畴并不具有公共行政的性质内涵，显然牧区基层政府官僚制行政意识的存在和培育塑造现代公共行政精神的目标要求互相矛盾。学者谢庆奎在《政府学概论》一书中将政府模式定义为公共管理模式或公共行政模式，而公共行政"就是政府用怎样的手段来行使社会管理的职能"[③]，这里政府模式即政府行使社会管理职能的模式，传统的官僚制行政重点强调的是政府的统治职能，

① 张成福．论公共行政的"公共精神"——兼对主流公共行政理论及其实践的反思［J］．中国行政管理，1995（05）：15-17，20.

② 乔治·弗雷德里克森．公共行政的精神［M］．张成福，等译．北京：中国人民大学出版社，2003：13.

③ 谢庆奎．政府学概论［M］．北京：中国社会科学出版社，2005：93.

而非社会管理职能。所以官僚制行政意识所造就的政府模式是一种统治模式而非公共行政模式。统治模式下的牧区基层政府行政带有一种占统治地位权力所有者的私有属性，自然不具备公共性特点和公共行政的性质内涵。

作为坚持整体性治理以公众为中心的价值原则的牧区基层政府，必然要尊重培育和塑造公共行政精神，并成为践行和捍卫公共行政价值的典范。所以，公共性是决定牧区基层政府决策和政策执行的根本原则。公共性是公共行政的鲜明属性，而当代公共行政对公共性精神的表达和实现需要通过维护公共利益、提高公共服务品质、鼓励行政人员的创新意识和加强责任感等行为。[①] 坚持公共性原则是牧区基层政府行政服务价值引导机制的根本，公共性既突出整体性治理以公众为中心的治理目标，又强调现代服务型政府伦理规范中的价值底线。作为牧区基层政府行政服务的价值理念，对公共性原则的培育和践行归根结底要分解到公共政策、公共组织和公共行政人员三者的关系中。在公共政策层面强调行政服务价值引导的公共性，就是要引导公共政策在制定、实施的过程中体现公共利益，增进政府政策的公共性、民主性。公共政策的制定权在政府，但影响的却是社会公众的根本利益，公共政策不是政府制约社会公众的手段，而是政府服务社会公共利益的实践行动，公共政策要体现公正、民主、法治等政治伦理价值，这是行政服务价值引导机制所要兑现的理想状态下的公共政策。牧区基层政府存在的意义即是坚持以公众为中心的原则行使行政服务职能，无论采取何种公共行政模式都应该确保以服务牧区群众利益为引领政府行政服务的价值原则。

乔治·弗雷德里克森认为广义的公共行政除重视管理的价值外还特别强调公民精神、公平、正义等价值，并且这些价值的存在使得政府等公共部门日常的公共行政工作更具社会崇高性。[②] 对牧区基层政府而言，其公共行政工作代表着广大牧区群众的根本利益，是一项极富社会价值、正义价值的工作。正因为公共行政是一项无比崇高的工作，所以牧区基层政府行政必须充分体现公共行政价值，最重要的是体现公共性这一核心价值。政府作为从社会中

① 张康之. 论“公共性”及其在公共行政中的实现［J］. 东南学术，2005（01）：49-55.

② 乔治·弗雷德里克森. 公共行政的精神［M］. 张成福，等译. 北京：中国人民大学出版社，2003：4.

发展出来并独立于社会母体的组织，决定了其本质上必须是公共组织，而不仅仅是执行权力运行规则的官僚制组织。政府作为公共组织的公共性体现在公共行政的公正、廉洁、高效、服务等核心价值理念上。政府相比于社会、企业等私人部门，是社会权力让渡的结果，这样一种权力根源的形成过程决定了政府作为公共部门必然是非营利性的公共组织。政府的非营利性并不等于政府就没有资金来源作为职能发挥的支撑，税收财政职能是政府行使公权力的支柱和基础，从这个角度看政府不以营利为目的却掌握着社会、企业等私人部门的经济命脉，拥有对公共资源的绝对配置权。

政府的社会权力地位和公共资源支配地位决定了其必须是一个以公共性、公共利益为政治价值精神的组织。抛开对政府行政服务价值的引导，就无法保证其公共性沿着遵从社会公共利益的目标实现，而行政服务价值的引导缺失，也正是一直以来社会上存在批评政府在公共利益问题中出现官僚主义行为的原因所在。对牧区基层政府而言，建设成为捍卫公共利益并发挥公共服务职能的公共组织，远胜于建设成为发挥公共行政管理职能的权力组织。美国学者 B. 盖伊·彼得斯（B. Guy Peters）在《政府未来的治理模式》中指出："公共价值观体现了职业公务员的特征。"[①] 所谓对公共政策、公共组织的行政服务价值引导，归根结底都是要围绕人（职业公务员）来展开进行，即通过对职业公务员公共价值观的引导、培育和塑造来完成。公共政策、公共组织的价值性等公共价值观层面的性质内涵，需要通过公共行政人员（职业公务员）的实践行动来完成，因此行政服务价值引导机制最终要完成的是对公共行政人员（职业公务员）公共精神的引导、培育和塑造。

在牧区基层政府行政传统中，对公共行政人员的价值引导主要围绕其官僚文化特点进行。官僚文化是中国政治文化传统中的一部分，对基层政府而言，官僚文化主要体现在公共行政人员的主观意识中，官僚文化直接熏陶催生着公共行政人员的行政动机。官僚文化本身是一种等级观念的文化，其目的在于维护官僚组织成员对官僚权力身份的认同和服从，官僚文化的性质特点直接培育塑造着公共行政人员的行政动机和行政价值取向，对政府公共行

① B. 盖伊·彼得斯. 政府未来的治理模式［M］. 吴爱明，夏宏图，译. 北京：中国人民大学出版社，2014：10.

政精神的培育和塑造构成潜在威胁。牧区基层政府行政服务价值引导机制的目的，在于纠正官僚文化对公共行政人员价值观念的影响。培育和塑造公共行政人员的公共精神，决定着整个牧区基层职业公务员队伍建设。政府行政服务的公共精神最终要靠公共行政人员的职业价值观来维系，而这个职业价值观必须是以实现公共利益为价值引领，即公共性行政服务价值引导。

美国学者理查德·斯格特（Richard Scott）的观点认为："优秀的组织以非常优秀的文化为标志。"[①] 公共性行政服务价值引导最终导向的是公共行政文化，而公共行政文化，尤其是优秀的公共行政文化标志着政府公共行政精神内涵的成熟度和理性度。所以越是高度成熟理性的政府，越是应该具备成熟优秀的公共行政文化。牧区基层政府要建设成为具有高度公共性的基层行政组织，就必须确保政府公共行政在成熟理性的公共行政文化氛围中进行。牧区基层政府行政服务价值理念和机制的形成首先要根植于组织文化，即逐渐形成以价值观为核心的制度规范、行为规范及外部形象为总和的组织文化。[②] 毫无疑问，组织文化是具有广泛代表性的组织成员所认同的价值信条和行动取向的集中反映，即组织中各层级的成员价值观和行为的总和。[③] 牧区基层政府公共行政文化作为政府组织各层级成员价值观念和行动取向的集中反映，代表了一种精神认同的普适性。对牧区基层政府公共行政精神的培育塑造，需要从组织文化层面推动传统官僚文化向公共行政文化转变，以公共行政文化引导牧区基层政府行政动机从官本位转向公共利益本位，以解决行政官员和社会公众之间"个体理性与集体理性的冲突"[④]，提升牧区基层政府和公共行政人员的公共精神。行政服务价值引导机制对牧区基层政府整体性治理而言意味着以公众为中心原则的确立，其目的在于引导牧区基层政府树立规范的行政伦理观念，纠正牧区基层行政行为中的"逆民主化""抗公共性"等问题。

① 理查德·斯格特．组织理论：理性、自然和开放系统［M］．黄洋，等译．北京：华夏出版社，2002：298.

② 石伟．组织文化［M］．上海：复旦大学出版社，2004：57.

③ 特伦斯·迪尔，艾伦·肯尼迪．企业文化：企业生活中的礼仪与仪式［M］．李原，孙健敏，译．北京：中国人民大学出版社，2008：93.

④ 埃莉诺·奥斯特罗姆．公共事务的治理之道［M］．余逊达，陈旭东，译．上海：上海译文出版社，2000：10-19.

行政服务价值引导机制确保牧区基层政府作为公共权力运行主体，能够始终恪守公共精神，维护公共利益，实现公共目标。

二、公众利益表达反馈机制

新公共服务学派的观点认为政府或行政官员应当“利用基于价值的共同领导来帮助公民表达和实现他们的利益而不是相反”[①]。对于公众的利益诉求及其表达政府应当在价值引导的基础上进行疏解回应，尤其是要充分发挥政府的行政服务职能以帮助公众实现利益诉求，而不是限制控制。公众利益诉求的充分表达是决策的重要基础，社会公众参与国家治理的诉求呈现广泛性、多元化等特征，政府要为公众提供意见表达、对话沟通、协商合作的渠道和平台，对社会公众所关心的利益诉求问题做到及时准确的回应，充分满足公众参政、议政、督政的权利诉求。尤其是随着互联网事业的发展，社会公众越来越习惯于通过互联网平台开展政治参与活动，网络政治参与平台的建设和维护能够很好地发挥汇聚民意的重要作用，为政府治理吸收更多的社会力量，凝聚强大的社会合力。

文森特·奥斯特罗姆在《美国公共行政的思想危机》一书中指出，缺乏公众偏好信息的政府公共服务行动，产生政府支出（公共服务行动）与消费者（公众）效用脱离的无经济意义的生产者效率。[②]根据这一理论解释，牧区基层政府要想实现有经济意义的生产者效率就必须充分吸收采纳社会公众不同的偏好表达，给予社会公众通畅有效的利益表达反馈渠道，确保政府公共服务行动在获取社会公众偏好信息的基础上进行。牧区基层政府实现以公众为中心的公共行政目标，需要准确定位社会公众的利益需求，只有明确了社会公众的利益需求才能确保政府公共行政目标的公共利益取向。否则政府对社会公众实际利益需求的模糊不清，就会给官员政绩利益的挤占行为制造空隙，而官员政绩利益需求和社会公众实际利益需求的混淆，直接影响到牧区

---

① 珍妮特·V.登哈特，罗伯特·B.登哈特．新公共服务：服务，而不是掌舵［M］．丁煌，译．北京：中国人民大学出版社，2010：111.

② 文森特·奥斯特罗姆．美国公共行政的思想危机［M］．毛寿龙，译．上海：上海三联书店，1999：69.

基层政府公共行政目标的实现。

党的十九大报告指出要完善基层民主制度，保障人民知情权、参与权、表达权、监督权。① 党的十九届四中全会提出拓宽人民群众反映意见和建议的渠道，完善群众参与基层社会治理的制度化渠道。② 保障基层群众的民主权利、完善基层群众参与社会治理的制度化渠道是完善基层民主制度、构建基层社会治理新格局的必要措施。在引导牧区基层群众积极主动参与社会治理的实践中，牧区基层政府需要确保公众利益诉求表达反馈渠道的通畅，以便准确定位和把握公众实际利益需求做到公共服务有的放矢。对牧区基层政府而言，要从制度化和非制度化两个方面建立公众利益表达反馈机制，确保公众的实际利益诉求能够借助官方主导的制度化渠道（人大制度、政协制度、信访制度等）和非制度化渠道（社会组织、新闻媒体、移动互联网等）实现表达和反馈。这两种渠道具有鲜明的差异特点，制度化表达渠道更具官方性，且拥有规范的政治原则和组织结构，是一种广泛存在于体制范围内的具有原则可控性的意见表达操作模式，制度化表达渠道符合社会精英阶层利益表达的特点。虽然制度化表达渠道属于"小众化"的表达渠道，却是社会公众进行利益诉求表达的主流途径。而非制度化表达渠道广泛散布于社会生活的各个领域，属于大众化的表达渠道，由于非制度化渠道缺乏体制约束性，更能真实表达社会公众的实际情况。但非制度化渠道脱离体制内约束也就丧失了规范的价值引导，表现出松散、开放、无序、非理性等特点，很容易被民粹主义情绪、反体制思潮等绑架、控制和利用。

鉴于制度化渠道和非制度化渠道的差异特点，牧区公众利益表达反馈机制建设要协调利用好二者的交叉合力，在完善现有制度化渠道的基础上，培育发展各种非制度化渠道，实现制度化渠道和非制度化渠道的互补结合，以降低社会公众利益诉求表达的渠道门槛，减轻牧区基层群众表达反映利益诉求所付出的成本。之所以强调要完善好现有的制度化渠道，发展好各种非制

① 习近平 . 决胜全面建成小康社会 夺取新时代中国特色社会主义伟大胜利 [N] . 人民日报，2017-10-28（001）.

② 中共中央关于坚持和完善中国特色社会主义制度 推进国家治理体系和治理能力现代化若干重大问题的决定 [N] . 人民日报，2019-11-06（001）.

度化渠道，原因在于二者具有各自的缺点和优势，交叉使用这两种渠道才能发挥互补优势。制度化渠道长期以来未能摆脱体制内表达的精英主义路线，以致绝大多数普通群众的利益诉求无法通过该路径实现全面表达反映。同时制度化渠道内在低下的执行效力和层级环节弊端，使得群众利益诉求得不到及时有效的满足，造成群众对政府行政服务能力和行政服务态度的不满情绪，损害政府公信力。而制度化渠道的官方性特点又决定了其自身代表着公正法治，在强调公众利益表达反馈的规范性秩序性时，制度化渠道的价值能够得到充分体现。需要特别注意的是制度化渠道缺乏体制独立性，无法摆脱政府权力的干预控制，其所代表的公正法治在某种情况下极易走向自身的对立面，沦为公众进行利益诉求表达的阻滞障碍。

而非制度化渠道又存在松散、无序、泛化等问题，如通过互联网平台进行意见表达虽然极大降低了社会公众政治参与的门槛和成本，但也增加了互联网表达渠道的风险隐患，使得社会公众的一些失范言论容易被别有用心的势力所绑架利用。同时，互联网表达渠道也为一些不法分子散布歪曲各种事实的谣言，恶意表达与事实内容不相符合的观点言论，煽动不明真相的群众攻击抹黑政府正面形象，人为制造社会与政府的对立矛盾等不法行径提供了可乘之机。非制度化渠道在社会公众政治参与中呈现的一系列失序倾向，以及缺乏体制内规范约束的特点决定了其极易陷入民粹主义情绪的包围裹挟之中，造成非制度化渠道的社会价值观脱臼，不利于社会公众利益表达的正确实现。公众利益诉求表达决定着社会公共利益的实现，而对社会公众广泛性、多元化利益诉求的回应是政府决策的基础。[①] 面对社会公共利益需求，政府决策不能脱离社会公众的意见态度，而社会公众意见态度的表达需要建立有效通畅的渠道。在完善现有制度化渠道的基础上，提升牧区基层政府决策的民意基础，使之能够更加贴近社会公众实际利益需求。同时要培育和发展各种非制度化渠道，引导非制度化渠道在社会公众利益表达中走向理性化、规范化、制度化、法治化，确保非制度化渠道在社会公众利益表达中以合法有序的方式运行。社会公众利益诉求表达反馈是体现社会进步成熟度的一个重要

① 吴德星．整体性治理理论与实践启示［N］．学习时报，2017-11-27（002）．

标志，政府对于社会公众的利益诉求要有完善的吸纳、回应和反馈机制。通过完善渠道建设健全社会公众利益诉求表达反馈机制，能够起到调节社会矛盾、增进政社信任、提升行政服务的作用。

三、多元主体协商治理机制

党的十九大报告提出协商民主是实现党的领导的重要方式，要发挥社会主义协商民主的重要作用。[①] 牧区基层多元主体协商治理机制是基层协商民主的一种实践方式，其核心原则是坚持、完善和实现党的领导。作为基层协商民主的实践方式，牧区基层多元主体协商治理机制需要满足的首要条件是厘清各协商治理主体的责任边界。牧区基层协商治理主体包括各级党委领导下的基层政府、各类社会组织、各企事业单位、各界群众等。牧区基层多元主体协商治理的过程就是牧区基层政府转变自身职能定位，实现从单纯的“管理者”到既是“管理者”又是“服务者”的角色转变。而对牧区社会组织、群众、企业等非政府部门而言，多元主体协商治理意味着从被动接受到主动参与的转变。随着网络化治理技术的兴起与应用，在信息技术条件下的多元主体协商治理，需要重新定义多元协商治理主体之间的博弈合作关系，这其中最重要的是从制度层面加强和完善多元主体协商治理机制。党的十九大报告强调要推动协商民主广泛、多层和制度化发展[②]，对牧区基层政府而言，应积极引导培育多元协商治理主体依法参与的自觉性，同时基层政府也要完善协商治理参与机制，为多元协商治理主体提供公平准入的参与机会，促进和保障牧区基层协商民主走向广泛、多层和制度化发展。对非政府部门而言，应依法主动借助各种制度化和非制度化渠道反映所在群体的利益诉求，提升自身主人翁意识和政治参与自觉性。

牧区基层社会事务治理的复杂性、社会公众需求的多样性以及行政资源的有限性，决定了仅靠基层政府的力量难以达到行政服务的群众满意度。从

---

① 习近平 . 决胜全面建成小康社会 夺取新时代中国特色社会主义伟大胜利［N］. 人民日报，2017-10-28（001）.

② 习近平 . 决胜全面建成小康社会 夺取新时代中国特色社会主义伟大胜利［N］. 人民日报，2017-10-28（001）.

国家治理能力建设的角度讲，国家基础性权力不全部是对社会的控制能力，还包括汲取社会资源等能力。[①] 尤其是在社会逐渐分化出能够制约政府权力的潜力下，国家权力需要动员社会力量、汲取社会资源加入其中，具体而言就是政府作为国家权力的行使代理人需要吸纳社会力量参与到涉及共同行为的决策制定和实施中，以确保政府对社会利益诉求的及时响应。乔治·弗雷德里克森认为在实际治理境况中社会一方几乎没有足够支配基层官僚最大限度发挥利他主义精神的资源。[②] 对社会一方而言，政府或基层官僚占据着支配行政资源的强势主导地位。在这种状况下政府需要推动制定一个合作框架，或鼓励社会力量参与治理的开放式结构，从而形成政府和社会间的互动合作网络。[③] 而这个互动合作网络就需要通过多元主体协商治理机制来建立运行。所以，相比依靠社会的自发性力量来融入政府主导的治理规则体系，政府更需要主动出面来动员、引导、吸纳社会力量或社会资源参与合作框架的制定，即多元主体协商治理机制的形成。

多元主体协商治理机制为构建政社合作关系建立了平台基础，在这个机制内多元协商治理主体能够获得更多达成合作共识的机遇和可能。协商的优势在于强调参与主体的平等性、责任性和有序性[④]，牧区基层多元主体协商治理的参与对象包括政府、社会、市场以及公民个人，在协商框架下多元协商治理主体通过制定程序化机制达成合作共识。多元主体协商治理将政府从单方面权力中心的位置中解脱出来，实现由政府单方代行民主到多元协商民主，多元协商治理主体的参与确保了治理过程中各参与力量的均衡，避免政府在治理过程中出现权力失控等行为。多元主体协商治理机制的本质是合作治理，而合作治理是一种由政府部门和非政府部门等利益相关者共同参与的正式制

① 乔治·S.米格代尔.强社会与弱国家：第三世界的国家社会关系及国家能力［M］.张长东，等译.南京：江苏人民出版社，2009：272.

② 乔治·弗雷德里克森.公共行政的精神［M］.张成福，等译.北京：中国人民大学出版社，2013：27.

③ VARDA D M. A Network Perspective on State-Society Synergy to Increase Community Level Social Capital,［J］. Nonprofit and Voluntary Sector Quarterly，2011，40（5）.

④ 陈伟东，许宝君.社区治理社会化：一个分析框架［J］.华中师范大学学报（人文社会科学版），2017，56（03）：21-29.

度安排，合作治理通过建立以共识为导向的集体决策过程来实现公共政策的制定执行和公共事务的有效管理，确保了公共政策和公共事务的民意基础。[①]多元主体协商治理体现了治理参与的民主性，能够激发社会组织、企业等非政府部门参与公共事务治理的积极性、主动性和创造性。多元主体协商治理的根本目的是建立政府与各相关利益主体信任、互动、合作的制度基础，通过制度建设整合吸纳社会力量或社会资源参与政府治理并成为其有益补充。

美国学者约翰·克莱顿·托马斯（John Clayton Thomas）认为公共管理者（政府）即便是接受了公众参与公共决策必要性的观念，仍然需要就接纳公众参与的时机、尺度和方式等问题进行衡量、把握和选择。[②]而如何接纳公众参与或者说以何种方式接纳公众参与，是公共管理者（政府）吸纳社会力量参与公共事务治理的必要环节。好的合理的公众参与方式能够取得治理效果的最大化，同时也有利于各参与主体之间形成优势互补，增强政府公共决策制定执行的透明度和公共性。多元协商治理既是一种治理模式的探索，也是一种治理价值的实现。在传统公共行政管理模式中，政府是社会事务治理和公共行政的权力中心，社会一方作为政府的支配对象或者附属而无法占据同政府对等的权力位置，同时社会的自治管理活动也要在政府权力的干预控制下进行。传统模式下的政府与社会关系谈不上是一种治理，而是一种权力垄断下政府对社会单方面的指挥控制。在这种指挥控制的关系中，政府职权无法触及市场机制作用的各个领域，因而也就缺乏应对复杂多变的社会事务的能力。即便是公共服务供给也难以通过政府单方面的活动均衡扩散到社会所需的各个领域，失去有效合作对象的政府无法通过精确的制度创新、政策制定和宏观调控等手段实现治理优化。

多元主体协商治理机制旨在打破传统控制关系中政府与社会合作的僵局，在合理衡量政府与社会能力范围的基础上，引导社会力量参与到政府治理活动的制度化轨道，将社会力量由被动接受者、附属者的角色提升至与政府协

---

① ANSELL C，GASH A.Collaborative Governance in Theory and Practice［J］.Journal of Public Research and Theory，2007（4）.

② 约翰·克莱顿·托马斯.公共决策中的公民参与：公共管理者的新技能与新策略［M］.孙柏瑛，等译.北京：中国人民大学出版社，2012：8.

商合作的平等位置。在多元主体协商治理框架下，各相关利益主体遵从协商合作的法律规则、制度程序，保证协商共治过程有法可依、有章可循。多元主体协商治理对于牧区基层社会协商民主建设具有启示意义，多元主体协商治理机制有助于推动构建牧区基层政府的服务意识和公共精神、公民的道德修养和社会的责任意识，以及法律、制度、社会、文化等环境基础。但最重要的是有助于培育塑造牧区基层政府的服务意识和公共精神，提升牧区基层政府的行政服务能力和行政服务水平。而在协商对象的制度保障方面，要充分保障社会力量行使自我管理权的制度空间，激发社会力量的社会责任感，引导社会力量有序、依法参与到协商治理活动中。

多元主体协商治理对牧区基层政府而言，要求政府从官本位的传统逻辑中解脱出来，主动寻求与相关利益主体的协商合作，实现由全能政府到有效且有限政府的转变，为社会力量的自我培育和发展提供空间。多元主体协商治理机制也是帮助政府摆脱“责能困境”，增进国家整合能力的一种措施。在公共事务治理活动中，社会、市场、公民等多元协商治理主体的参与是维持政府与社会之间信任关系的社会资本，而这种社会资本又通过自身的活动反过来促进政府与社会的双向成长，即公民的参与促成了好的政府，好的政府又反过来推动了公民的参与。[①] 协商合作对政府和社会而言是对彼此共同利益的增进，在多元主体协商治理机制中政府仍然发挥着治理中心的作用，社会力量作为协商对象被纳入政府治理合作的制度化轨道中。多元主体协商治理消除了政社隔离状态，增强了牧区基层政府对社会引导、动员和吸纳的能力，为政府权力的运行提供了更多合法性支撑。多元主体协商治理机制弥合了牧区基层政府碎片化行政所造成的政社合作障碍，将政府权力的治理刚性和社会力量的治理柔性进行有机结合，实现制度化轨道内政府和社会治理合作的资源共享、优势互补，达到国家权力价值和社会自治精神的和谐交融。

四、跨界公共治理整合机制

整体性治理的实质是跨界公共事务治理合作，主张构建扁平化的科层结

① 罗伯特·D.帕特南.使民主运转起来［M］.王列，赖海榕，译.南昌：江西人民出版社，2001：133.

构，并通过制度化途径将社会主体纳入治理结构，实现治理结构的多元化。[①]跨界公共事务治理问题是当前官僚制组织结构下牧区基层政府治理所面临的难点。跨界公共事务治理问题牵涉到政府内部各职能部门之间、层级政府之间以及政社之间的利益协调和资源均衡等问题，同时跨界公共事务治理问题又是最能体现政府整体性治理能力的一个重要方面。跨界公共事务治理问题需要政府具备整合行政资源、跨越行政边界解决复杂性治理问题的能力，这考验着公共管理者（政府）的应对能力。从跨界公共事务治理问题的形态结构上看，其产生根源于全球化浪潮席卷之下所引发的各个国家和地区政治、经济和社会结构的变迁。[②]尤其是随着基层社会结构的不断变迁和分化，基层政府所管辖公共事务的范围和内容出现新的特点和变化，之前单一的政府结构无法应对复杂多变的治理问题，特别是在面对行政交叉、职责重合的治理问题时，单纯的政府治理无法调度整合所有相关的治理资源，所以从整体性治理的角度出发，实现跨界公共事务治理整合成为必然。

跨界公共事务治理通过问题导向机制，实现资源要素的跨界流动整合，对公共事务治理而言这意味着所要解决的问题覆盖面更广、包容性更强，对治理结构变革而言这意味着资源要素跨越原有行政边界实现协调整合。跨界公共事务治理包含了跨界公共服务供给、跨界基础公共设施建设、跨界生态环境治理、跨界自然资源分配等不同类型的问题，这些问题的解决都离不开整合机制。而这里的整合包括了对组织结构、权力结构和公共服务的整合，也包括了对治理主体、治理过程、治理机制和治理技术等的整合。整合的目的在于减少不必要的资源耗散和程序障碍，集中各类资源要素流向共同问题的解决过程。所以整合过程少不了跨界公共事务治理行为主体在组织结构、权力分配和机制衔接上的密切配合。跨界公共事务治理整合机制的目标是解决各自为政的治理乱象和职责交叉的治理纠纷，统一全域的治理行动，通过治理整合实现合作治理。

① 张必春，许宝君．整体性治理：基层社会治理的方向和路径——兼析湖北省武汉市武昌区基层治理［J］．河南大学学报（社会科学版），2018，58（06）：62-68.

② 马奔．危机管理中跨界治理的检视与改革之道：以汶川大地震为例［J］．清华大学学报（哲学社会科学版），2009，24（03）：147-152，160.

跨界公共事务合作治理的实质是个体理性的地方政府为克服交易成本障碍，而构建相互依赖的可持续合作网络来提供公共服务。① 跨界公共事务合作治理涉及行政边界、权力边界、功能边界、组织边界以及外在的制度边界等，这些边界既是地方政府产生交易成本的根源，也是碎片化行政问题的主要原因。碎片化行政之所以难以解决，原因就在于跨界公共事务治理问题存在边界性。边界性是地方政府行政体系中的属地管理模式所引起的，在属地管理模式下地方政府拥有对属地公共管理活动的绝对支配权。这一模式造成各地方政府在其相对封闭的属地管辖范围内活动，地方政府之间的横向联系不受鼓励②，由此导致地方政府之间的各自为政。跨界公共事务治理问题难以突破属地管理权的行政边界，而地方政府属地管理权的划分又造成属地管理责任的分割，由此产生的结构性障碍演变出跨界公共事务治理碎片化问题。跨界公共事务治理问题边界性的存在使得地方政府难以达成行动的协调一致，进而影响整体政策目标的实现。

边界性和碎片化息息相关，整体性治理所提出的整合路径就是要解决跨界公共事务治理的边界性问题，从边界性入手对碎片化行政做出回应。边界性问题的存在导致了碎片化现象，阻碍了跨界公共事务治理问题的解决进度。根据“制度性集体行动”理论的解释，跨界公共事务治理边界性问题的产生与各相关利益主体采取集体行动的逻辑有关。而跨界公共事务治理整合的目标是克服理性个体的“搭便车”偏好，消除边界效应和外部性等问题对治理行动的影响，实现跨界公共事务治理的组织结构、权力结构和公共服务的整合。通过跨界公共事务治理整合机制建立政府内部各职能部门之间、层级政府之间，以及政府与外部（社会、市场等私人部门）之间的横向合作关系，消除制约整体利益最大化的各类边界障碍，实现局部成员利益与整体集合利益的均衡。跨界公共事务治理整合机制最重要的内容是对制度边界进行整合，通过建立横向的权力对接制度、组织对接制度和业务合作制度实现跨界公共事务合作治理的制度优化，进而为跨界公共事务治理整合机制的运行扫清制

① 锁利铭，杨峰，刘俊．跨界政策网络与区域治理：我国地方政府合作实践分析［J］．中国行政管理，2013（01）：39-43.

② 周黎安．转型中的地方政府：官员激励与治理［M］．上海：格致出版社，2008：57-58.

度障碍。

五、基层人才队伍培养机制

牧区基层政府面对着很具体的政策制定或执行工作，而“政策意味着专业知识”[①]，专业化是政府能力所体现的最大特点，同时专业化对牧区基层政府公共行政人员的业务能力、职业素质和思想修养等都提出了较高要求。政府政策需要具备优良的专业知识和能力素质的职业公务员队伍来贯彻执行，尤其是政府政策涉及社会公共利益，维护政策制定或执行的正义性需要一支拥有精准业务能力、职业责任感和民主法治精神的专业化公共行政人员队伍。美国新公共服务学派代表人物登哈特夫妇在《新公共服务：服务，而不是掌舵》一书中指出，公共行政人员作为社会公共利益的维护者，需要具备匹配的专业责任、法律责任、政治责任和民主责任。[②]公共行政人员是牧区基层政府政策运行的人力基础，也是牧区社会公共利益的维护保障，对公共行政人员能力素质的要求是现代服务型政府执政理念中的必然要求。

牧区基层政府所从事的具体细微工作，要求工作执行人员既能做到面面俱到均衡各方利益需求，又要学会点点对应针对细节问题完善落实。而这其中每一项执行环节都需要用人的尺度来进行把握衡量，离开了人的因素，牧区基层工作的显著特点也就不复存在。所以对牧区基层政府而言，推进牧区基层治理工作所依赖的核心仍然是人才。牧区基层政府是了解民情、吸收民意、服务民生的综合性公共行政部门，而牧区基层干部是贴近牧区群众的最直接一线人员，承担着牧区基层政府的综合性服务保障工作。所以，基层干部队伍是牧区基层政府有效联系牧区群众的纽带和桥梁，党群关系和干群关系的维护工作需要基层干部队伍来完成。从这个角度看，基层干部队伍的整体能力和素质直接反映出牧区基层政府的治理能力和水平。改善牧区基层治理现状、提升牧区基层政府治理能力和水平，最根本的做法就是加强牧区人才队伍建设，提升牧区基层干部的能力素质和职业水平。

---

① H.K. 科尔巴奇．政策［M］．张毅，韩志明，译．长春：吉林人民出版社，2005：13.

② 珍妮特·V. 登哈特，罗伯特·B. 登哈特．新公共服务：服务，而不是掌舵［M］．丁煌，译．北京：中国人民大学出版社，2010：98.

围绕整体性治理目标建立牧区基层政府人才队伍培养机制，其核心就是要突出对牧区基层干部治理能力的培养。而对牧区基层干部治理能力的培养主要通过考核选任机制和职业能力素质培养机制两个方面实现。在牧区基层政府中干部考核选任机制的关键是优化干部考核体系，引入竞争规则，推进竞争选拔，实现以竞争上岗方式选人用人。具体来讲就是以牧区基层干部治理能力的整体提高为目标，建立优胜劣汰、能上能下、能进能出的牧区基层干部考核选任机制。竞争选拔是牧区基层干部队伍建设的一种激励手段，其目的是激发牧区基层干部的进取精神和创新意识，通过竞争规则引导牧区基层干部勇于做事、敢于担当，树立不做事就出局的危机意识，倒逼着牧区基层干部在“钱少事多、权小责大”的基层工作岗位上干出成绩。职业能力素质培养机制是规范提高牧区基层干部职业道德和能力素质的一种建设措施，其目的是塑造牧区基层干部的职业品格，规范其职业道德，提高其职业素质，增强其职业能力。职业能力素质培养机制着眼于从结构化培养入手提升牧区基层干部的能力素质和职业水平，摒弃以唯德或唯才为单一取向的选人用人标准，从思想道德修养、职业能力素质、工作作风和创新精神等多个方面培养牧区基层干部。既突出对牧区基层干部能力素质的培养，也强调对其职业道德的规范，最终建设一支德才兼备的牧区基层干部队伍。

结　论

整体性治理理论是一套新兴的公共管理模式，其应用成效仍处于广泛的实践中。整体性治理理论丰富了公共治理理论的研究内容，其在我国牧区基层治理实践中的应用能够起到探索创新的作用。整体性治理理论框架和牧区基层政府治理实践的结合，呈现出牧区基层整体性治理范式。这一范式围绕牧区基层政府碎片化治理产生的问题和现象进行模型构建，为解决牧区基层政府治理困境提供了新的逻辑和路径。通过对本研究内容的整体回顾，可以将本研究的结论概括为以下几个方面：

第一，牧区基层整体性治理的问题逻辑是各种碎片化问题，其所针对解决的核心问题是基层政府碎片化治理。

牧区基层政府碎片化治理既是提出整体性治理框架的问题逻辑，也是整体性治理的问题意识，整体性治理针对解决的目标就是各种碎片化问题。本研究通过建立牧区基层整体性治理框架，从整体性治理的价值、内容、载体和技术四个维度对牧区基层整体性治理目标进行解析，并结合具体案例归纳总结牧区基层政府碎片化治理的三种表现类型：权力结构碎片化、组织结构碎片化和公共服务供给碎片化。通过引入整体性治理框架，分析比较牧区基层政府碎片化治理和整体性治理在内涵特征上的差异，得出整体性治理四个维度的目标能够为牧区基层整体性治理的实现提供选择路径。整体性治理四个维度的目标既是为研究分析牧区基层政府碎片化治理所搭建的理论框架，也是解决方案。

整体性治理和碎片化治理是一对目标路径截然相反的治理模式，从对整体性治理理论框架的分析中可以看出，牧区基层整体性治理的生成机理或发生逻辑以碎片化治理为依据和基础，碎片化治理问题是诱发产生整体性治理命题的逻辑根源。牧区基层整体性治理图式的建构以牧区基层政府各种碎片化治理问题为诱因，可以说是碎片化治理促成了牧区基层整体性治理的产生。牧区基层碎片化治理的外在表现特征和内在形成根源，构成理解和认识牧区基层整体性治理图式的一个重要截面。整体性治理强烈的问题意识并不回避碎片化治理问题产生的根源，而是透过碎片化治理的现象和本质去阐释整体性治理的运行机制，并深化四个维度的目标在牧区基层整体性治理图式建构中的运用。

概括起来讲，牧区基层政府碎片化治理构成了应用整体性治理理论框架建立牧区新型公共治理范式的逻辑起点，整体性治理本身是对碎片化问题的针对性回应，离开了对碎片化问题自身的认识和解读，也就无法正确理解整体性治理框架的逻辑体系。碎片化问题是理解和认识整体性治理的一把钥匙，也是整体性治理应用实施的对象，只有在对牧区基层碎片化问题进行充分分析和理解的基础上讨论整体性治理才具有现实意义和实践可行性。脱离了对牧区基层政府碎片化治理的考察，也就无从开展牧区基层整体性治理图式建构。

第二，牧区基层整体性治理的目标是修复基层政府传统行政弊端，重塑基层政权公共性，增强基层政府整合力。

牧区基层整体性治理是在对传统官僚制进行批判修正的基础上进行的公共治理范式革命，通过对整体性治理理论框架中以公众为中心价值维度的探讨，重申公共价值目标在基层政权建设中的指导性意义。整体性治理本身是对“分权化政府”的一种否定，分权并不必然是治理现代化背景下政府建设的结果或目的。恰恰相反，政府治理能力建设的根本目的是增强政府行政服务能力和行政执行能力，提升政府行政服务水平，建设现代服务型政府。官僚组织结构特性决定了政府在治理结构中的不可替代性，政府作为社会公共秩序的管理者和社会公共服务的供给方，其地位和作用在治理结构中不应被削弱或淡化。政府在治理结构中的地位和作用决定了其必须发挥应有的力量，即发挥治理能力。而政府治理能力本身属于行政服务能力的范畴，政府行政服务能力的体现就在于政府对资源、权力、组织等的整合协调能力，增强政府整合力才能提升政府治理能力，虚弱松散分散的政府组织或结构无益于行政服务能力和行政服务水平的改善提升，对政府治理能力建设而言也是一种消解。

第三，牧区基层整体性治理的面向对象是基层政府，强调基层政府整合力建设在政府治理能力建设中的重要性。

不同于“多中心治理”理论对政府治理行为分权制衡思想的表达，整体性治理强调增强政府整合力，发挥政府在治理结构中的引导性和建设性作用。治理理论的应用和适应必须结合一定的治理情境，相比于“多中心治理”典型的西式分权制衡色彩，整体性治理更强调发挥政府治理的能动性，主张塑造政府公共行政精神，这与中国治理情境下增强基层政府治理能力、提升基层政府服务水平的行政建设目标有很大的相似性。所以，在国家治理体系和治理能力现代化框架下，整体性治理与牧区基层政府治理能力和治理水平建设能够找到相同点和共识性，这也是本研究提出牧区基层整体性治理图式的缘由和初衷。牧区基层整体性治理是个新命题，但其所回应的对象都是牧区基层政府长期存在的老问题，整体性治理理论框架有助于建立对牧区基层政府行政困境的重新认识，特别是整体性治理理论与国家治理体系和治理能力现代化的结合，加深了我们对中国治理情境下牧区基层政府职能定位的新思考。

国家治理能力提升的根本目的是增强和完善国家力量在社会治理中的分量和作用，以便更好发挥政府行政服务职能，建设人民满意的治理型政府。在政府治理能力建设中整合力建设关系到政府协调统筹区域组织资源的能力，整合力的提升是政府治理能力提升的显著标志。作为整体性治理所阐明的重要机制，整合机制代表着政府应对碎片化的能力和水平，所以对牧区基层整体性治理而言，整合力是牧区基层政府治理能力建设的重要方面，应对解决牧区基层碎片化治理困境需要基层政府释放出强有力的整合效果。

总之，整体性治理理论对牧区基层治理而言是一项全新的策略选择和实践尝试。整体性治理的应用实施对牧区基层治理实践具有现实的借鉴意义和积极的启发价值，但受制于国内外学界在理论应用的制度背景和政治环境等方面的差异性，整体性治理理论在中国治理情境中的应用必须充分考虑自身适用性的问题。实际上，无论是整体性治理理论还是其他的治理理论，都必须结合中国治理问题实际进行本土化的解读和适应，理论应用的水土不服必然会造成一系列客观问题的产生，脱离了中国治理情境的理论移植必然违背客观事实规律，导致事与愿违的结果。近些年来，随着国内外学界交往交流的日益频繁，各种国外政治学和公共管理学科的理论观点被引进应用到国内学术研究中，特别是西方治理话语和治理理论在国内学界一直发挥着重要影响力，对国家治理学术话语体系的构建和本土化治理实践造成一定冲击。在强调借鉴应用国外治理理论的同时，必须要牢牢掌握治理话语的国内主动权，对外来理论观点采取科学客观审慎的态度，既不能盲目推崇，也不能漠然无视。

习近平总书记从“两个结合”出发，特别指出国家治理体系和治理能力与历史文化传统密切相关，解决中国的问题只能在自己的大地上探寻适合自己的方法。[①] 对国内治理理论研究而言，在倡导学术研究规范性、科学性和学术交流开放性、包容性的同时，也要对外来理论观点有所甄别、有所取舍、有所借鉴、有所创新，既不能盲目照单全收，也不能断然全盘否定。要秉持实事求是的学术精神，坚持以我为主的基本原则，取其精华弃其糟粕，推动治理理论中国化、本土化，特别是要坚持做到“两个结合”，努力推进马克思主义基本原理同中华优秀传统文化相结合，深入发掘古老中华文明在漫长历史岁月中积淀的宝贵政治智慧和优秀治理资源，达到推陈出新为我所用的目的。任何一种理论的产生都有其自在的背景环境，任何一种理论的应用也都存在客观适用性的问题，脱离了理论产生的内在根源和理论应用的合理范围，必然影响到理论使用的实际效果。所以，在中国治理情境和中国之治的背景下，整体性治理理论框架在牧区基层治理中的嵌入应用，其根本指导原则是坚持马克思主义基本原理和党的领导，其根本实现途径是发挥我国国家制度和国家治理体系的显著优势，其根本目标是提高党的执政能力和治理水平。

对牧区基层整体性治理研究而言，首先要遵循中国基层治理的基本问题逻辑，结合中国治理情境进行本土化的解读和适应，不能脱离中国牧区基层治理的客观环境和基本规律。另外，作为国外公共管理学科的新兴理论，整体性治理理论本身的运用和发展仍然处于方兴未艾的阶段，对此要善于对其进行检验创新，要坚持马克思主义实事求是的基本精神，通过具体生动的实践案例检验该理论的可行性，发掘该理论的应用借鉴价值，并从实践案例出发探寻理论与实践紧密结合的衔接基础，推动理论落地和理论创新，为牧区基层公共治理范式创新提供更多有益尝试。

① 牢记历史经验历史教训历史警示 为国家治理能力现代化提供有益借鉴［N］. 人民日报，2014-10-14（001）.

参考文献

一、中文文献

（一）专著

［1］陈广胜．走向善治［M］．杭州：浙江大学出版社，2007.

［2］陈潭．大数据时代的国家治理［M］．北京：中国社会科学出版社，2015.

［3］丁煌．西方行政学说史［M］．武汉：武汉大学出版社，2009.

［4］刘伯龙，竺乾威．当代中国公共政策［M］．上海：复旦大学出版社，2000.

［5］刘建军．单位中国：社会调控体系重构中的个人、组织与国家［M］．天津：天津人民出版社，2000.

［6］李路路，李汉林．中国的单位组织：资源、权力与交换［M］．杭州：浙江人民出版社，2000.

［7］李维安．网络组织：组织发展的新趋势［M］．北京：经济科学出版社，2003.

［8］李军鹏．公共服务型政府［M］．北京：北京大学出版社，2004.

［9］林长波，李长晏．跨域治理［M］．台北：五南图书出版公司，2005.

［10］马克思，恩格斯．马克思恩格斯全集：第1卷［M］．北京：人民出版社，1956.

［11］马克思，恩格斯．马克思恩格斯全集：第23卷［M］．北京：人民出版社，1972.

［12］马克思，恩格斯．马克思恩格斯选集：第1卷［M］．北京：人民出

版社，1995.

［13］马克思，恩格斯．马克思恩格斯选集：第3卷［M］．北京：人民出版社，1995.

［14］荣敬本，等．从压力型体制向民主合作体制的转变［M］．北京：中央编译出版社，1998.

［15］石伟．组织文化［M］．上海：复旦大学出版社，2004.

［16］伍彬．政府绩效管理：理论与实践的双重变奏［M］．北京：北京大学出版社，2017.

［17］习近平．习近平谈治国理政：第一卷［M］．北京：外文出版社，2014.

［18］谢庆奎．政府学概论［M］．北京：中国社会科学出版社，2005.

［19］俞可平．治理与善治［M］．北京：社会科学文献出版社，2000.

［20］燕继荣．服务型政府建设：政府再造七项战略［M］．北京：中国人民大学出版社，2009.

［21］张康之．寻找公共行政的伦理视角［M］．北京：中国人民大学出版社，2002.

［22］张静．基层政权：乡村制度诸问题［M］．上海：上海人民出版社，2007.

［23］竺乾威，等．公共行政理论［M］．上海：复旦大学出版社，2008.

［24］周黎安．转型中的地方政府：官员激励与治理［M］．上海：格致出版社，2008.

（二）中文译著

［1］埃莉诺·奥斯特罗姆．公共事务的治理之道［M］．余逊达，陈旭东，译．上海：上海译文出版社，2000.

［2］安东尼·唐斯．官僚制内幕［M］．郭小聪，等译．北京：中国人民大学出版社，2006：163.

［3］B.盖伊·彼得斯．政府未来的治理模式［M］．吴爱明，夏宏图，译．北京：中国人民大学出版社，2014.

[4]查尔斯·佩罗.组织分析[M].马国柱，等译.上海：上海人民出版社，1989.

[5]戴维·奥斯本，特德·盖布勒.改革政府：企业家精神如何改革着公营部门[M].上海市政协编译组，东方编译所，译.上海：上海译文出版社，1996.

[6]戴维·H.罗森布罗姆，罗伯特·S.克拉夫丘克.公共行政学：管理、政治和法律的途径[M].张成福，等译.北京：中国人民大学出版社，2002.

[7]戴维·毕瑟姆.官僚制[M].韩志明，张毅，译.吉林：吉林人民出版社，2005.

[8]戈登·塔洛克.寻租：对寻租活动的经济学分析[M].李政军，译.成都：西南财经大学出版社，1991.

[9]H.K.科尔巴奇.政策[M].张毅，韩志明，译.长春：吉林人民出版社，2005.

[10]简·E.芳汀.构建虚拟政府：信息技术与制度创新[M].邵国松，译.北京：中国人民大学出版社，2010.

[11]凯特·D.F.有效政府：全球公共管理革命[M].张怡，译.上海：上海交通大学出版社，2005.

[12]李普塞特.政治人：政治的社会基础[M].刘钢敏，等译.北京：商务印书馆，1993.

[13]理查德·D.宾厄姆，等.美国地方政府的管理实践中的公共行政[M].九州，译.北京：北京大学出版社，1997.

[14]罗伯特·K.默顿.官僚制结构和人格[M]//彭和平，竹立家，等编译.国外公共行政理论精选.北京：中共中央党校出版社，1997.

[15]罗伯特·D.帕特南.使民主运转起来[M].王列，赖海榕，译.南昌：江西人民出版社，2001.

[16]理查德·斯格特.组织理论：理性、自然和开放系统[M].黄洋，等译.北京：华夏出版社，2002.

[17]拉塞尔·M.林登.无缝隙政府：公共部门再造指南[M].汪大海，等译.北京：中国人民大学出版社，2002.

[18] 罗伯特·B. 登哈特 . 公共组织理论 [M]. 扶松茂，丁力，译 . 北京：中国人民大学出版社，2011.

[19] 曼瑟尔·奥尔森 . 集体行动的逻辑 [M]. 陈郁，等译 . 上海：上海人民出版社，1995.

[20] 马克斯·韦伯 . 支配社会学 [M]. 康乐，简惠美，译 . 桂林：广西师范大学出版社，2014.

[21] 尼克拉斯·卢曼 . 信任：一个社会复杂性的简化机制 [M]. 霍铁鹏，李强，译 . 上海：上海世纪出版集团，2005.

[22] 欧文·E. 休斯 . 公共管理导论 [M]. 张成福，王学栋，译 . 北京：中国人民大学出版社，2007.

[23] 帕特里克·邓利维，布伦登·奥利里 . 国家理论：自由民主的政治学 [M]. 欧阳景根，等译 . 杭州：浙江人民出版社，2007.

[24] 乔治·弗雷德里克森 . 公共行政的精神 [M]. 张成福，等译 . 北京：中国人民大学出版社，2003.

[25] 乔治·S. 米格代尔 . 强社会与弱国家：第三世界的国家社会关系及国家能力 [M]. 张长东，等译 . 南京：江苏人民出版社，2009.

[26] 乔治·弗雷德里克森 . 公共行政的精神（中文修订版）[M]. 张成福，等译 . 北京：中国人民大学出版社，2013.

[27] R.H. 科斯，等 . 财产权利与制度变迁 [M]. 刘守英，等译 . 上海：上海三联书店，1991.

[28] 塞缪尔·亨廷顿 . 变化社会中的政治秩序 [M]. 王冠华，等译 . 上海：上海人民出版社，2008：1.

[29] 斯蒂芬·戈德史密斯，威廉·D. 埃格斯 . 网络化治理：公共部门的新形态 [M]. 孙迎春，译 . 北京：北京大学出版社，2008.

[30] 特伦斯·迪尔，艾伦·肯尼迪 . 企业文化：企业生活中的礼仪与仪式 [M]. 李原，孙健敏，译 . 北京：中国人民大学出版社，2008.

[31] 唐纳德·凯特尔 . 权力共享：公共治理与私人市场 [M]. 孙迎春，译 . 北京：北京大学出版社，2009.

[32] 维克多·迈尔·舍恩伯格，肯尼迪·库克耶 . 大数据时代 [M]. 盛

杨燕，周涛，译．杭州：浙江人民出版社，2012.

［33］文森特·奥斯特罗姆．美国公共行政的思想危机［M］．毛寿龙，译．上海：上海三联书店，1999.

［34］亚当·斯密．国民财富的性质和原因的研究：下卷［M］．郭大力，等译．北京：商务印书馆，1997.

［35］约翰·克莱顿·托马斯．公共决策中的公民参与：公共管理者的新技能与新策略［M］．孙柏瑛，等译．北京：中国人民大学出版社，2012.

［36］詹姆斯·N. 罗西瑙主编．没有政府的治理：世界政治中的秩序与变革［M］．张胜军，等译．南昌：江西人民出版社，2006.

［37］珍妮特·V. 登哈特，罗伯特·B. 登哈特．新公共服务：服务，而不是掌舵［M］．丁煌，译．北京：中国人民大学出版社，2010.

（三）中文期刊

［1］陈剩勇，等．网络化治理：一种新的公共治理模式［J］．政治学研究，2012（02）.

［2］崔晶．区域地方政府跨界公共事务整体性治理模式研究：以京津冀都市圈为例［J］．政治学研究，2012（02）.

［3］陈祖海，谢浩．干旱牧区贫困异质性分析——基于内蒙古自治区四子王旗的调查［J］．中南民族大学学报（人文社会科学版），2015，35（01）.

［4］陈伟东，许宝君．社区治理社会化：一个分析框架［J］．华中师范大学学报（人文社会科学版），2017，56（03）.

［5］杜春林，张新文．乡村公共服务供给：从碎片化到“整体性”［J］．农业经济问题，2015，36（07）.

［6］丁文强，等．草原补奖政策对牧民减畜意愿的影响——以内蒙古自治区为例［J］．草地学报，2019，27（02）.

［7］方精云，等．我国草原牧区可持续发展的科学基础与实践［J］．科学通报，2016，61（02）.

［8］方付建，苏祖勤．基于整体性治理的农村公共服务信息化研究——以巴东县为例［J］．情报杂志，2017，36（04）.

[9] 冯晓龙，等.草原生态补奖政策能抑制牧户超载过牧行为吗？——基于社会资本调节效应的分析 [J].中国人口·资源与环境，2019，29（07）.

[10] 方堃，等.基于整体性治理的数字乡村公共服务体系研究 [J].电子政务，2019（11）.

[11] 高小平.国家治理体系与治理能力现代化的实现路径 [J].中国行政管理，2014（01）.

[12] 高永久，崔晨涛."一带一路"与边疆概念内涵的重塑——兼论新时代边疆治理现代化建设 [J].中南民族大学学报（人文社会科学版），2018，38（02）.

[13] 高永久，崔晨涛.构建我国边境牧区基层党组织治理体系和能力研究 [J].内蒙古师范大学学报（哲学社会科学版），2020，49（02）.

[14] 胡佳.整体性治理：地方公共服务改革的新趋向 [J].国家行政学院学报，2009（03）.

[15] 胡象明，唐波勇.整体性治理：公共管理的新范式 [J].华中师范大学学报（人文社会科学版），2010，49（01）.

[16] 胡佳.迈向整体性治理：政府改革的整体性策略及在中国的适用性 [J].南京社会科学，2010（05）.

[17] 胡振通，等.草原生态补偿：生态绩效、收入影响和政策满意度 [J].中国人口·资源与环境，2016，26（01）.

[18] 孔娜娜.社区公共服务碎片化的整体性治理 [J].华中师范大学学报（人文社会科学版），2014，53（05）.

[19] 康晓虹，等.草原生态系统服务价值补偿对牧民可持续生计影响的研究述评 [J].中国农业大学学报，2018，23（05）.

[20] 李强.后全能体制下现代国家的构建 [J].战略与管理，2001（06）.

[21] 廖俊松.全观型治理：一个待检证的未来命题 [J].台湾民主季刊，2006（3）.

[22] 刘波，等.整体性治理与网络治理的比较研究 [J].经济社会体制比较，2011（05）.

[23] 林燕.新农村文化建设的供需及其匹配分析 [J].农业经济与管理，

2013（03）.

［24］刘银喜，任梅.公共政策视角下内蒙古牧区可持续发展路径选择——基于政策过程的实证分析［J］.内蒙古社会科学（汉文版），2013，34（06）.

［25］李玉新，等.牧民对草原生态补偿政策评价及其影响因素研究——以内蒙古四子王旗为例［J］.资源科学，2014，36（11）.

［26］李宜钊，孔德斌.公共治理的复杂性转向［J］.南京农业大学学报（社会科学版），2015，15（03）.

［27］刘晓莉.我国草原生态补偿法律制度反思［J］.东北师大学报（哲学社会科学版），2016（04）.

［28］刘娟，等.划区轮牧与草地可持续性利用的研究进展［J］.草地学报，2017，25（01）.

［29］励汀郁，谭淑豪.制度变迁背景下牧户的生计脆弱性——基于"脆弱性—恢复力"分析框架［J］.中国农村观察，2018（03）.

［30］李先东，李录堂.社会保障、社会信任与牧民草场生态保护［J］.西北农林科技大学学报（社会科学版），2019，19（03）.

［31］马奔.危机管理中跨界治理的检视与改革之道：以汶川大地震为例［J］.清华大学学报（哲学社会科学版），2009，24（03）.

［32］马林.草原生态保护红线划定的基本思路与政策建议［J］.草地学报，2014，22（02）.

［33］马振清，孙留萍."强国家—强社会"模式下国家治理现代化的路径选择［J］.辽宁大学学报（哲学社会科学版），2015，43（01）.

［34］彭锦鹏.全观型治理理论与制度化策略［J］.政治科学论丛，2005（23）.

［35］彭彦强.论区域地方政府合作中的行政权横向协调［J］.政治学研究，2013（04）.

［36］秦海波，等.基于社会—生态系统框架的中国草原可持续治理机制研究［J］.甘肃行政学院学报，2018（03）.

［37］任宝玉.乡镇治理转型与服务型乡镇政府建设［J］.政治学研究，

2014 (06).

[38] 锁利铭，等 . 跨界政策网络与区域治理：我国地方政府合作实践分析 [J]. 中国行政管理，2013 (01).

[39] 斯琴朝克图，等 . 内蒙古半农半牧区农户生计资产与生计方式研究——以科右中旗双榆树嘎查为例 [J]. 地理科学，2017，37 (07).

[40] 孙特生，胡晓慧 . 基于农牧民生计资本的干旱区草地适应性管理——以准噶尔北部的富蕴县为例 [J]. 自然资源学报，2018，33 (05).

[41] 孙前路，等 . 生态可持续发展背景下牧民养殖行为选择研究——基于生计资本与兼业化的视角 [J]. 经济问题，2018 (11).

[42] 谭海波，蔡立辉 . 论碎片化政府管理模式及其改革路径——"整体型政府"的分析视角 [J]. 社会科学，2010 (08).

[43] 陶希东 . 跨界治理：中国社会公共治理的战略选择 [J]. 学术月刊，2011，43 (08).

[44] 唐兴盛 . 政府碎片化：问题、根源与治理路径 [J]. 北京行政学院学报，2014 (05).

[45] 唐贤兴，田恒 . 分权治理与地方政府的政策能力：挑战与变革 [J]. 学术界，2014.

[46] 吴建南，马亮 . 政府绩效与官员晋升研究综述 [J]. 公共行政评论，2009，2 (02).

[47] 翁士洪 . 整体性治理模式的兴起——整体性治理在英国政府治理中的理论与实践 [J]. 上海行政学院学报，2010，11 (02).

[48] 汪锦军 . 从行政侵蚀到吸纳增效：农村社会管理创新中的政府角色 [J]. 马克思主义与现实，2011 (05).

[49] 汪锦军 . 纵向政府权力结构与社会治理：中国"政府与社会"关系的一个分析路径 [J]. 浙江社会科学，2014 (09).

[50] 汪锦军 . 合作治理的构建：政府与社会良性互动的生成机制 [J]. 政治学研究，2015 (04).

[51] 乌静 . 政策排斥视角下的牧区生态移民社会适应困境分析 [J]. 生态经济，2017，33 (03).

［52］乌云花，等．牧民生计资本与生计策略关系研究——以内蒙古锡林浩特市和西乌珠穆沁旗为例［J］．农业技术经济，2017（07）．

［53］徐湘林．转型危机与国家治理：中国的经验［J］．经济社会体制比较，2010（05）．

［54］徐信贵．分权化改革下的政府治理碎片化可能及其应对［J］．社会科学研究，2016（03）．

［55］谢先雄，等．生计资本对牧民减畜意愿的影响分析——基于内蒙古372户牧民的微观实证［J］．干旱区资源与环境，2019，33（06）．

［56］杨善华，苏红．从"代理型政权经营者"到"谋利型政权经营者"——向市场经济转型背景下的乡镇政权［J］．社会学研究，2002（01）．

［57］杨宝．政社合作与国家能力建设——基层社会管理创新的实践考察［J］．公共管理学报，2014，11（02）．

［58］燕继荣．分权改革与国家治理：中国经验分析［J］．学习与探索，2015（01）．

［59］于雪婷，刘晓莉．草原生态补偿法制化是牧区生态文明建设的必要保障［J］．社会科学家，2017（05）．

［60］易承志．跨界公共事务、区域合作共治与整体性治理［J］．学术月刊，2017，49（11）．

［61］张成福．论公共行政的"公共精神"——兼对主流公共行政理论及其实践的反思［J］．中国行政管理，1995（05）．

［62］张康之．论"公共性"及其在公共行政中的实现［J］．东南学术，2005（01）．

［63］周黎安．中国地方官员的晋升锦标赛模式研究［J］．经济研究，2007（07）．

［64］周志忍．整体政府与跨部门协同——《公共管理经典与前沿译丛》首发系列序［J］．中国行政管理，2008（09）．

［65］竺乾威．从新公共管理到整体性治理［J］．中国行政管理，2008（10）．

［66］曾凡军．从竞争治理迈向整体治理［J］．学术论坛，2009，32（09）．

［67］曾凡军．论整体性治理的深层内核与碎片化问题的解决之道［J］．

学术论坛，2010，33（10）.

［68］朱玉知．整体性治理与分散性治理：公共治理的两种范式［J］．行政论坛，2011，18（03）.

［69］张丽君．中国牧区生态移民可持续发展实践及对策研究［J］．民族研究，2013（01）.

［70］曾凡军．整体性治理：一种压力型治理的超越与替代图式［J］．江汉论坛，2013（02）.

［71］张新文，詹国辉．整体性治理框架下农村公共服务的有效供给［J］．西北农林科技大学学报（社会科学版），2016，16（03）.

［72］曾维和，杨星炜．宽软结构、裂变式扩散与不为型腐败的整体性治理［J］．中国行政管理，2017（02）.

［73］张必春，许宝君．整体性治理：基层社会治理的方向和路径——兼析湖北省武汉市武昌区基层治理［J］．河南大学学报（社会科学版），2018，58（06）.

［74］张会萍，等．草原生态补奖对农户收入的影响——对新一轮草原生态补奖的政策效果评估［J］．财政研究，2018（12）.

［75］曾盛聪．迈向“国家—社会”相互融吸的整体性治理：良政善治的中国逻辑［J］．教学与研究，2019（01）.

［76］周立华，侯彩霞．北方农牧交错区草原利用与禁牧政策的关键问题研究［J］．干旱区地理，2019，42（02）.

［77］张瑶，等．生态认知、生计资本与牧民草原保护意愿——基于结构方程模型的实证分析［J］．干旱区资源与环境，2019，33（04）.

［78］周杰，高芬．草原生态环境与畜牧业经济耦合协调关系分析——以内蒙古自治区为例［J］．生态经济，2019，35（05）.

（四）中文报纸

［1］坚定不移沿着中国特色社会主义道路前进 为全面建成小康社会而奋斗［N］．人民日报，2012-11-09（002）.

［2］中共中央关于全面深化改革若干重大问题的决定［N］．人民日报，

2013-11-16（001）.

［3］完善和发展中国特色社会主义制度 推进国家治理体系和治理能力现代化［N］. 人民日报，2014-02-18（001）.

［4］牢记历史经验历史教训历史警示 为国家治理能力现代化提供有益借鉴［N］. 人民日报，2014-10-14（001）.

［5］审时度势精心谋划超前布局力争主动 实施国家大数据战略加快建设数字中国［N］. 人民日报，2017-12-10（001）.

［6］把乡村振兴战略作为新时代“三农”工作总抓手 促进农业全面升级农村全面进步农民全面发展［N］. 人民日报，2018-09-23（001）.

［7］中共十九届四中全会在京举行［N］. 人民日报，2019-11-01（001）.

［8］中共中央关于坚持和完善中国特色社会主义制度 推进国家治理体系和治理能力现代化若干重大问题的决定［N］. 人民日报，2019-11-06（001）.

［9］习近平 . 在网络安全和信息化工作座谈会上的讲话［N］. 人民日报，2016-04-26（002）.

［10］习近平 . 决胜全面建成小康社会 夺取新时代中国特色社会主义伟大胜利［N］. 人民日报，2017-10-28（001）.

［11］包娜娜 . 用好“互联网 +”推进牧区治理现代化［N］. 中国民族报，2019-11-05（006）.

［12］程铁军 . 科技赋能社会治理创新［N］. 安徽日报，2020-01-07（006）.

［13］李文钊 . 辩证认识基层社会治理的根本性问题［N］. 北京日报，2019-12-23（014）.

［14］吴德星 . 整体性治理理论与实践启示［N］. 学习时报，2017-11-27（002）.

［15］张健 . 问责“为官不为”就是为稳增长加把火［N］. 辽宁日报，2015-06-15（002）.

［16］周平 . 地方政府能力建设必须创新思维［N］. 人民日报，2015-08-30（007）.

［17］张海波 . 大数据如何驱动社会治理［N］. 新华日报，2017-09-13（018）.

[18] 张孝德. 牧区乡村建设不能简单模仿农区的做法 [N]. 青海日报，2018-03-19（011）.

[19] 张国强. 治理有效是乡村振兴的基石 [N]. 内蒙古日报（汉），2019-08-12（006）.

（五）中文学位论文

[1] 荀丽丽. “失序”的自然 [D]. 北京：中央民族大学，2009.

[2] 杨博. 论政府有效性 [D]. 武汉：华中师范大学，2015.

（六）中文会议论文

[1] 任敏. “四直为民”机制：基层整体性治理的新探索 [C] // 中共凤冈县委，贵州省科学社会主义暨政治学学会主编. 以人民为中心——凤冈县“四直为民”实践探索与理论研究. 北京人民日报出版社，2018.

[2] 王资峰. 职能部门变革的基础论析 [C] // 中国行政管理学会.“中国特色社会主义行政管理体制”研讨会暨中国行政管理学会第20届年会论文集. 北京：中国行政管理学会，2010.

（七）电子资源

中共中央关于推进农村改革发展若干重大问题的决定 [EB/OL]. 中华人民共和国中央人民政府网，2008-10-19.

二、外文文献

[1] DUNLEAVY P. Digital Era Governance：IT Corporations，the State，and E-Governance [M].London：Oxford University Press，2006.

[2] EERSON R.Social Exchange Theory [M].Columbia：Columbia University Press，1969.

[3] HORTON S，FARNHAM D.Public Administration in Britain [M].Great Britain：Macmillan Press LTD，1999.

[4] MANOR J . The political economy of democratic decentralization [M]. Washington，DC：World Bank，1999.

[5] MIGDAL J S, KOHLI A, SHUE V , eds .State Power and Social Forces: Domination and Transformation in the Third World [M] . Cambridege: Cambridge University Press, 1994.

[6] PERRI6, Holistic government [M] . London: Demos, 1997.

[7] PERRI6, LEAT D , SELTZER K , et al .Towards Holistic Governance: The New Reform Agenda [M] .New York: Palgrave, 2002.

[8] RICHARD F C .Introduction: Regionalism and Institutional Collective Action [M] //RICHARD F C, eds . Metropolitan Governance: Conflict, Competition, and Cooperation. Washington, DC: Georgetown University Press, 2004.

[9] SORENSEN E , TORFIN J .Making Governance Networks Democracy, Working Paper Series (No.1) [M] . Roskilde: Roskilde University, 2004.

[10] WEBER M . Gesammelte Politische Schriften [M] .2nd edn.T ü bingen: J.C.B.Mohr (Paul Siebeck), 1958.

[11] ANSELL C, GASH A .Collaborative Governance in Theory and Practice [J] .Journal of Public Research and Theory, 2007 (4) .

[12] BCHER M. Regional Governance and Rural Development in Germany: the Implementation of LEADER+ [J] . Sociologia ruralis, 2008, 48 (4) .

[13] BRINKERHOFF J M. Government-nonprofit Partnership: a Defining Framework [J] .Public Administration and Development, 2002, 22 (1) .

[14] BRUDNEY J L, PRENTICE C R, HARRIS L J. Beyond the Comfort Zone? County Government Collaboration with Private-Sector Organizations to Deliver Services [J] . International Journal of Public Administration, 2018, 41 (16) .

[15] CHRISTIAN C. Strengthening Regional Cohesion: Collaborative Networks and Sustainable Development in Swiss Rural Areas [J] . Ecology and Society, 2010, 15 (4) .

[16] CONNELLY S , RICHARDSON T , MILES T . Situated legitimacy: Deliberative arenas and the new rural governance [J] . Journal of Rural Studies, 2005, 22 (3) .

[17] DOUGILL A J, FRASER E D G, REED M S. Anticipating Vulnerability to Climate Change in Dryland Pastoral Systems: Using Dynamic Systems Models for the Kalahari [J]. Ecology and Society, 2010, 15 (2).

[18] DUNLEAVY P.New Public Management is Dead-Long Live Digital-Era Governance [J].Journal of Public Adminis-tration Research and Theory, 2006 (3).

[19] EXWORTHY M, HUNTER D J. The Challenge of Joined-Up Government in Tackling Health Inequalities [J]. International Journal of Public Administration, 2011, 34 (4).

[20] FEIOCK R C The institutional collective action framework [J].Policy Studies Journal, 2013, 41 (3).

[21] HAJJAR R F, KOZAK R A, INNES J L. Is Decentralization Leading to "Real" Decision-Making Power for Forest-dependent Communities? Case Studies from Mexico and Brazil [J]. Ecology and Society, 2012, 17 (1).

[22] HOLMSTROM B, MILGROM P. Multitask Principal-Agent Analyses: Insentive Contracts, Asset Ownership, and Job Design [J].Journal of Law, Economics, and Organization, 1973 (7).

[23] HOWES M, TANGNEY P, REIS K, et al.Towards networked governance: improving interagency communication and collaboration for disaster risk management and climate change adaptation in Australia [J]. Journal of Environmental Planning and Management, 2015, 58 (5).

[24] KARR P M, STEEN M V D, TWIST M V. Joined-Up Government in The Netherlands: Experiences with Program Ministries [J]. International Journal of Public Administration, 2013, 36 (1).

[25] KNOX C. Sharing power and fragmenting public services: complex government in Northern Ireland [J]. Public Money & Management, 2015, 35 (1).

[26] KOSEC K, WANTCHEKON L. Can information improve rural governance and service delivery? [J]. World Development, 2018.

[27] KOTZE L J. Improving Unsustainable Environmental Governance in South Africa: the Case for Holistic Governance [J]. Potchefstroom Electronic Law

Journal, 2006, 9（1）.

[28] LIMBA T . Peculiarities of designing Holistic Electronic Government Services Integration Model [J] . Social Technologies, 2011, 1（2）.

[29] MACKEN-WALSH CURTIN C, Christopher Curtin. Governance and Rural Development: The Case of the Rural Partnership Programme (RPP) in Post-Socialist L ithuania [J] . Sociologia ruralis, 2013, 53（2）.

[30] MAWSON J, HALL S. Joining It Up Locally? Area Regeneration and Holistic Government in England [J] . Regional studies, 2000, 34（1）.

[31] MORAN N, GLENDINNING C , STEVENS M , et al. Joining Up Government by Integrating Funding Streams? The Experiences of the Individual Budget Pilot Projects for Older and Disabled People in England [J] . International Journal of Public Administration, 2011, 34（4）.

[32] MORELL I A. The Role of Public Private Partnership in the Governance of Racialised Poverty in a Marginalised Rural Municipality in Hungary [J] . Sociologia ruralis, 2019, 59（3）.

[33] NOUSIAINEN M , PYLKKNEN P. Responsible local communities-A neoliberal regime of solidarity in Finnish rural policy [J] . Geoforum, 2013（48）.

[34] On the "Economic Dividend" of Devolution [J] . Regional Studies, 2005, 39（4）.

[35] PEMBERTON S , GOODWIN M. Rethinking the changing structures of rural local government - State power, rural politics and local political strategies?[J]. Journal of Rural Studies, 2009, 26（3）.

[36] PERRI6.Housing Policy in the Risk Archipelago: Toward Anticipatory and Holistic Government [J] . Housing Studies, 1998, 13（3）.

[37] POLLITT C, Joined-up Government: a Survey [J] Political Studies Review, 2003（1）.

[38] RAINEY H G . Governing in the Round: strategies for holistic government: Perri 6, Diana Leat, Kimberly Seltzer, and Gerry Stoker; London, Demos, 1999, 96 pages[J]. International Public Management Journal, 2000, 3(1).

[39] SCHARPF F W.Games Real Actors Could Play: Positive and Negative Coordination in Embedded Negotiations [J] .Journal of Theoretical Politics, 1994, 6 (1) .

[40] SCOONES I. Livelihoods perspectives and rural development [J] .The Journal of Peasant Studies, 2009, 36 (1) .

[41] SHUCKSMITH M . Disintegrated Rural Development? Neo-endogenous Rural Development, Planning and Place-Shaping in Diffused Power Contexts [J] . Sociologia ruralis, 2010, 50 (1) .

[42] SORENSEN E , Jacob Torfing.Making Governance Networks Effective and Democratic through Meta-governance [J] . Public Administration 2009,87 (2) .

[43] TAYLOR B M..Between argument and coercion: Social coordination in rural environmental governance [J] . Journal of Rural Studies, 2010, 26 (4) .

[44] TEETS J C.Let Many Civil Societies Bloom: The Rise of Consultative Authoritarianism in China [J] .The China Quarterly, 2013 (1) .

[45] THORNTON P M.The Advance of the Party: Transformation or Takeover of Urban Grassroots Society? [J] .The China Quarterly, 2013 (1) .

[46] TORFING J , SRENSEN E, BENTZEN T O. Institutional design for collective and holistic political leadership [J] . International Journal of Public Leadership, 2019, 15 (1): 58-76.

[47] TREIN P, MEYER I , MAGGETTI M .The Integration and Coordination of Public Policies: A Systematic Comparative Review [J] . Journal of Comparative Policy Analysis: Research and Practice, 2019, 21 (4): 332-349.

[48] VARDA D M. .A Network Perspective on State-Society Synergy to Increase Community Level Social Capital [J] . Nonprofit and Voluntary Sector Quarterly, 2011, 40 (5) .